工业产品造型设计

主　编　王石峰　王　森　张春雷
副主编　方　圆　孙同让　徐洪昌

東北林業大學出版社
·哈尔滨·

图书在版编目（CIP）数据

工业产品造型设计 / 王石峰，王森，张春雷主编.
--2 版. --哈尔滨：东北林业大学出版社，2016.7（2024.8重印）
ISBN 978-7-5674-0800-5

Ⅰ.①工… Ⅱ.①王… ②王… ③张… Ⅲ.①工业产品-造型设计-教材 Ⅳ.①TB472

中国版本图书馆 CIP 数据核字（2016）第 149648 号

责任编辑：彭 宇 焦 雁
封面设计：乔鑫鑫
出版发行：东北林业大学出版社（哈尔滨市香坊区哈平六道街 6 号 邮编：150040）
印 装：三河市佳星印装有限公司
开 本：787mm×1092mm 1/16
印 张：14.5
字 数：322 千字
版 次：2016 年 8 月第 2 版
印 次：2024 年 8 月第 3 次印刷
定 价：66.00 元

前　言

大千世界中，多样的造物艺术已是司空见惯。然而，当我们生活在一个一切需用之物如此齐全的环境里，对这些无时无刻不接触的造物艺术的存在都习以为常时，便视而不见、熟视无睹了，把这种造物文化简单化地归入“物质文化”，斥为工匠之作，并将其排除在艺术与美学之外。特别是我国自先秦以来奉行形而上之道，以形而下之器为不齿。造物属于形而下的范畴，由此它从思想观念上和社会实践上都被归入了世俗末流之中，这种思想影响于历代。正是我国这种传统的“重道轻器”思想的沿袭，在实践上强烈的社会需求促使工艺及产品大量介入人的生活，成为一种左右社会和人们心态的物质力量。中国古代文人士大夫们甚至“坐而论道”：“虽小道，必有可观者焉；致远恐泥，是以君子不为也。”这种“君子不为”，不知影响了多少人。

我们不能否认造物艺术文化的本质。造物艺术文化既是艺术文化的基础和根源，又是艺术文化的一种特殊形态，是视觉艺术语言，是艺术语言的一种表现形式。两者相辅相成、相得益彰。造物艺术文化的不断积累，使得人类的艺术文化逐渐充实丰满，将人类的文明高高托起。

因此，不管自然环境如何多变，随着适应多种情况的人工环境被创造出来，人类便有可能在地球上的任何地方生存。人类创造了制服猎物的武器，创造了满足各种生活所必需的工具。最初是靠手，尽管所用的材料往往是原封不动地搬用自然的材料，但已经深深地刻上了人类的痕迹。“可以把一切意识性的、物象化的、符合某种目的的物品都称为产品设计。若一般通俗地说明，即具有目的、由人类创造出来的所有实体都可被称为产品设计”。这些造物艺术都是手工产品，因此，也可以笼统地称为工业产品设计。

工业造型设计是以工业产品造型、外观质量及人机系统协调关系为主要研究内容的新兴科学，是现代工业产品设计理论的重要组成部分。它涉及科学、美学、技术和艺术等领域，在自然科学和社会科学、工程技术和文化艺术的交叉点上不断发展。

工业造型设计的主要任务，是在满足工业产品物质功能要求的前提下，用艺术手段创造出美观的产品造型，并体现产品与人的相关特性，使人机系统达到高度协调，以提高产品使用效能；还要具备适应和满足人的生理及心理需求的精神功能，最终以其市场竞争能力来衡量产品的优劣。

工业造型设计将先进的科学技术和现代审美观念有机地结合起来，使产品达到科学与艺术的高度统一，并寻求“人－机－环境”的和谐、统一和协调的设计思想与设计方法。因此，工业造型设计既不是纯工程设计，也不是纯艺术设计，而是一种集技术美与艺术美为一体的创造性的设计活动。

想做好工业造型设计，就必须研究与其相关的其他学科，如物理、化学、材料、工艺、心理、美学、社会学、制图、绘画等。只有如此，才能使创造出来的工业产品既具有良好的物质功能，又具有人机系统的高度协调、新颖的材料和工艺、简洁的结构形式等所构成的产品综合美。

目前，工业造型设计在某种程度上不仅反映一个国家的工业技术的发展和文化艺术的成就，而且也代表了一个国家的物质文明水平和繁荣昌盛的程度。在国内外市场竞争日趋激烈的形势下，为了尽快摆脱我国产品在市场竞争中“一等产品，二等造型（包装），三等价格”的被动局面，采用教学手段，普及、推广和应用“工业产品造型设计”学科的基础知识、基本理论和基本技能势在必行。因此，国家教委在专业设置上确立了工业设计专业。

本书是作者根据国内外的有关资料，结合自身的研究工作编写的。考虑到国内造型设计人员的具体情况及工科院校有关专业的教学特点，本书重点讨论了工业造型设计的基本知识、经典理论和先进设计技能，以国外先进教学理念下使用的教材编写形式为参照，具有良好的实用性，并强调理论结合实际。本书内容包含大量实践情景模拟，是一本适应项目教学法、支持行为导向教育、学生易学、老师易教的教材。本书可作为高等工科院校有关专业的教材及参考书。

本书由哈尔滨广播电视大学王石峰，大庆油田有限责任公司王森、张春雷担任主编；由哈尔滨广播电视大学方圆、徐洪昌，哈尔滨毅腾物业公司孙同让担任副主编。王石峰编写了第四篇，共计8万多字；王森编写了第三篇，共计6万多字；张春雷编写了第二篇中的模块四，共计6万多字；方圆编写了第一篇，共计3万多字；孙同让编写了第二篇中的模块五，共计3万多字；徐洪昌编写了绪论、第二篇中的模块六，共计3万多字。另外，肖伟、彭雪昆和李凯也参与了部分文字、插图的编辑整理工作，特表示感谢。

由于作者水平有限，书中难免出现疏漏，恳请读者批评指正。

编　者

2016年6月

目 录

绪 论

一、初识工业产品造型设计

A：什么是设计?

DESIGN

设想与计划、图案、式样。

在正式做某项工作之前，根据一定的目的要求，预先设定的方案、图样等。

B：什么是产品设计?

PRODUCT DESIGN

关于产品的设想与计划。

人类基于某种目的的需要，有意识地改造自然，创造出自我本体以外的其他物质的过程，就是产品设计。

C：什么是工业设计?

INDUSTRIAL DESIGN

就批量生产的工业产品而言，凭借训练、技术知识、经验及视觉感受而赋予材料、结构、构造、形态、色彩、表面加工，以及装饰以新的品质和规格，叫工业设计。根据当时的具体情况，工业设计师应该在上述工业产品的全部侧面或几个方面进行工作，而且，当需要工业设计师对包装、宣传、展示、市场、开发等问题的解决付出自己的技术、经验，以及视觉评价能力时，也属于工业设计的范畴。

所以，工业造型设计不能单纯理解成是产品的外观设计，它的深刻含义在于：针对某种产品，从设想开始，经过调查研究、构思设计、加工制造，直到产品包装、销售、广告宣传等一系列环节的创造性设计。

造型可分为造型艺术和工业造型两类。造型艺术是指在空间平面对有形世界作主观的、明显的，为视觉所感受的描绘，一般多以自然物体为表现对象，如绘画、雕塑等。造型艺术主要具有精神功能，它供人们欣赏，并使人从中得到美的享受。因此，造型艺术是以欣赏价值来衡量的。工业造型主要是以工业产品为表现对象，在满足工业产品物质功能的前提下，用艺术手段创造出造型美观的产品。这些工业造型物还能充分体现出人的因素，使其能适应和满足人的生理、心理要求。因此，工业造型必须具备使用要求的物质功能和审美要求的精神功能，其最终是以市场竞争能力和人机系统使用效能来衡量的。

本书所讨论的造型设计是以工业产品为对象，从美学、自然科学、经济学等方面出发进行产品的三维空间的造型设计。

工业产品造型设计是一门综合性的学科，它研究如何应用空间造型设计原理和法则，处理各种产品的结构、功能、材料与人、环境、市场经济等的关系，创造性地将这些关系协调地表现在产品的结构上，更新和开发具有时代感的现代工业产品，以满足社会生产和人们精神文明的需求。

综上所述，工业产品造型设计是涉及工程技术、人机工程学、价值工程、可靠性设计、生理学、心理学、美学、市场营销学等领域的综合性学科，它是技术与艺术的结合，是美学与自然科学的结合，是人－机－环境的结合。

二、工业产品造型设计简史

工业造型设计一直与政治、经济、文化，以及科学技术水平密切相关，与新材料的出现和新工艺的采用相互依存，也受不同的艺术风格及人们的审美观念的直接影响。就工业造型的发展过程来看，大致分为三个时期。

第一个时期，始于19世纪中叶至20世纪初。自西方在19世纪中叶完成了产业革命之后，随着工业化生产的发展，原来建立在落后的手工业生产方式上的产品设计已不能适应时代发展的需要。尽管当时的生产已由手工劳动演变成机械化生产，但是在产品造型上却只满足于借用传统样式作为新产品的外观造型，使具有新功能、新结构、新工艺、新材料的产品与它的外观样式产生极大的不和谐，这种简单地把手工业产品造型直接搬到机械化生产的工业产品上，给人以不伦不类、极不协调的感觉，如最初汽车的马车型造型。19世纪中后期，英国人威廉·莫里斯(William Morris，1834—1896)倡导并掀起了“艺术与手工业运动”，他深信人类劳动产品如不运用艺术必然会变得丑陋，认为艺术和美不应当仅集中在绘画和雕塑之中，主张让人们努力把生活必需品变成艺术和美。但是，他又把传统艺术美的削弱和破坏归结为工业革命的结果，主张把工业化生产退回到手工业方式生产，这显然是违反时代潮流的。尽管如此，莫里斯的主张从一个方面向人们提出了挑战，这就是工业产品必须重视研究和解决在工业化生产方式下的造型设计问题。直到19世纪末20世纪初，在欧洲以法国为中心掀起了“新艺术运动”，在这一运动的推动下，欧洲的工业造型设计进入了高潮。继德国工业者联盟(类似于工业造型设计艺术团体)在慕尼黑成立之后，奥地利、英国、瑞士、瑞典等国也相继成立了类似的组织。许多工程师、建筑师和美术家都加入了这一行列。他们相互协作，开展了以艺术与技术相结合的活动，从而提高了工业产品质量及其在市场上的竞争力，为工业造型设计的研究、发展和应用奠定了基础。

第二个时期，从20世纪20年代至20世纪50年代。市场经济的高度发展及国际贸易竞争的需要，为工业造型设计进行系统教育创造了条件，在发达的资本主义国家，先后建立了工业造型设计学校或专业。瓦·格罗毕斯(Walter Gropius，1883—1969)于1919年在德国魏玛首创了工业造型设计学校——包豪斯(Bauhaus)学校。该校致力于培养建筑设计师和工业造型设计师，办学思想十分明确，即以工业技术为基础，以产品功能为目的，把艺术和技术结合起来的设计思想；同时指出，要通过教育实践和宣传来推动工业造型设计的研究、发展及其在生产实践中的应用，号召一切有志于工业造型设计的艺术家、教师和抱负的企业家们，积极促使新技术与艺术的结合，去创造出符合时代要求的新产品，为实现优质的工业造型而努力。包豪斯学校建校14年，共培养出1 200多名毕业生，汇编并出版了包豪斯工业造型设计教学丛书一套，共14本。在这14年中，包豪斯学校的师生们设计、制作出一批对后来有着深远影响的作品与产品，培养出一批世界著名的造型设计家。毫不夸张地说，世界各国的工业造型设计师多出于包豪斯学校，[illegible]国纳粹党的迫害，被迫于1932年解散，格罗毕斯等应邀到美国哈佛大学等院校任教，其他一些著名的造型设计教育家和设计师也大多相继赴美，并在美国建立了新的包豪斯学校。这样，工业造型设计的中心即由德国转移到美国，再加上美国在第二次世界大战中本土未遭受破坏，战后工业发展较快，以及美国处于领先地位的科学技术水平，都为工业造型设计的发展提供了理想的环境和良好的条件，工业造型设计在美国得到了迅速发展，这也推动了世界造型设计的发展。美国于1929年成立了工业造型设计技术组织，1930年有3所大学设置了工业造型设计系，也是在这个时候，正式使用了“INDUSTRIAL DESIGN”（工业设计）这个名字，到1940年增至10所院校，至1982年已发展到60多所院校。欧洲许多国家及日本等国也都在这个时期相继成立了工业设计学术组织、研究所、设计院，并在大学里设立了工业造型设计系。

第三个时期，大约起始于20世纪50年代后期。第二次世界大战结束后，随着科学技术的发展、工业的进步、国际贸易的扩大，各国有关造型设计的艺术组织相继成立。为适应工业造型设计国际间的交流需要，国际工业造型设计协会（IDSID）于1957年在英国伦敦成立。这一时期，工业造型设计的研究、应用及发展的速度很快，其中最突出的国家是日本。以汽车为例，20世纪70年代以前，世界汽车市场是由美国垄断着，当时日本的汽车工业，其技术和设备多从美国引进，但日本人在引进和仿制过程中注意分析、消化和改进，很快就研发出具有竞争力的汽车产品；20世纪70年代后期，日本的汽车以其功能优异、造型美观、价格低廉的特点，一举冲破美国的优势，在世界汽车制造业中占有举足轻重的地位。日本于1952年成立了工业造型设计协会，1953年千叶大学首届工业造型设计专业学生毕业。日本在引进美国、西欧国家有关工业造型设计系统理论的基础上，结合本国和世界贸易特点，发展和完善了工业造型设计理论。据日本工业造型设计振兴社统计，截至1980年，日本有专门从事工业造型设计的人员1万名以上，设置工业造型设计系或专业的学校有69所，其中20所4年制本科专业大学生人数就达万人。因此，对于日本工业产品能长期以其优异的性能、美观的造型及舒适高效的使用性能占领国际市场并取得显著的经济效益是不难理解的。

我国是一个有着五千年悠久历史的文明古国，在艺术领域有着辉煌成就，对人类文明发展做出过卓著的贡献。但是在新中国成立前，在较长时期内，工业发展很慢，在产品造型设计理论和实践上一直处于落后地位；新中国成立后，由于在产品造型设计方面起步较晚，同发达国家相比还有较大差距，有些工业产品几年，甚至几十年一贯制，缺乏时代感和合理性，不仅影响国内人民的物质和精神生活，而且严重削弱了我国产品在国际市场的竞争力。

自改革开放以来，我国正以前所未有的勇气和信心，开创我国社会主义建设的一个全新时代，作为新兴学科的工业造型设计，必将随着社会主义四个现代化的建设而得到迅速发展。为了满足国内广大人民物质生活和精神生活不断提高的需求，满足对外贸易不断发展的需要，在工业产品造型设计方面必须迎头赶上，加速发展工业造型设计的理论研究和推广工作。为此，1983 年，我国将工业设计设为试办专业。兴办工业造型设计专业，迅速培养出一支高水平的工业造型设计队伍，已成为我国现代化建设中的一项紧迫任务。中华人民共和国国家教育委员会在专业设置中确立工业设计专业的意义就在于此。

三、工业产品造型设计特征

(一)工业产品的基本要素及其相互关系

任何一件工业产品都包含着三个基本要素：物质功能、技术条件及艺术造型。

物质功能就是产品的功用，是产品赖以生存的根本所在。物质功能对产品的结构和造型起着主导和决定作用。

技术条件包括材料、制造技术和手段，是产品得以实现的物质基础。因此，它随着科学技术和工艺水平的不断发展而提高。

产品的艺术造型是综合产品的物质功能和技术条件而体现的精神功能。造型的艺术性是为了满足人们对产品的欣赏要求，即产品的精神功能由产品的艺术造型予以体现。

产品的三要素同时存在于一件产品中，它们之间有着相互依存、相互制约和相互渗透的关系。物质功能要依赖于物质技术条件的保证才能实现，而物质技术条件不仅要根据物质功能所引导的方向来发展，还受产品的经济条件所制约。物质功能和技术条件是在具体产品中完全融合为一体的。造型艺术尽管存在着少量的、以装饰为目的的内容，但事实上它往往受到物质功能的制约。因为，物质功能直接决定产品的基本构造，而产品的基本构造既对造型艺术有一定的约束，又为造型艺术提供了发挥的可能性。物质技术条件与造型艺术休戚相关，因为材料本身的质感、加工艺术水平的高低都直接影响造型的形式美。尽管造型艺术受到产品物质功能和物质技术条件的制约，造型设计者仍然可以在同样功能和同等物质技术条件下，以新颖的结构方式和造型手段创造出美观别致的产品外观样式。总之，在任何一件工业产品上，既要体现最新的科技成果，又要体现强烈的美感，这就是产品造型设计者的任务所在。

(二)工业产品造型设计的特征

由于工业造型与艺术造型都具有精神功能，因此二者有着一定的内在联系，这种联系主要发生在工业造型设计所从属的技术美学与其他艺术所从属的艺术美学之间的共同点上。但是，由于工业造型设计具有强烈的科技性，也就使其体现出了自身的特征。

(1)产品造型不像艺术类中的绘画、雕塑等文艺作品那样，通过刻画典型事件和人的生活现象反映现实，但它却可以通过以不同的物质材料和工艺手段所构成的点、线、面、体、空间、色彩等要素，构成对比、节奏、韵律等形式美，以表现出产品本身的特定内容，使人产生一定的心理感受。

(2)产品造型具有物质产品和艺术作品的双重性。作为物质产品，它具有一定的使用价值，这种物质功能是由产品的实用性和科学性予以保证的；产品造型设计又是艺术产品，是因为它具有一定的艺术感染力，使人产生愉快、兴奋、安宁、舒适的感觉，能满足人们的审美需要，表现出产品功能的特征。应当指出，产品的物质功能与精神功能必须密切地联系在一起，这一点是工业产品造型设计与其他艺术作品不同的关键所在。因此，工业造型设计既不同于工程技术设计，又区别于艺术作品。

(3)产品造型具有强烈的“时尚性”，即具有较强的时代感。由于产品造型设计不具备艺术珍品那种独立、持久的“无价”的艺术价值，因而在物质生活和文化水平日益提高的现代生活中，许多并未失去物质功能的产品却因为“样式落后”“不时髦”而失去欣赏价值，遭到淘汰。

(4)产品造型设计是产品的科学性、实用性和艺术性的完美结合。只有如此，才能体现出产品的物质功能、精神功能和时代性，如图0－1所示。

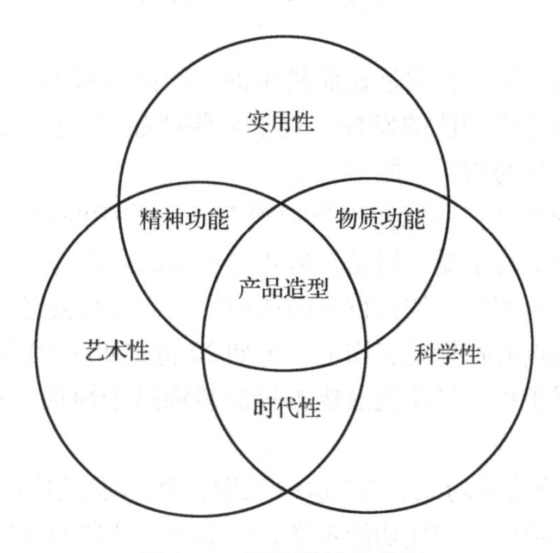

图0－1 造型设计的特征

产品造型的创造活动，需要通过各专业、各工种、多科学的共同协作才能正常进行。总之，工业造型设计只有具有科学的实用性，才能体现产品的物质功能；只有具有艺术化的实用性，才能体现产品的精神功能。而某一时代的科学水平与该时代人们的审美观念结合在一起，就反映了产品的某一时代的时尚性。

(三)工业产品的内容、形式及其关系

一件工业产品包括内容及形式两个方面。工业产品的内容是指其所具有的物质功能和使用功能；而产品的形态、色彩、材料等要素所构成的产品造型，就是产品的表现形式。产品的表现形式在人们心理上产生的不同感受，就是产品造型的精神功能。

在工业造型设计中，产品的内容与形式的关系是形式服从内容，形式为内容服务。产品造型设计中的精神功能的创造，必须服从产品的物质功能，也就是说，产品造型首先应保证产品的物质功能最大限度地顺利发挥，有助于人们对产品物质功能的理解。任何违背“功能决定形式”的造型设计思想、片面追求造型的形式美都是错误的，是纯形式主义的表现。

例如，汽车车身的造型设计，首要考虑的是安全、快速和舒适，决不能为了形式美，使车身造型设计违背空气动力学的准则。

机床的形态设计，首先考虑的是保证机床的内在质量和操作者的人身安全。不能只为了追求形态设计的比例美、线型美而降低机床的加工精度及其他技术性能指标。机床的色彩之所以设计成浅灰色或浅绿色，是考虑操作者的工作情绪以及足够的视觉分辨能力，以保证加工精度、生产效率和安全操作，决不能单纯追求色彩的新、艳、美，影响和破坏操作者良好的工作情绪。

当然，“功能决定形式”并不意味着取消形式的作用，否则上述原则会走向另一个极端，称为纯功能主义。

有的厂家在“功能好，一切都好”的思想指导下进行产品设计，否定了形式对功能的促进作用，忽视了人们对产品形式的审美要求，削弱了产品的物质功能的发挥，使产品滞销，最终遭到淘汰。

产品造型对其物质功能的影响是显而易见的。产品造型的尺度比例、色调、线形、材质等会影响所有产品物质功能的发挥，对于某些产品(如家具、日用品等)，产品造型甚至可以决定这些产品的物质功能。

形式与功能的协调关系，还能使用户加深对产品功能的理解，增加对产品的信任感，得到功能的保证和美的享受。但是，形式与功能的内在的、深刻的协调关系并不都能被产品造型设计人员所理解，如自行车的造型设计，没有去努力表现自行车的快速感和轻便感，却把设计重点放在外观装饰上；再如20世纪40~50年代的轿车与现代轿车对比，其前、后灯，翼子板，发动机散热罩等的装饰过于烦琐，不仅增加了行驶阻力，而且不适合现代人的审美观。

“功能决定形式，形式为功能服务”这一原则，并不是说凡功能相同的产品都具备相同的形式。在一段时期内，即使功能不变，同类产品的造型也应随着时间的推移而变化，就是处于同一时期内相同功能的产品也具有不同的造型，以适应人们不断变化和发展的审美要求。任何一种工业产品，不存在既定的造型形式，也不能让习惯约束造型形式，只有如此才能创造出新颖多样的、具有强烈时代感的产品。

四、工业造型设计的原则及内容

好产品的标准包括以下几点。

- ◆ 创造性
- ◆ 适当的功能
- ◆ 合理的结构和稳定的性能
- ◆ 符合人机工程学要求
- ◆ 美观
- ◆ 与环境有良好的适应性
- ◆ 良好的经济性能
- ◆ 符合环保要求

工业造型设计的三个基本原则为实用、美观、经济。

(一)实用

实用是指产品具有先进和完善的物质功能。产品的用途决定产品的物质功能，产品的物质功能又决定产品的形态。

产品的功能设计应该体现科学性和先进性、操作的合理性和实用的可靠性，具体包括以下几个方面。

1. 适当的功能范围

功能范围即产品的应用范围，过广的功能范围会带来设计难，结构复杂，制造、维修、实际利用率低，以及成本过高等缺点。因此，现代工业产品功能范围的选择原则是既完善又适当。对于同类产品中功能有差异的产品，可设计成系列产品。

2. 优良的工作性能

工作性能通常指产品功能性能，如机械、物理、电器、化学等性能，以及该产品在准确、稳定、牢固、耐久、速度、安全等方面所能达到的程度。产品造型设计必须使产品的外观形式与工作性能相适应，比如性能优良的高精密产品，其外观也要令人感觉贵重、精密和雅致。

3. 科学的实用性能

产品的物质功能只有通过人的实践才能体现出来。随着现代科技和工业的发展，许多高精产品的操作要求是高效、精密、准确和可靠，这就给操作者造成了较大的精神和体力负担。因此，设计师必须考虑产品形态对人的生理和心理的影响，即操作时的舒适度、安全、省力和高效已成为产品结构和造型设计是否科学合理的标志。

产品功能的发挥不单单取决于产品本身的性能，还取决于在使用时产品与操作者能否达到人机间的高度协调，这种人机间的科学称为“人机工程学”(也称功效学)。研究人机工程学的目的，是创造出满足人类现代生活和现代生产的最佳条件。因此，产品的结构设计及造型设计必须符合人机工程学的科学特点，用于书写记录的台面高度必须适应人体坐姿，以便书写记录师工作时舒适、方便；用于显示读书或图像的元器件必须居于人的视野中心或视野范围之内，以便读数、观察的准确和及时。随着生产、科研设备不断向高速、灵敏、高精密发展，综合生理学、心理学、动作研究及人机协调等方面所共同构成的人机工程学，就成为工业设计中不可缺少的组成部分。

(二)美观

美观是指产品造型美，是产品整体体现出来的全部美感的综合。它主要包括产品的形式美、结构美、工艺美、材质美及产品体现出来的强烈的时代感和浓郁的民族风格等。

造型美与形式美不同。造型美不仅包括形式美，而且把形式美的感觉因素、心理因素建立在功能、构造、材料及其加工、生产技术等物质基础上。因此，造型美法则是包括形式美法则在内，综合各种美感因素的美学法则，也是适应现代工业和科学技术的美学原则。

造型美与形式美二者不能混淆，否则就会把工业造型设计理解为产品的装潢设计(或工艺美术设计)。产品的造型美与产品的物质功能和物质技术条件融合在一起，但造型美又存在着创造发挥的广阔天地。造型设计师的任务就是在实用和经济两个原则下，充分运用新材料、新工艺创造出具有美感的产品形态。

美是一个综合、流动、相对的概念，因此产品造型美也就没有统一的绝对标准。产品造型美是多方面美感的综合，如形式美、结构美、材质美、工艺美、时代感和民族风格等。

形式美是造型美的重要组成部分，是产品视觉美的外在属性，也是人们常说的外观美。影响形式美的因素主要由形态及色彩构成，而指导这两个产品外观造型要素的组合，即是形式法则，或称为形式美法则。

材料质地不同会使人产生不同的心理感受，材质美主要体现产品在材质与产品功能的高度协调上。

人的审美随着科学技术、文化水平的提高而发展，因此造型设计在产品形态上、色彩设计上和材料质地的应用上都应使产品体现出强烈的时代感。

造型设计必须区分社会上各种人群的需要和爱好。因为性别、年龄、职业、地区、风俗等因素的不同，所以审美观也不同，因此产品的造型要充分考虑上述因素的差异，使产品体现出充分的社会性。

世界上每一个民族，由于各自的政治、经济、地理、宗教、文化、科学及民族气质等因素的不同，逐渐形成了每个民族所特有的风格。工业产品造型设计由于涉及民族艺术形式，因此也体现出相应的民族风格。以汽车为例，德国的轿车线条坚硬、挺拔，美国的轿车豪华、富丽，日本的轿车小巧、严谨，它们都体现出各自的民族风格。

应当指出的是，民族风格与时代性必须有机地、紧密地统一在一个产品之中，不应该留下二者拼凑的痕迹。随着科技的进步、产品功能的提高，在现代高科技工业产品中，民族风格被逐渐削弱，如现代飞机、轮船等，只是在其装饰方面尚能见到民族风格的体现。

(三)经济

产品的商品性使它与市场、销售和价格有着不可分割的联系，因此造型设计对于产品价格有着很大的影响。

新工艺、新材料的不断出现，使产品外观质量与成本的比例关系发生了变化。低档材料通过一定的工艺处理，如非金属金属化、非木材木材化、纸质皮革化等，能使其具备高档材料的质感、功能等特点，不仅降低了成本，而且提高了外观的形式美。

在造型设计活动中，除了遵循价格规律和努力降低成本外，还可以对部分工业产品按标准化、系列化、通用化的要求进行设计，使空间的安排、体块的组织、材料的选用达到紧凑、简洁、精确、合理，以最少的人力、物力、财力和时间求得最大的效益。

经济的概念也有其相对性，在造型设计过程中，只要做到物尽其用、工艺合理、避免浪费，应该说就是符合经济原则的。

总之，单纯追求外观的形式美，不惜提高生产成本，或者完全放弃造型的形式美，只追求成本低廉的产品，都是无市场竞争力的，也都是不受欢迎的。

五、工业产品造型设计的内容

工业产品造型设计的任务是使工业产品的外观设计充分体现产品的功能的先进性和科学性，使工业产品既有突出的物质功能，人机高度协调关系，又有宜人的精神功能，实现技术与艺术的紧密结合，使美学融于工业造型之中。

工业产品造型设计的研究内容，主要有以下几个方面。

1. 科学与艺术的结合

工业产品造型设计的任务在于将产品使用要求的物质功能与审美要求的精神功能两方面完美地结合起来。因此，以科学研究成果为基础，恰当地利用新技术、新工艺、新材料，使产品具有先进的合理的物质功能，准确地把握住具有目的的审美形式的创造，并充分考虑其社会效益，深入掌握造型设计与其他艺术形式在艺术规律上的共性与个性，使创造出的产品具有符合时代美感的精神要求，从而构成科学与艺术结合的双重特性。

科学与艺术的结合，也促进了美学原则渗透到社会生活更广泛的领域。它美化着生活环境，创造着新的生活方式，改变着人的审美意识，促进着人类文明的进步。因此，将最新的科学技术应用于产品造型设计上，同时又把艺术融于产品造型之中，这是时代赋予造型设计师的任务，也是造型设计师为人类文明和社会进步应做的贡献。

2. 人机系统的协调

一切工业产品，不仅从物质功能的角度要求结构合理、性能良好，还从精神功能的角度要求其形态新颖、色彩协调，另外从使用角度还要求其舒适、宜人。任何供人使用的产品，如果操纵控制装置设计及其布置不适应人的生理特征，显示装饰及其布置不适合人的感知特性，那么，性能再好、外观再美，也会因为不适合人的使用、不能发挥人机系统的使用效果而被淘汰。因此，造型设计人员应运用人机工程学的研究成果，合理选用人机系统设计的参数，创造出宜人的工作环境和劳动条件，为提高工作效率服务。如图 0－2 所示。

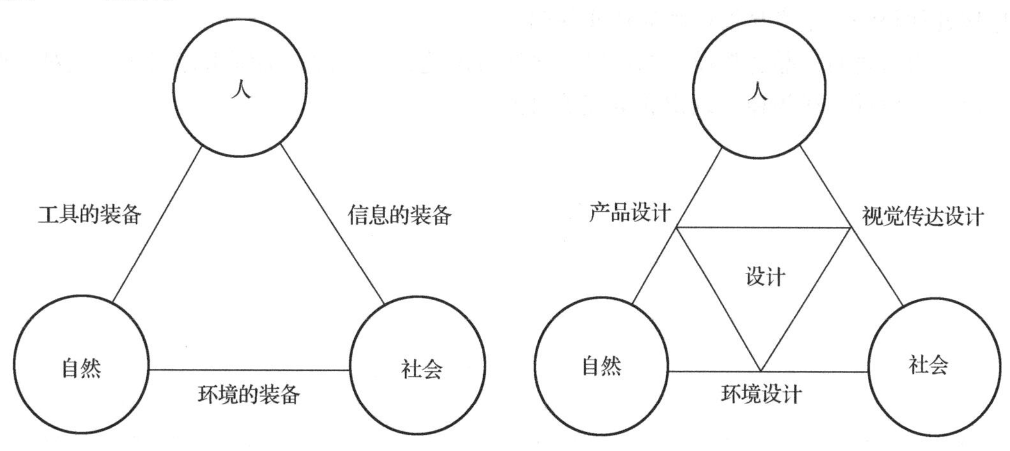

图 0－2　设计与人、自然、社会的关系

3. 启迪形象思维的创造性

工业产品造型设计贵在创新，创新是工业产品造型设计的灵魂。为了创新，设计者必须善于从生活中去捕捉艺术形象，激发灵感，通过概括、提炼，创造出一个全新的形象。因此，要求工业造型设计者不仅要具有深厚的理论知识，而且要善于联想。

4. 功能价值分析的经济性

经济性是产品造型的制约条件之一，在市场上，它是以整体来体现的；在产品上，它是以成本来体现的。只有充分考虑到经济性问题，产品才能以物美价廉获得生存力和竞争力。

5. 适应时代发展的时尚性

工业产品在要求科学性和实用性的前提下，还要求具有强烈的时代感。产品一方面要体现时代的审美要求，另一方面要尽量采用新技术、新材料和新艺术，使产品造型新颖。在市场上不难发现一些产品，其物质功能完好，却因产品款式过时而无人问津，最终被淘汰。作为造型设计者，必须不断研究和探讨时代美及其演变规律，以创造出“时髦”的产品来满足时尚性社会的需要。

科学技术的发展及产品功能的转化都是影响产品的时尚性的重要因素，而人们审美观的变化也是产品时尚性的重要衡量标准，因为人的审美观是随着生理、心理、社会环境的变化而变化的。根据人的视觉生理特征，一旦某产品的形、色、质不能再产生悦人的效果，就会引出陈旧、单调、乏味的感觉，从而使人失去视觉生理平衡，这时就要寻求新的形、色、质来代替、补充，以达到新的视觉生理平衡。从人的心理特征看，人的好奇、好胜、求新、求美的心理作用是产品时尚性演变的动力。

当然，产品时尚性的演变也不能忽略辨析学科的影响，如绘画、雕塑及其艺术表现手法对产品的影响。

一个产品最终所呈现出来的形象受很多因素的影响和制约，例如产品的功能、结构、材料、工艺、人体工学、使用环境、使用状况、使用时间、生产单位(加工者)的企业文化特色、设计者的个人品位等都或多或少地在产品上表现出来。正确理解和准确把握各种要领，是产品设计师的从业基础。

本教材将对产品造型设计的一般规律进行阐述，综合课题训练来达到让学生对工业产品造型设计一般规律的认识和掌握的目的。

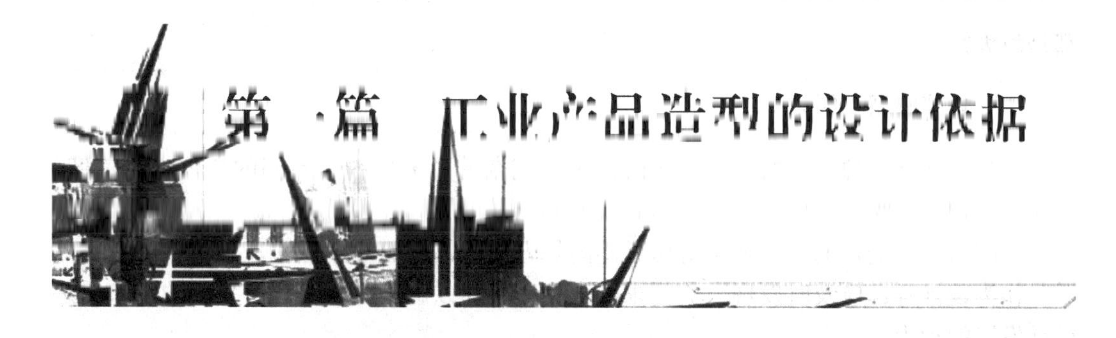

模块一　依据产品功能

马克思说："人是按着美的规律改造世界的。"因此，任何一件工业产品，在具有物质功能的同时，还要具有可欣赏的精神功能。

产品的物质功能，通过工程技术设计和物质技术条件来保证。

产品的精神功能，通过造型设计予以体现。产品外观造型的比例、色彩、材质、装饰等都会令使用者产生不同感受，如明朗、愉快、振作，或者是沉闷、压抑、不解。这些感受就是产品造型所产生的精神功能。好的产品造型不仅可以满足人们的审美需要，还有利于人机系统效益的提高。

产品的使用功能是指产品具有人与机器的协调性能，它具体体现在产品被使用时的方便性和舒适性，它的好坏直接影响产品物质功能的发挥。

本模块主要学习如何通过对产品功能的把握，来设计产品造型。

任务一　了解什么是产品功能

一、功能的概念

功能是指产品所具有的效用，以及其被接受的能力。产品只有具备某种特定的功能才有可能进行生产和销售，才有可能被人们所接受。

产品是功能的载体，实现产品的功能是产品设计的最终目的。在支撑产品系统的诸多要素中，功能要素是首要的，它决定着产品及整个系统的意义，其他要素为功能而存在。

总而言之，功能决定了这个产品是什么。如图 1－1 所示，不论这三把垃圾铲的造型有多大的差异，它们的功能决定了它们

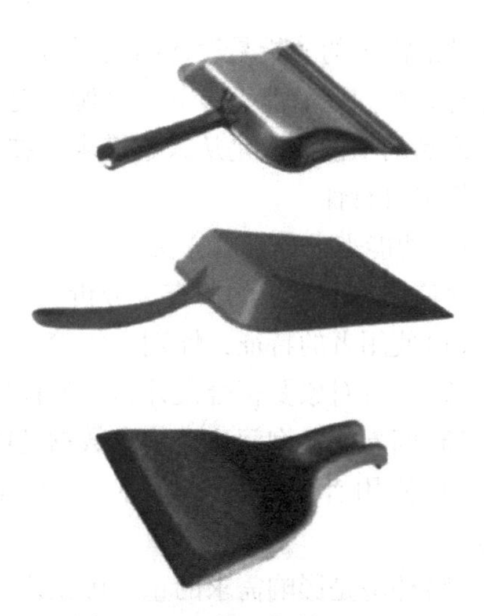

图 1－1　三把垃圾铲的造型

都是垃圾铲。

二、功能来源于需求

产品的功能来源于人的需求。人的需求是复杂的、多样的，不同的个体由于信仰、文化、性别、个性等方面的不同，而有着不同的需求。

人的需求是变化的，会随着身份、年龄等方面的改变而发生变化。

作为设计师，应及时发现人们需求的变化，并加以解决。多样化、多变的需求正是设计发展的动力。

时代的变化改变着人的生活方式，也改变着人对产品功能的需求，如图 1-2 所示。

图1-2 铅笔的演变

三、功能需求的分析

功能需求的分析是设计前期不可或缺的部分。这一阶段的工作主要考验设计师发现问题与分析问题的能力，分析来源于对使用者的调查与了解。

产品的功能需求是从人的需求、技术和经济等角度分析产品所具有的功能，它强调必须性与可行性。

1. 功能需求分析的方法

对使用者的需求的调查、分析。

(1)使用者的特征：性别、年龄、生活方式、职业、生理特征等。

(2)调查对象要符合设计目标的设定，并具有一定的普遍性。

(3)问卷法、询问法、信息数据的收集整理等。

(4)使用者的使用环境特征：环境的空间尺度，产品使用环境的材料、结构特征等。

(5)环境是影响需求的重要因素之一，涉及物与物、物与环境之间的关系。

(6)使用者使用产品的习惯：使用的过程、时间、次数、动作、常见问题等。

2. 功能需求调查、分析的原则

(1)调查的对象应具有一定普遍性。

(2)调查的样本范围应尽可能广。

(3)用挑剔的眼光看待产品及产品在被使用过程中所存在的问题，所谓旁观者清。

(4)设计师应尽可能地体验使用者使用产品的过程，感受，做到感同身受。

(5)以谦卑的心态聆听使用者的心声。

体验产品——情景模拟

以晾晒物品为例

(1)衣服的晾晒过程，如图1－3所示。

图1－3　衣服的晾晒过程

(2)晾晒衣物时的不便，如图1－4所示。

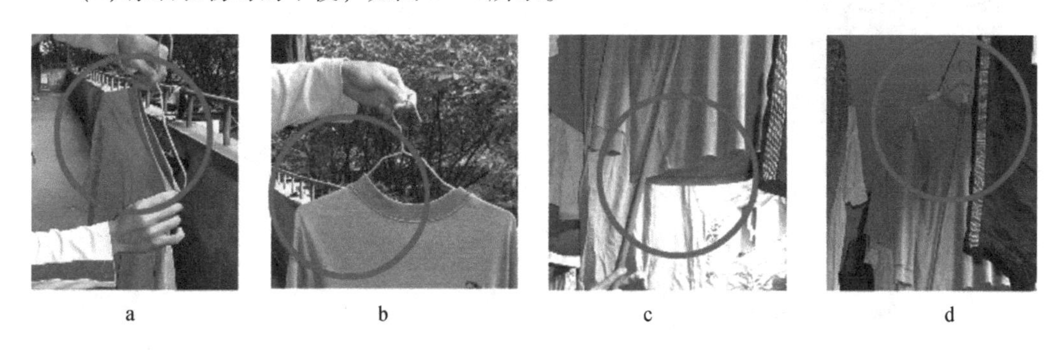

a　　b　　c　　d

图1－4　晾晒衣物时的不便

a. 衣服的领口容易被拉扯变形；b. 由于水蓄积在衣物的下部，而衣架的边缘过薄，衣物的肩位容易变形；c. 晾晒衣物时，由于衣物滴水，比较容易弄湿使用者的手和身上的衣物；d. 晒衣杆处于屋顶，光线较暗

(3)解决问题，如图1－5至图1－8所示。

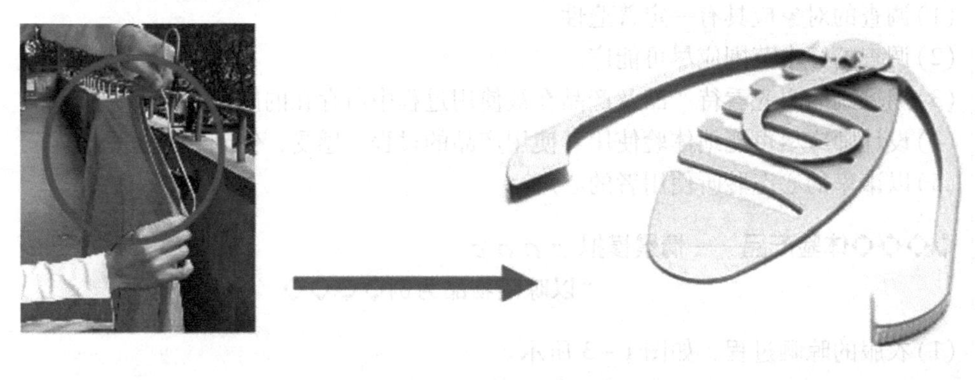

图1－5 第一个问题的解决方法

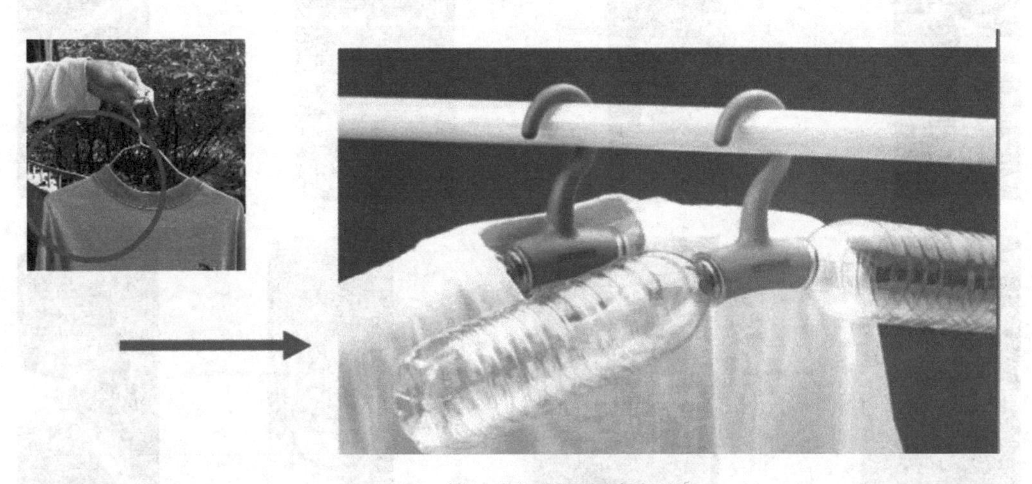

图1－6 第二个问题的解决方法

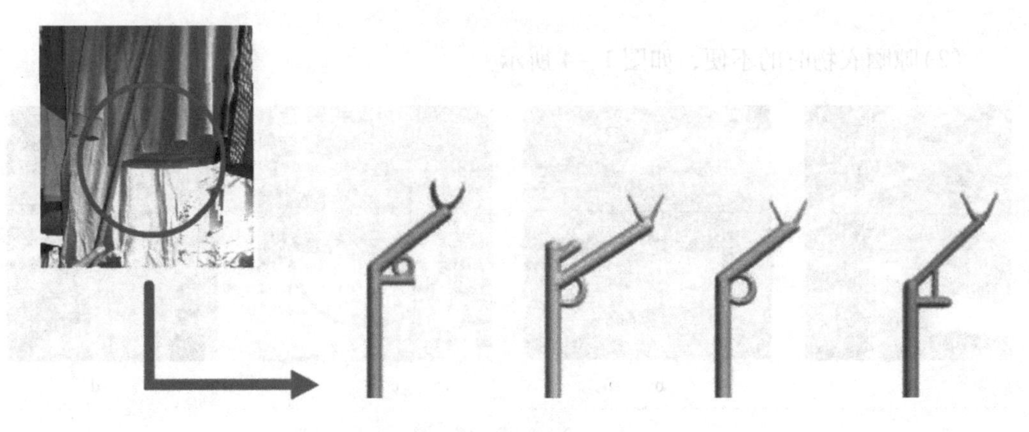

图1－7 第三个问题的解决方法

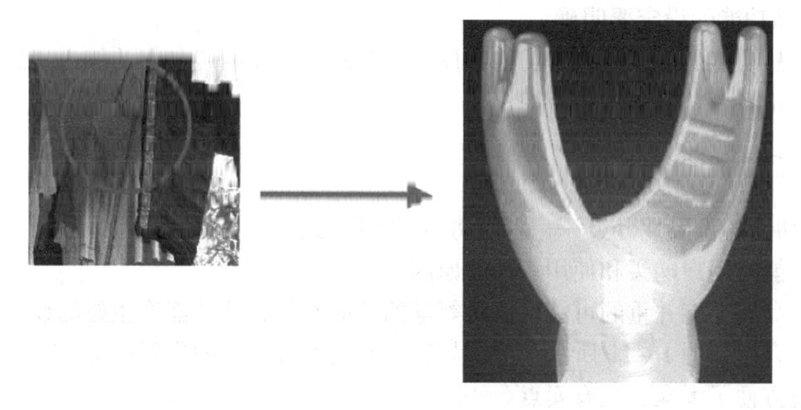

图1－8　第四个问题的解决方法

任务二　设定产品功能

一、产品功能的设定

产品功能的设定是设计定位的重要组成部分，为产品的设计制定指明更为详细、明确的方向。

◇◇◇◇体验产品——情景模拟◇◇◇◇

以手持照明灯设计为例◇◇◇◇

(1)产品功能的设定要符合产品的定位，要适度。

产品功能的设定是产品，特别是新产品设计、开发的前提条件，其设定的正确与否直接决定了产品的成败。

(2)产品功能的设定要完整，如图1－9与图1－10所示。

照明功能，产品易于携带，能够自给电源。

图1－9　照明功能

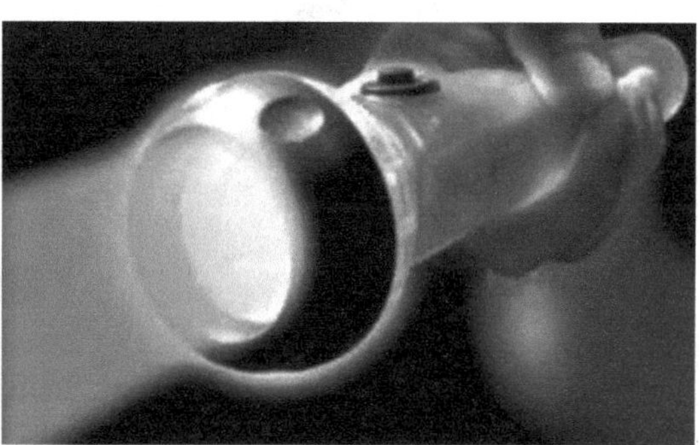

1－10　手持方便

(3)产品功能的设定要明确。

由于产品功能的多样性，其功能的设定要明确。首先明确各个功能之间的关系，其次明确、细化各个功能的适用范围。

二、产品功能的分类

1．按功能的重要性分类——主要功能和附属功能

主要功能是用户购买和使用产品的原因。

有些产品有功能并重的可能性。将等量的功能叠加，往往能产生好的设计，这就被称为功能整合。如图1－11所示，勺子与启瓶器是不可缺少的进餐用具，将二者进行功能整合，既方便了大众，又有卖点。

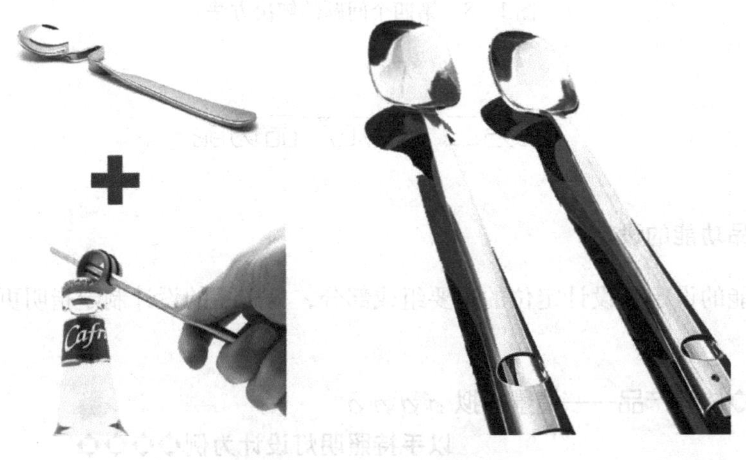

图1－11　合理的功能叠加

但是功能也不可随意叠加，如图1－12所示。相信带有指甲刀的勺子谁都不会用它来进餐的!

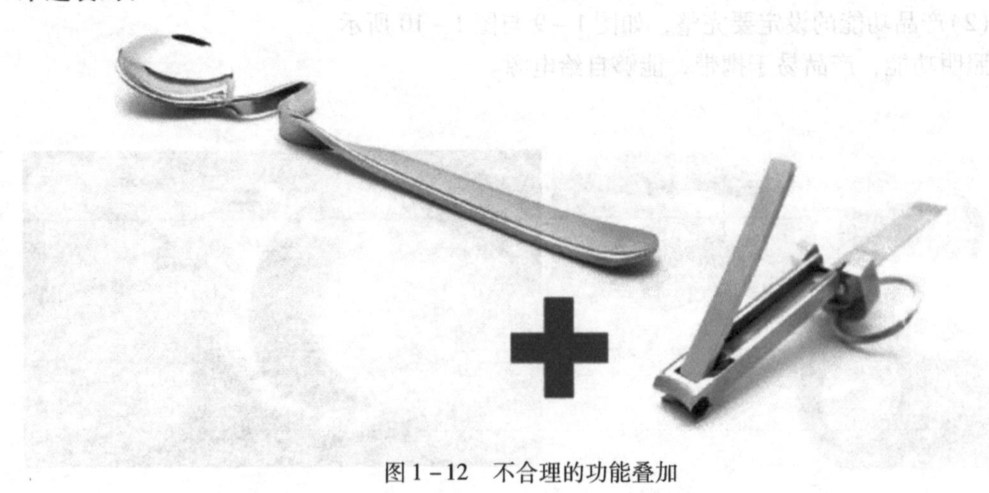

图1－12　不合理的功能叠加

人对产品的需求往往不是单一的，同一产品可承载多种功能，特别是现代电子产品，而且这种多功能的整合已成为当下的时尚。

2. 按需求满意度分类——过剩功能、功能不足和功能适度

将功能进行简化、优化也能创造好的改良设计，这就是所谓的功能优化。图1－13a的产品功能之多已经让使用者难以招架，并造成产品过于庞大，图1－13b中的产品则小巧得多。

a

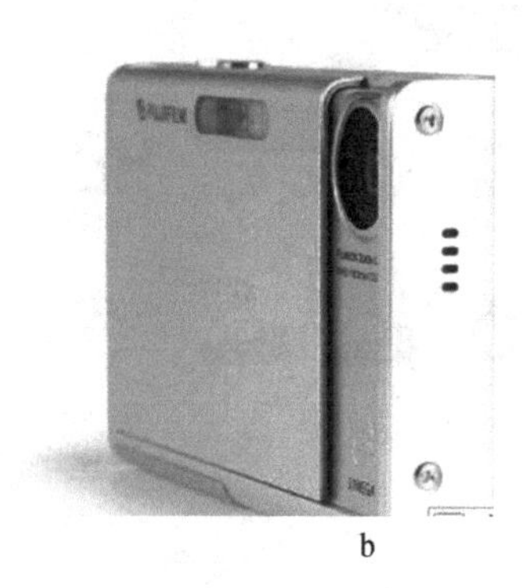

b

图1－13　大、小体积设计

a. 大体积设计；b. 小体积设计

3. 按需求满意度分类——基本功能、期望型功能和兴奋型功能

基本功能是指顾客认为在产品中应该有的功能。如图1－14所示，钟表就应该有指针和刻度，手电就应该给人们带来光明，这就是它们的基本功能。

a

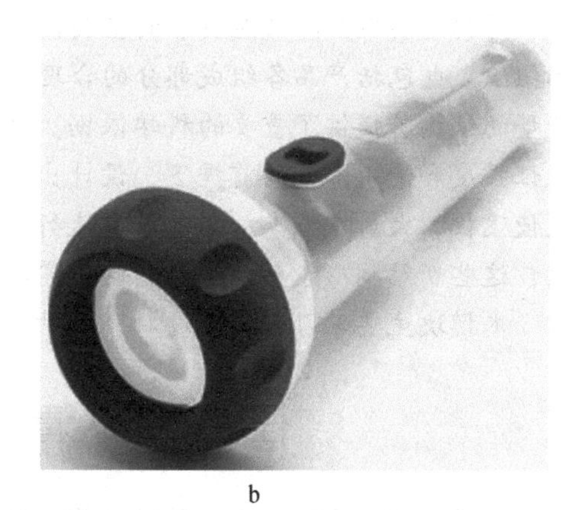

b

图1－14　钟表表面与手电

a. 钟表表面；b. 手电

期望型功能：期望型需求在产品中实现得越多，顾客就越满意。图1－15中的电子表包含了电子寒暑表的功能，就会引发购买者的购买欲望。

兴奋型功能是指令顾客意想不到的产品特征。如果不提供这类功能，顾客不会不满意，但是，当产品提供了这类功能时，顾客对产品就非常满意。例如，图1－16中的手电、钟表结合的设计就满足了一种典型的兴奋型需求。兴奋型功能通常更能够引导消费。

图1－15　带有寒暑表的电子表

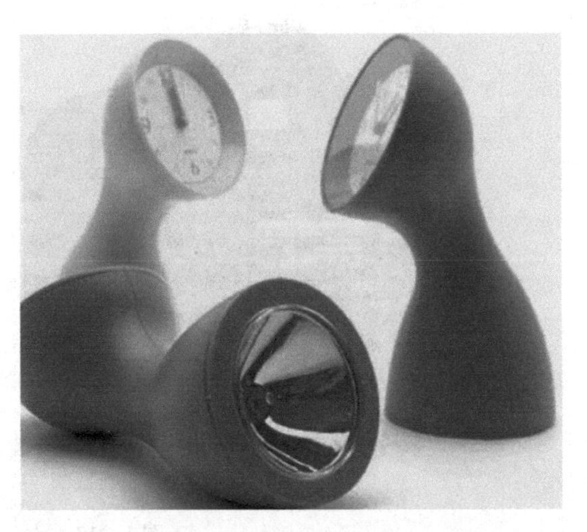

图1－16　手电、钟表结合

模块二　依据结构

结构是实现产品功能要求的重要因素，是为产品物质功能服务的。它既包括产品内部组织，也包括产品各组成部分的合理配合和排列。力学和材料科学的新成就，为产品造型的结构美提供了重要的科学依据。结构力学的发展，使产品结构日臻合理，才能在保证强度和使用寿命的前提下，设计出结构轻盈、刚劲简洁的产品来。流体动力学的发展使飞机、火箭、汽车、船舶等高速行驶的工业产品，在结构上实现低阻流线体态。当然，这些新结构形态也产生了新的美学特征，俗称流线美。

本模块主要学习如何通过对产品结构的把握，来设计产品造型。

任务一　认清产品结构的多重含义

产品结构的多重含义：外部结构、核心结构、系统结构。

如果说功能是系统与环境的外部联系，那么结构就是系统内部诸要素的联系。产品结构决定产品功能的实现，但也受到材料、工艺、技术、商品使用环境等诸多方面的制约。

好的结构能够最大限度地实现产品所承担的功能，如图1-17所示。

好的结构设计能够扩展产品的适应性，并便于生产和运输，如图1-18所示。

好的设计不仅属于设计师，还应属于消费者。

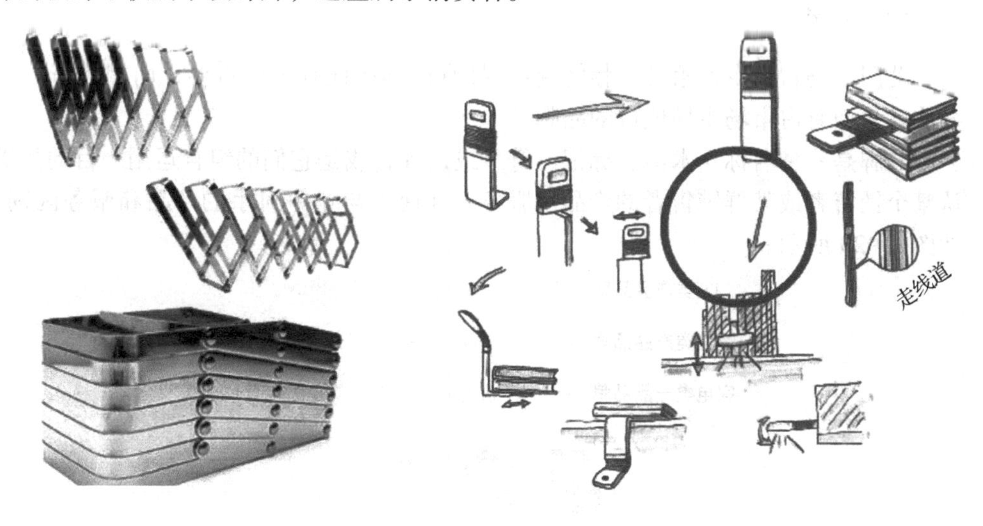

图1-17　可伸缩结构钢架　　　　图1-18　插书式的台灯

消费者购买产品是对设计师理念的认同，产品应尽可能满足消费者的各种需求。

结构设计来源于人对功能的需求。不同的人，不同的使用环境，就会有不同的功能需求，这就需要不同的结构和不同的使用方式来承载、来实现。

功能是产品设计的目的，而结构是产品功能的承担者。

同一功能可以通过不同的结构、不同的方式来实现。设计师只有摆脱定向思维，摆脱现有产品的束缚，才能设计出原创作品。

模块三　依据市场

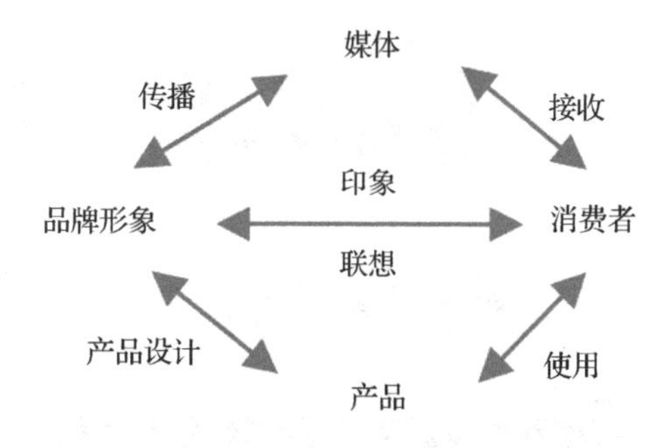

本模块主要学习如何通过对产品市场、品牌等元素的把握，来设计产品造型。

任务一　认识品牌形象

一、品牌

美国市场营销专家莱瑞·赖特说：“拥有市场比拥有工厂重要，而拥有市场唯一的办法就是拥有占市场主导地位的品牌。”

品牌是一种名称、术语、标记、符号或设计，或是它们的组合运用。目的是借以辨认某个销售者或某群销售者的产品及服务，并使之与竞争对手的产品和服务区别开来，如图 1－20 所示。

IT 类产品品牌 IBM　HP　APPLE　SONY　BENQ　Logitech...

通信类产品品牌 MOTO　NOKIA　三星　索爱...

家电类产品品牌 PHILIPS　SIEMENS　伊莱克斯　松下　B&O...

品牌 ？

品　物品，商品的等级、种类

牌　企业单位制定产品的专用名称，实际上是牌子

品　牌　Brand

源出古挪威文“Brandr”，意思是“烧灼”。用烙印方式来标记家畜等需要与其他人相区别的私有财产

图 1－19　品牌

SONY　SIEMENS　IBM

aigo

ASUS　Haier

lenovo联想

图 1－20　各种商标

二、品牌形象

品牌形象是消费者对品牌信息的印象和联想的总和，如图1-21所示。

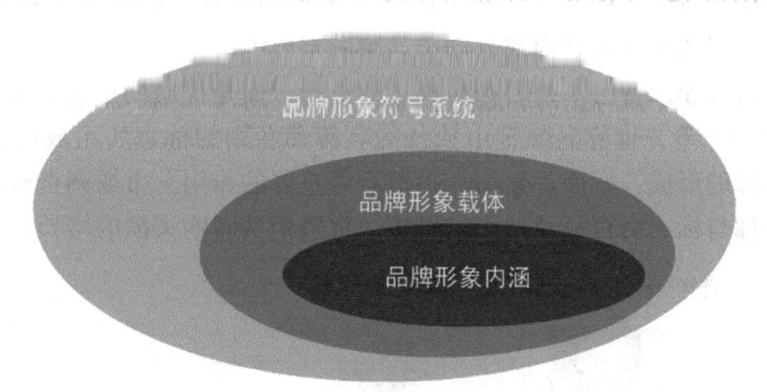

图1-21　品牌形象构成

(一) 产品与品牌形象的关系

1. 产品以品牌形象为竞争力

随着商品市场竞争日益激烈，品牌形象的应用范围也日益广泛，它不仅是企业与商品的代表符号，而且是质量的保障，是沟通人与产品、企业与社会的最直接的媒介之一。在名牌效应普遍受到重视的今天，著名品牌已成为一种精神的象征，一种企业形象的展示，一种地位的炫耀，一种个人价值的体现。

名牌，顾名思义是以良好的声誉闻名遐迩的品牌形象。具体来讲，就是指在一定的市场范围内，被消费者所熟知和信任，并拥有很强的购买吸引力，能产生巨大效应的产品品牌。名牌是企业高质量的产品畅销于市场，并拥有极高知名度的象征；同时，也可以说是一个国家、一个民族的标志和经济发展的旗帜。因此，名牌是消费者认可的品牌，而不是某个企业或部门的自封。实施名牌战略已成为现代企业的必然选择。

所谓名牌扩展战略，是指企业利用其成功品牌名称的声誉来推出改良产品和新产品，包括推出新的包装规格和样式等，从而形成一个有相关特性的品牌家族。企业采取这种战略，可以节省宣传介绍新产品的费用，使新产品能迅速地、顺利地打入市场，极大地增强企业和产品的竞争力。

2. 品牌形象以产品为载体

选择一个品牌就是选择一种生活态度，而这种生活态度完全是以产品的物质功能和精神功能来体现的。概念传达的准确性、优劣与快慢成为品牌形象新的衡量标准和制胜的关键，而产品的质量与功能更是造就优秀品牌形象的重要保证。

优秀的品牌是以优质的产品为前提的。同品牌的新型产品在问世以后，由于名牌效应而暂时得到畅销，如果产品质量经不起时间的考验，这个辛苦得来的好品牌形象也会付之东流，再想翻身几乎是不可能的了。所以品牌形象是以产品为载体才可以存活的，绝对不可能脱离产品而独立存在。品牌不是工艺品，没有产品作为依托的品牌是没有生命力的，是没有存在的价值和意义的。

（二）产品会落伍，成功的品牌则持久不衰

一种品牌是一种文化，是一种形象，更是一副面孔。品牌呈现在社会大众面前最直观的因素是式样、包装、标志与名称。因此，美观的式样，能刺激消费者购买欲的包装，寓意美好、朗朗上口的名称都是创造名牌的重要因素。

世界名牌从内涵来看已不是名称与标志的形态，而是优质的产品和服务，如图 1－22 所示。从外延来看，世界名牌是由独特的名称和新颖的标志所组成的，因此品牌形象对于世界名牌的形成、发展、繁衍、扩散有着重要的作用。市场调查机构的结论也表明，名牌的名称与标志会百分百地影响销售，促进消费者购买欲的增长。

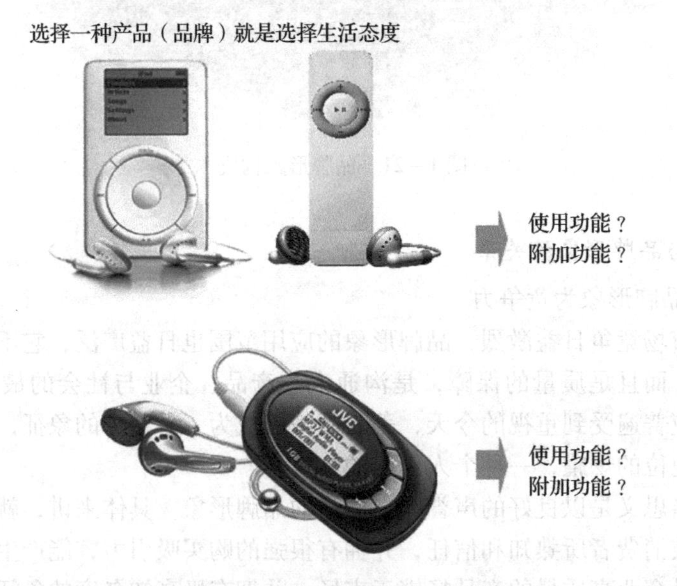

图 1－22　优质的功能与附加值

拥有优秀品牌形象的产品在同类企业或产品中具有优势地位，它已经成为某一类产品最具有影响力的代表，有很高的声誉和威望，代表着可靠的质量与性能的优越，甚至代表着某一时期的生产力，才能长期占有垄断市场的领导地位。即使该品牌的某一产品落伍，或已失去引起大众购买欲的魅力，但只要拥有成功的品牌，就会推动本品牌的新产品的销售。好的品牌形象是持久不衰的。

（三）产品有市场生命周期，品牌没有市场生命周期

成功的品牌形象可以加快新产品的定位，有利于保证新产品投资决策的快捷准确。一个名牌产品在开发本品牌的新产品时，可以使新产品投资保持恰到好处的规模效应，避免投资浪费和追加投资带来的负面影响。

品牌效应还有助于减少新产品的市场风险。一种新产品在推向市场时首先必须得到消费者的认可、接受和信任，这一过程就是新产品品牌化。名牌产品在新产品问世前就已经名牌品牌化，就可以直接避开被市场认可、接受和信任的过程，极为有效地防范新品牌产品的市场风险，并且可以节省巨额开支，有效地降低了新产品的成本费用，而且

名牌公司的新产品与市场同类产品相比，具有更强的竞争能力。

此外，名牌效应还可以使品牌从单一产品向同类产品辐射，从同一产品领域向多个领域辐射，这会使本品牌单一产品的轰动效应转化为整个市场铺天盖地的轰动效应，会使部分消费者认知、接受、信任本名牌转化为全体消费者认知、接受、信任本名牌的效应，强化名牌自身的高美誉度和知名度，这样，成功的品牌形象、这一无形资产也就会像滚雪球一样立即身价百倍，不断增值，不断壮大，避开了市场的生命周期。

三、产品设计定位——品牌形象个性

产品独特的个性和良好的形象，可以凝固于消费者心目中，占据一个有价值的位置。

全球经济一体化所带来的日益激烈的竞争，迫使各国的品牌形象进行变革和创新，以便在日益激烈的国际竞争中，既能使企业立于不败之地，又能在众多的企业中独树一帜。同时由于信息工业的高速发展，国际交往更加频繁和快捷，这无疑又使品牌形象在交流之中得以相互影响、促进和提高。现代品牌在这种影响下，又有了更新、更成熟、更完善、更主动的发展，设计形式更趋于简洁美观的符号化、信息化，艺术效果上更美妙、更悦耳，给人更美的享受。然而，这种国际主义设计风格表现过于单一，设计元素、造型方式上大致相同，给人以枯燥的机械模式感，造成审美意识上的乏味和单调，设计个性得不到张扬，在这种相对沉闷和过于有序的设计意识环境里，应该促使一些激情四射的设计师们去认识和重新寻找设计的语言元素。如图 1－23 所示。

品牌形象个性

IBM	专业、耐用、商务、严肃、黑色、国际化 ......
诺基亚 (NOKIA)	时尚、流行、音乐、国际化、系列化 ......
飞利浦 (PHILIPS)	人性化、曲线、专业、与众不同、国际化 ......

图 1－23　品牌形象个性

社会发展到目前这种状态，人们越来越重视形象个性的张扬，哪怕其中略显出一些轻率，但绝对能营造出现今信息化、数字化时代人们的认识与需求，这就是源于人类内心深处的渴望。这种反映“后现代”人真实心理的潮流在艺术设计领域也得到了全面的呼应，形象个性设计被提到每个设计师的面前。

经典的标志设计能确定持久的商业或文化品牌，这是人们所熟知的。而个性化、前卫化的设计风格也会很快地被人们所接受，因为形象个性化风格更能让人得到心灵上的释放，更能体现人们内心对艺术的追求、对自由的向往。

形象个性化的设计风格是一种表面看似矛盾的各种倾向的复杂混合物，我们所追求的产品的品牌形象设计也就是那些个性化设计所创造出的意想不到的富有感染力的东西，这才是我们所推崇和认知的根本。

����体验产品——情景模拟����

品牌形象个性分析法����

1. 品牌形象个性分析方法一：象限分析(图 1－24)

竞争对手分析——同一产品线品牌形象定位

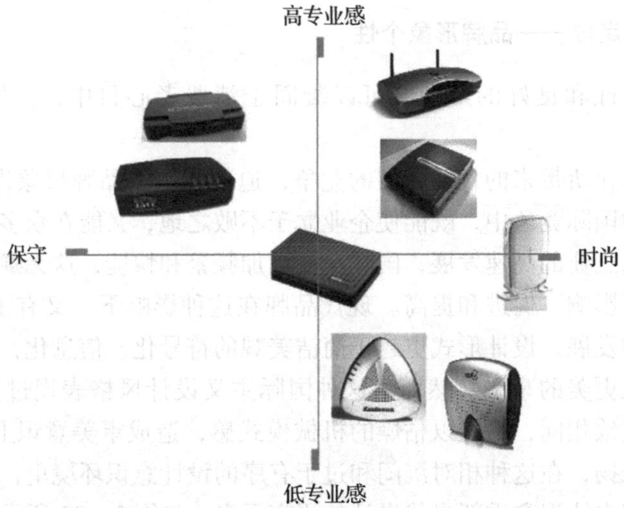

竞争对手分析——同一产品线品牌形象定位

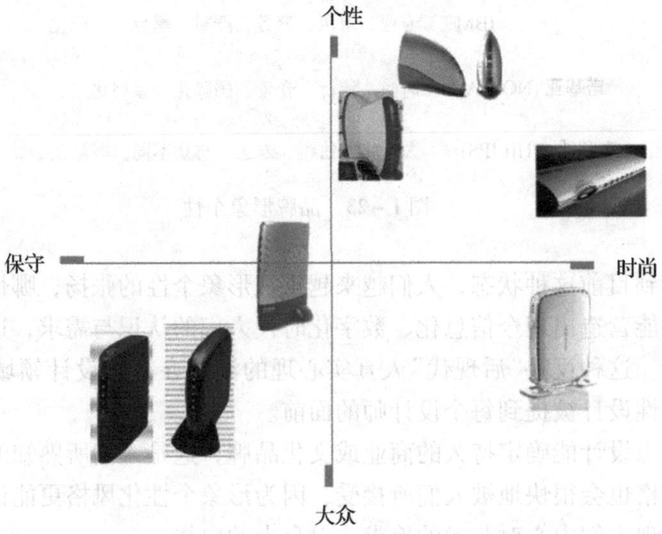

图 1－24　象限分析

2．品牌形象个性分析方法二：表格分析(图 1－25)

品牌		纯真				刺激				称职			成熟		粗犷	
		纯朴	诚实	有益	愉悦	大胆	有朝气	富想象	最新	可信赖	聪明	成功	上层阶级	迷人	户外	强韧
数码科技品牌	Canon				◎		◎	◎	◎							
	DELL	◎	◎						◎	◎						
	lenovo				◎		◎		◎		◎					
	IBM								◎	◎	◎	◎				
	hp						◎		◎		◎	◎				
						◎		◎	◎			◎				
	SONY				◎			◎	◎			◎				
	SAMSUNG		◎		◎		◎		◎							
	Huawei Technologies	◎	◎						◎			◎				

图 1－25　表格分析

3．品牌形象个性分析方法三：图表分析(图 1－26)

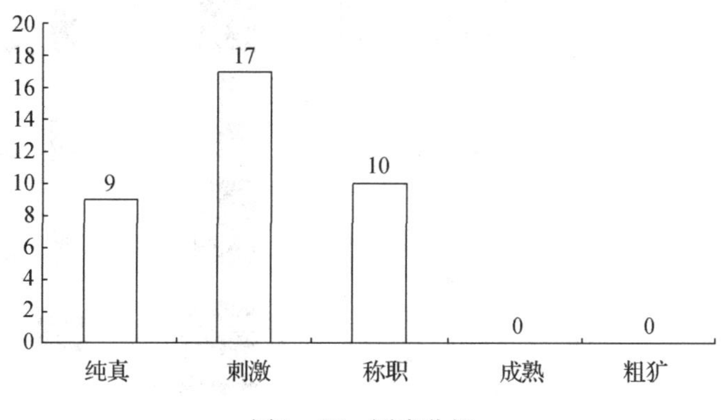

图 1－26　图表分析

◇◇◇◇体验产品——情景模拟 ▱▱▱▱

典型品牌形象个性分析归纳◇◇◇◇

典型品牌形象个性分析归纳如图 1－27 至图 1－30 所示。

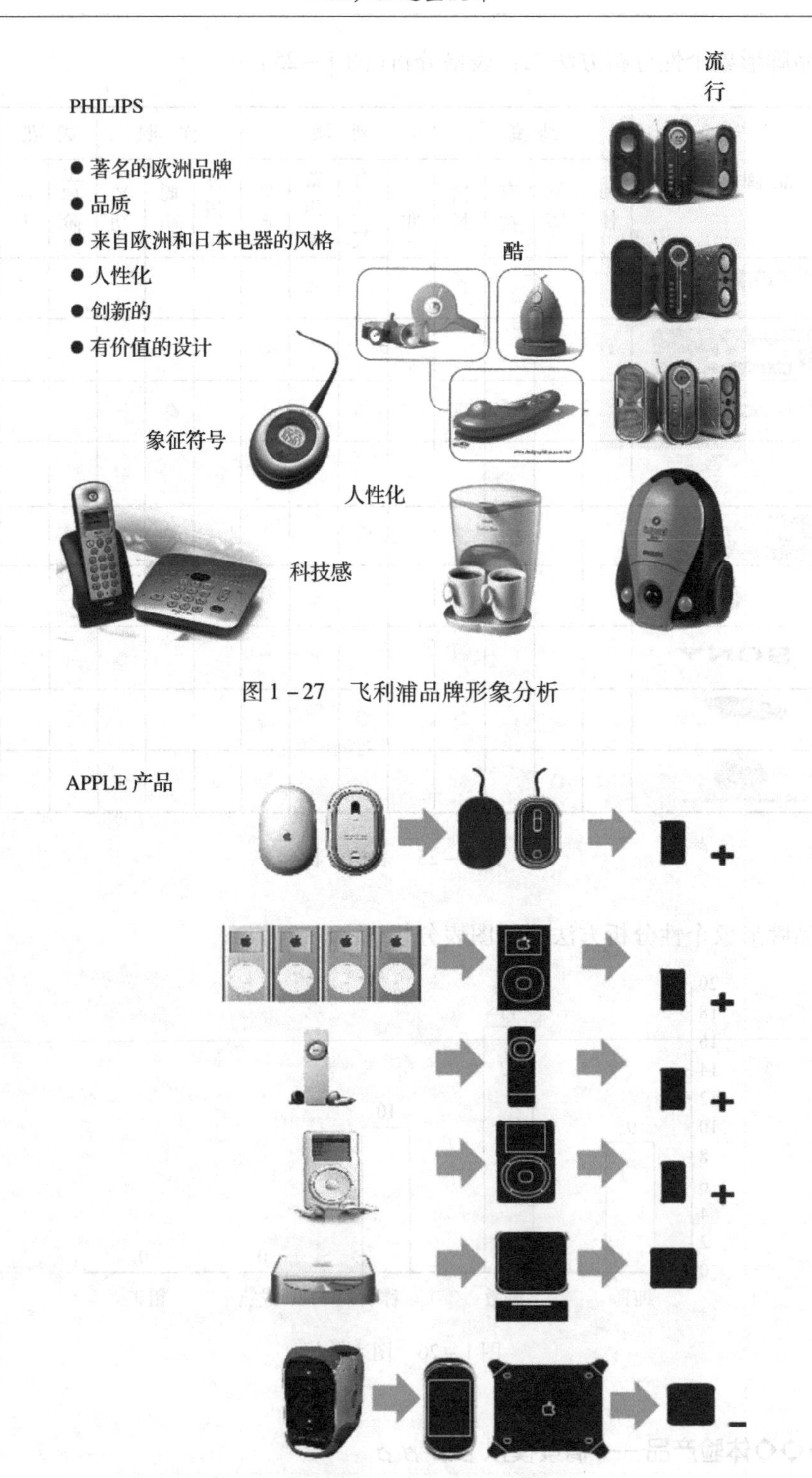

图 1－27　飞利浦品牌形象分析

图 1－28　苹果品牌形象分析

APPLE 产品

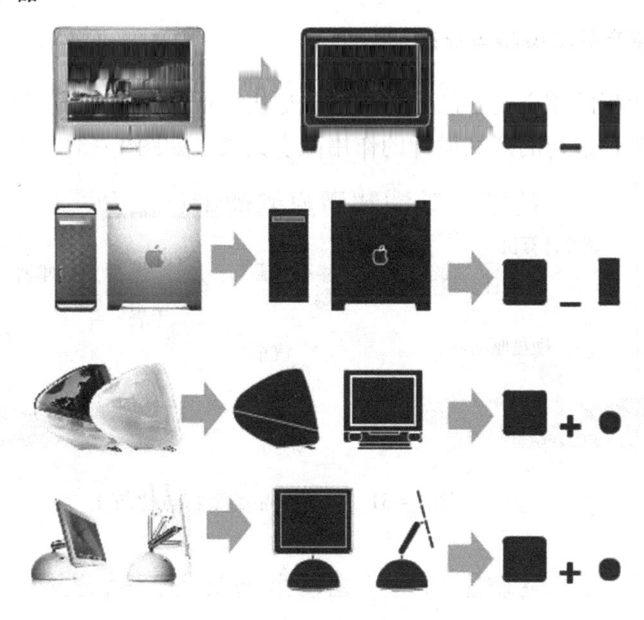

图 1－29　苹果电脑品牌形象分析

APPLE 产品

圆角方形与圆形显示亲切的、易操作的、对人充满关爱的概念，营造愉悦、轻松的气氛。

图 1－30　三种图形形象分析

任务二　设计创新产品

一、创新产品类型

1. 技术推动型产品

(1)以新技术开发产品。

(2)以技术吸引消费者。

(3)设计仅限于对核心技术的包装。

2. 用户推动型产品

(1)以消费者需求开发产品。

(2)以产品差异吸引消费者。

(3)设计者参与到这个产品开发过程中。

二、创新产品类型特点比较

开发基于新的核心技术产品，目的是尽快把产品推向市场，很少强调产品的外观和使用上的问题，最初的产品设计的作用微乎其微。如图1-31、图1-32所示。

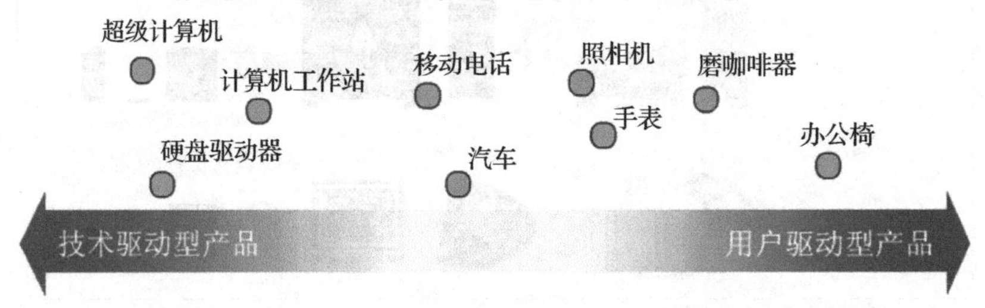

图1-31 创新产品类型特点比较Ⅰ

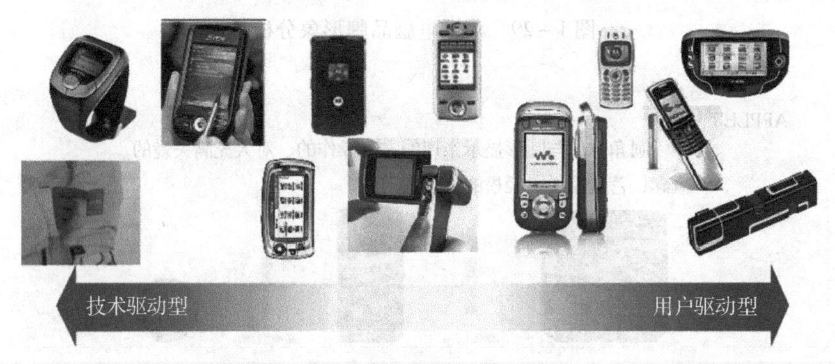

图1-32 创新产品类型特点比较Ⅱ

竞争对手的加入，使各个品牌的产品设计不得不针对顾客和美学性进行竞争，于是产品的最初的设计分工转变了，产品设计在开发过程中扮演了重要的角色。如图1-33所示。

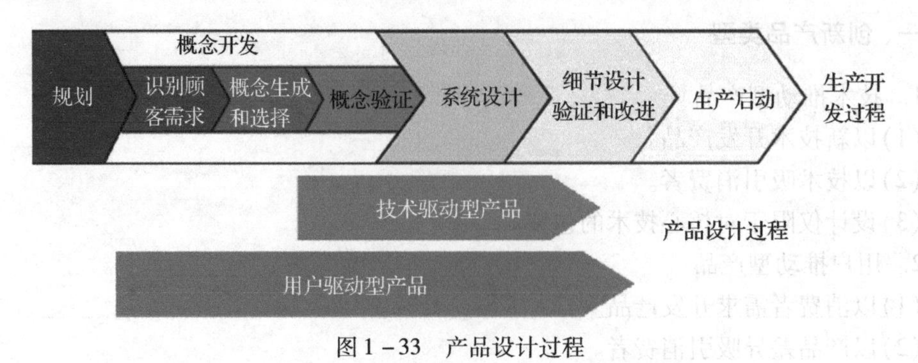

图1-33 产品设计过程

◇◇◇◇体验产品——情景模拟 ◁◁◁◁
办公用品放置环境分析◇◇◇◇

1. 放置环境分析(图1－34)

2. 各种布置方式的设计要点(图1－35)

A. 主机上方（主机在桌面以下）

原因：a. 受传输线长短限制；
b. 节省空间；
c. 保持桌面整洁；
d. 避免其传输线与电脑传输线的缠绕

B. 主机上方（主机在桌面上方）

原因：a. 受传输线长短限制；
b. 节省空间；
c. 利于观察其工作状态；
d. 利于散热；
e. 与主机的风格协调；
f. 保持桌面整洁；
g. 避免其传输线与电脑传输线的缠绕；
h. 减少灰尘的堆积，并提示用户对其进行清理

C. 显示器旁边

原因：a. 利于观察其工作状态；
b. 避免其传输线与电脑传输线的缠绕；
c. 利于散热

D. 主机旁边

原因：a. 受传输线长短限制；
b. 利于观察其工作状态；
c. 利于散热

图1－34　办公用品放置环境分析(1)

E. 显示器与电话之间

原因：a. 方便与其他设备之间的边线；
b. 利于散热

F. 显示器上方

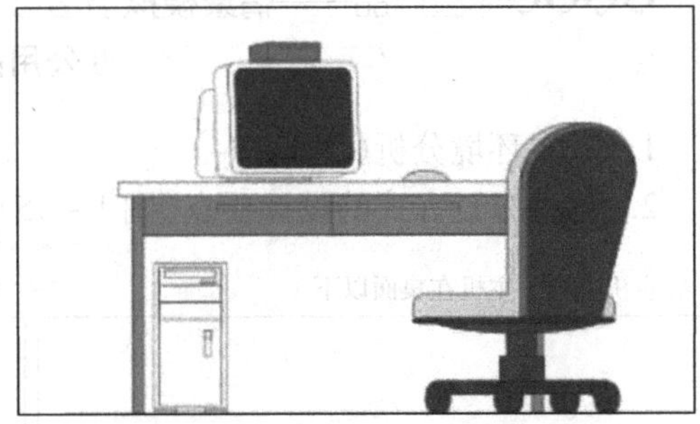

原因：a. 节省空间；
b. 保持桌面整洁；
c. 利于观察其工作状态；
d. 利于散热；
e. 避免其传输线与电脑传输线的缠绕；
f. 与主机的风格协调；
g. 减少灰尘的堆积，并提示用户对其进行清理

G. 路由器上方

原因：a. 节省空间；
b. 利于对网络转换设备的统一管理；
c. 利于观察其工作状态；
d. 与同类型产品一起摆放；
e. 利于散热

H. 电话旁边

原因：a. 方便与电脑之间的连线；
b. 受空间限制；
c. 避免其传输线与电脑传输线的缠绕；
d. 利于散热

图 1－34　办公用品放置环境分析(2)

设置方式 / 设计要点	A	B	C	D	E	F	G	H
节省空间（受空间限制）								
方便与电脑连线								
利于观察其工作状态								
利于散热								
与其他设备之间的搭配								

图 1－35　设计要点分析

任务二　创新设计理念　用户的新体验

- 用户新的感官体验
- 用户新的个性体验
- 新生活方式的体验

一、体验设计的概念

体验设计是将消费者的参与融入设计中，是企业把服务作为“舞台”，产品作为“道具”，环境作为“布景”，使消费者在商业活动过程中感受到美好的体验过程。

(1)感官体验：视觉感官、触觉感官、听觉感官、嗅觉感官、味觉感官。

(2)个性体验：个性化设计，设计要满足个性的需求，体现消费需求的差异。

(3)生活方式的体验：创新的设计让产品成为公共的话题。

◇◇◇◇体验产品——情景模拟◇◇◇◇

设计理念的创新体验◇◇◇◇

(1)造型的创新(图1－36)。

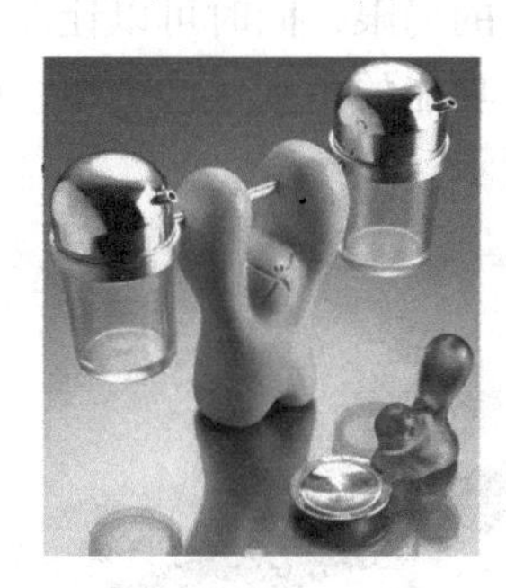

图1－36　新造型

(2)材料的创新(图1－37)。

图1－37　新材料

(3) 结构的创新(图 1－38)。

图 1－38　新结构

◆◆◆◆体验产品——情景模拟◇◇◇◇
创新设计的方法◆◆◆◆

1. 非定义性设计

在产品的设计之初，设计师就不应对其设计的产品下具体定义。这样做的目的不仅可以开发设计师的思维，拓宽思路，不受具体定义的局限，同时可以让设计师回到设计的原点，从人类的需求的本质对产品进行思考，从功能的角度建构造型，而不是在原有的产品基础上延续、改变原有造型。如图 1－39 所示。

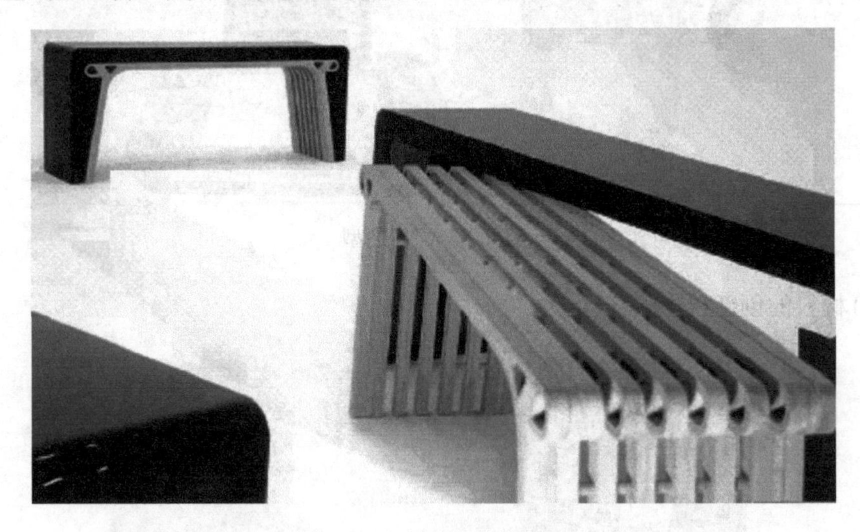

图 1－39　板凳的功能拓展

非定义性的设计不仅给了设计师以想象的空间，也给了使用者极大的使用想象空间，比如手机的设计。

2. 弹性设计

对设计而言，弹性设计既是态度，也是方法，是待人处事保留的一定空间，具有较强的亲和力与变通性。弹性设计是柔性的，而非刚性的组合，是相对的、包容的，而非绝对的。这种具有一定弹性空间、软性的设计理念，是解决工业产品为满足通用性的需求，在设计上强调共性，而缺乏对于个性需求的满足这一问题的捷径与方法之一，比如换壳手机的设计。

、模块设计

模块式的设计是将产品的功能进行分解，是指像积木一样任意进行元素的整合和再设计，产品可以独立存在、使用，也可以重新组合、完善，消费者购买的不仅仅是设计师的作品，还可以根据设计师提供的各种组合方式来挑选产品，更有自我的决策权，并能按照自己的意愿进行再设计。这就好像把套餐变成了自助火锅，由客人按照自己的需求选择产品，比如组合机床的设计。

第二篇 工业产品造型的设计内容

模块四 产品形态构成分析

本模块重点讲解影响产品造型设计的各种因素，以及这些因素对产品形态产生形象的作用方式。通过课题实践，使学生掌握产品形态设计的一般规律和造型处理的基本方法。

◆ 造型的基本要素：形态、色彩、材质、表面处理。

◆ 产品的基本要素：功能、构造、材料、工艺。

◆ 产品设计的基本要素：成本、功能、结构、造型、材质、色彩、表面处理。

任务一 了解产品设计的基本要素

一、影响产品形态设计的因素

影响产品形态设计的因素，如图 2－1 所示。

影响产品形态设计的因素

主观因素	客观因素
形式美法则	功能因素
文化因素	材料与工艺因素
品牌因素	结构因素
仿生设计	环境因素
系列化设计	技术因素
	人机工学因素

图 2－1 影响产品形态设计的因素

二、产品造型的形式美法则

美学是以研究美的存在、美的认识和美的创造为主要内容的学科，所涉及的内容非常广泛，具有很多研究分支。本任务仅从工业造型设计的特点出发，探讨产品造型的形式美法则、技术美要求，以及产品造型与审美等问题。

工业产品的“美”是通过形态被人们感知的，所以工业造型设计必须遵循形式美法则的普遍规律。

形式美是以事物的外形因素及组合关系给人以美感，它是人类在长期的劳动中所形成的一种审美意识。

形式美法则是人类在创造美的活动中，以人的心理、生理需要为基础，经过长期的探求而总结出来的，并被人们所公认的客观规律。在造型设计中，既要遵循这些规律，又不能生搬硬套，而要根据不同的对象、不同的条件进行创造性的设计。这里有两个问题值得注意：一是形式美法则只具有相对的稳定性，它既随着时代的发展而发展变化，也会因人、因事、因条件不同而不同。所以，只有深入领会其实质，并加以灵活运用，才能创造出更新、更美的产品。二是工业产品的造型美必须是内容与形式的完美集合，既要体现出形式美的特色，又要满足技术的要求。

下面从十个方面讨论形式美法则。

（一）比例与尺度

尺度来源于自然，通常是指与人相关的尺寸或这种尺寸与人相比较得到的印象。

造型的尺度主要是指产品与人的协调关系。因为产品是人使用的，它的尺寸大小要适合人的使用或操作需要。

造型中的比例是指产品各部分大小分量、长短、高低与整体的比例关系。比例不涉及具体量值。在造型设计中，为了使造型物的整体与局部和谐，一般先确定一个"模量"(比例因子)作为构成的基本单位，然后再按这个"模量"确定各部分的比例。如齿轮就是以模数作为确定其他尺寸的"模量"，古希腊建筑以柱子直径作为"模量"来计算其他部分的比例。

尺度与比例相辅相成，良好比例的本身常常是根据人或人所使用的空间大小而形成的，正确的尺度感也往往是以各部分的比例关系显示出来。单纯考虑造型比例而忽视造型尺度，会造成尺度失真，甚至影响人的合理使用；反之，如果只重视尺度而不推敲比例关系，同样不能形成美感。所以，在造型设计中，对于比例与尺度应进行综合分析和深入研究。

1. 比例

比例，作为造型形式美的规律之一，是用几何语言对产品造型进行美的描绘，是一种以数比来表现现代生活和现代科学技术美的抽象艺术形式。

抽象的几何形状有美的，也有不美的。几何形状的美主要表现在外形的"肯定性"，即几何形状受到一定数值关系的制约或限定。这种制约和限定愈严格，引起人们美的感觉愈突出，比如，正方形、等边三角形、圆形、黄金矩形等就都具有这种外形肯定的特性。

(1)黄金及黄金矩形。黄金分割比例(简称黄金比)，是指将任一长度为 L 的直线 AB 分为两段，使其分割后的长段 AC 与原直线 AB 长度之比等于分割后的短段 CB 与长段 AC 之比，如图 2－2 所示。

$$x:L=(L-x):x$$

$$x^2+Lx-L^2=0$$

取正根　$$x=\frac{-L+\sqrt{L^2+4L}}{2}=\frac{(\sqrt{5}-1)L}{2}=0.618L$$

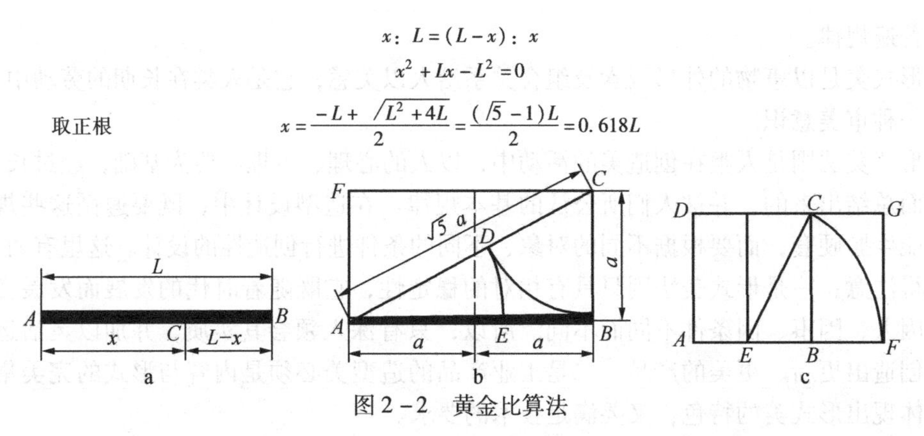

图 2-2　黄金比算法

图 2-2 中，线段 AB 的分割点 C 称为黄金分割点。不难看出，黄金分割点 C 实际上就是优选法中的优选点。为方便起见，黄金分割点可采用几何作图法确定。如图 2-2b 所示，令被分割线段 $AB=L=2a$，作 $BC=a$ 并垂直于 AB；A，C 连线，以 C 为圆心、BC 为半径画弧交 AC 于 D；再以 A 为圆心、AD 为半径画弧与 AB 交于 E，则有 $BE:AE=AE:AB$，E 点便是线段 AB 的黄金分割点。

所谓黄金矩形是指矩形短边长度与长边长度之比为 0.618∶1。黄金矩形同样可用几何作图法求得。如图 2-2c 所示，先作一正方形 $ABCD$，取 AB 中点 E，连接 EC。以 E 为圆心、EC 为半径画弧交 AB 延长线于 F，过 F 作垂线与 CD 延长线交于 G，则 $AFGD$ 即为黄金矩形。

黄金矩形具有美感在于外形肯定，即具有肯定外形美感。如图 2-3 所示，黄金矩形 a 与长方形 b 比较，不难看出后者太长，似可分为两个正方形，因此，这个长方形可称为具有不肯定外形的长方形。黄金矩形 a 与长方形 c 比较，又会发现后者的形状与正方形相似。因此可知，b，c 两种长方形都有外形不肯定的因素，而黄金矩形的外形是肯定的，即有外形肯定的美感。

其次，黄金矩形在视觉上能产生韵律美感。因为在一个黄金矩形中，除去正方形后的所余部分仍是一个缩小了的黄金矩形，这一缩小了的黄金矩形还可以按同一比例，分割出递次缩小的无穷个黄金矩形。这正是其外形肯定的体现，也表现了具有严格制约的动态的均衡。如果把所得的递次缩小的正方形的相应顶点，用以正方形各自边长为半径的圆弧连接，可成为一特殊的涡线，称为黄金涡线。这条黄金涡线具有“生生不竭”的特征，在视觉上形成独特的韵律美感。如图 2-4 与图 2-5 所示。

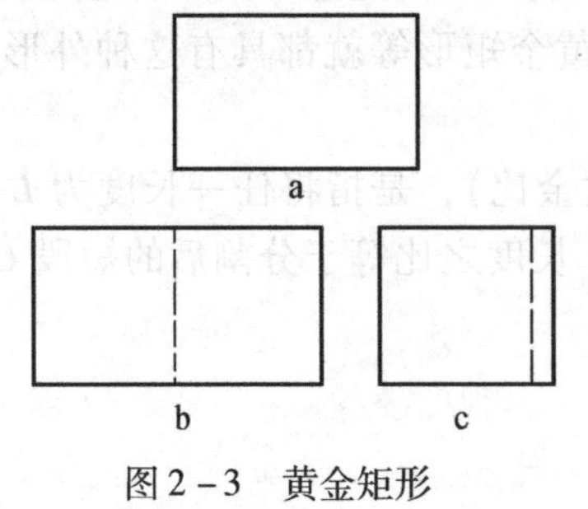

图 2-3　黄金矩形

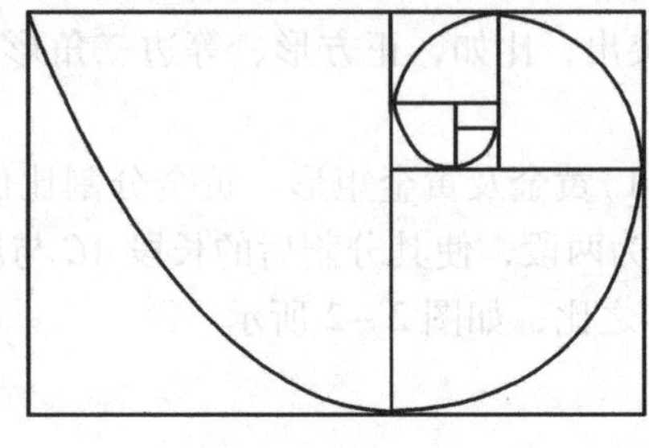

图 2-4　黄金涡线

黄金比例及黄金矩形所具有的这些美感，从古至今，在造型艺术上具有很高的美学价值。如维纳斯女神和阿波罗太阳神的塑像，巴黎圣母院、巴黎埃菲尔铁塔、帕特农神庙等（图2－6），都是根据黄金比例创造出来的。我国古代秦砖汉瓦，其长宽比例也近于黄金比例。在现代生活和生产用品中，如桌面、报纸书刊版面、仪器外形、建筑物等也都与黄金比例有关。

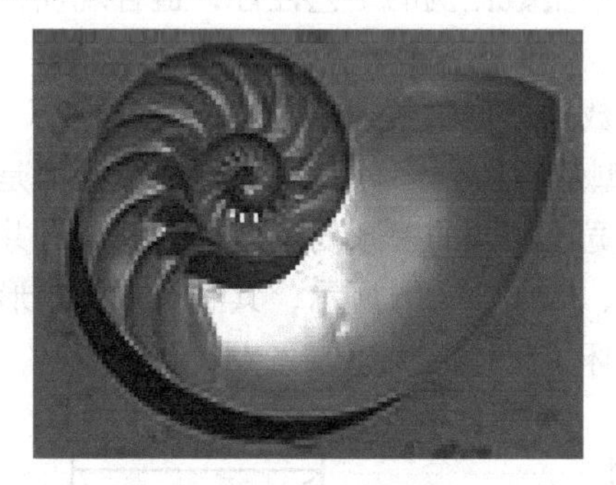

图2－5　鹦鹉螺

图2－6　帕特农神庙

（2）正方根比及平方根矩形。设正方形的边长为1，则对角线为$\sqrt{2}$，以短边为1、长边为$\sqrt{2}$所做出的矩形称为$\sqrt{2}$矩形，如图2－7a所示。

同理，$\sqrt{2}$矩形的对角线长为$\sqrt{3}$，以短边为1、长边为$\sqrt{3}$所做出的矩形称为$\sqrt{3}$矩形，以此类推，可作$\sqrt{4}$矩形、$\sqrt{5}$矩形等，其长边比例分别为1: $\sqrt{2}$，1: $\sqrt{3}$，1: $\sqrt{4}$，1: $\sqrt{5}$……如图2－7b所示。

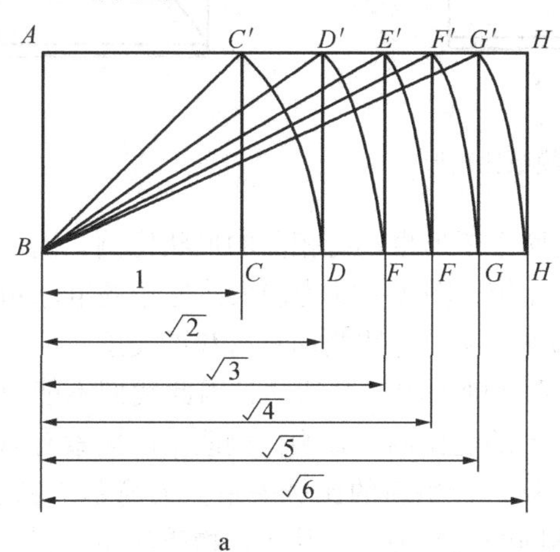

a

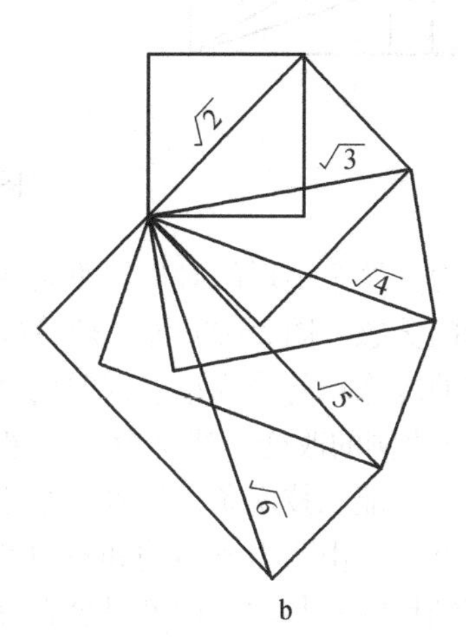

b

图2－7　平方根矩形

如果说正方形具有端正稳重的面貌，那么$\sqrt{2}$矩形富有稳健的气质，$\sqrt{3}$矩形具有偏于俊俏之意，而$\sqrt{4}$矩形则有瘦长之感觉。平方根矩形也很有实用价值，目前许多国家纸张的规格就普遍采用$\sqrt{2}$矩形，因为具有这个比例的纸张，不论几开，都具有相同的边长比，即1: $\sqrt{2}$。

(3)整数比及整数比矩形(又称等差数列比)。整数比例都是以正方形作为基本单元而组成的不同的矩形比例。如两个正方形毗连组合形成边长比为1∶2的矩形；三个正方形毗连组合形成边长为1∶3的矩形，以此类推，可形成1∶4，1∶5，…，1∶n的矩形(n为正方形数)。整数比例是平方根比例中的特例，如1∶2 ＝1∶$\sqrt{4}$，1∶3 ＝1∶$\sqrt{9}$……

整数比例具有明快、均整的美感，在造型设计中整数比例的工艺性好，适合现代化大生产的要求，在现代工业造型设计中被广泛采用。

此外，还有调和数列比、等比数列比、相加级数比、贝尔数列比等。

(4)模数法则。模数是一种度量单位。美的造型从整体到部分、从部分到单元都是由一种或几种模数制约而成。如图2－8a所示，高宽比相同的一系列矩形，它们具有共同的对角线，因而产生了统一、和谐的美感。反之，如图2－8b所示，其中有一个矩形的对角线不在公共对角线上，它便显得不和谐，破坏了整体的美感。

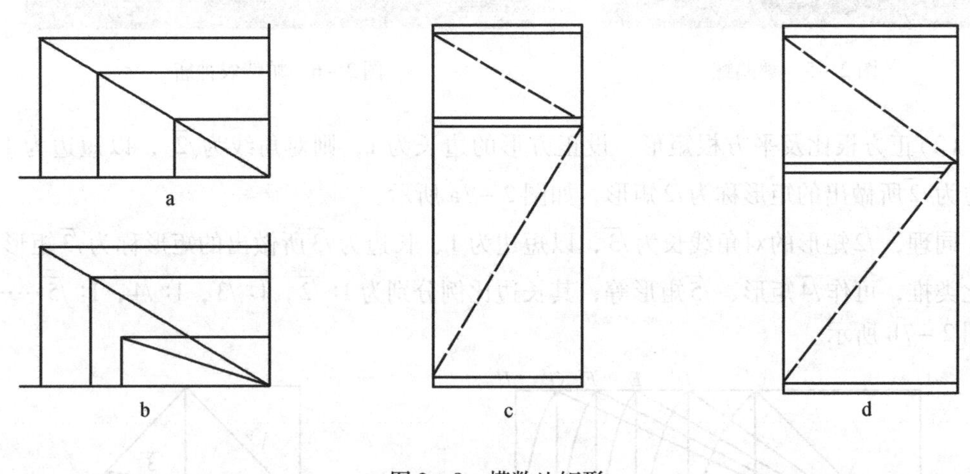

图2－8　模数比矩形

同理，两个矩形的对角线垂直相交，这两个矩形也具有相同的形状比例，同样可产生和谐的美感。图2－8c为一般冷冻箱的电冰箱，图2－8d为加大冷冻箱的电冰箱，由于二者的冷冻箱与冷冻箱立面对角线相互垂直，两种电冰箱均具有和谐美感。

(5)比例的改变。造型设计是建筑在物质基础上的造型活动，因此我们不能脱离产品的物质功能和技术条件来硬搬数学或几何上的纯比例。影响比例改变的因素有以下几方面：首先，由于力学结构和材料科学的发展，产生新的比例关系。最简单的例子是，现代钢结构家具与木结构家具就存在明显不同的比例关系。其次，物质功能不同，就会产生不同比例关系。如机床各部分的比例关系就不同于轿车各部分的比例关系。

(6)人类审美观的变化，也导致新的比例关系产生。随着社会科学技术的发展，社会文明程度的提高，人们的审美情趣也在不断变化。如电影屏幕，当人们开始不满足于老式画面比例时，就创造出了宽银幕。它在视觉上造成的新效应，使人眼在欣赏时略做左右移动，符合了人眼观察周围环境的实际情况，形成视觉真实感，所以被人们接受和欢迎。

值得指出的是，习惯势力往往成为旧的比例关系的维护者。由于人们心理和生理的惰性，现有产品的比例关系往往被人们所习惯、适应，甚至还认为是不可突破的。因此，造型设计者必须勇于探索全新感觉的比例关系，正确处理造型设计中继承和发扬的关系。前人的优秀成果应是形式美探索的起点和动力，而不应该成为艺术创造力的羁绊。

2. 尺度

工业产品的尺度是指其整体的局部构件与人或人的使用生理、习惯标准相适应的大小关系。概括地说，尺度是产品与人两者之间的比例关系。

（1）尺度与产品的物质功能有关。如机器上的操纵手柄、旋钮等，其尺度必须较为固定，因为它们必须与人发生关系，它们的设计要与人的生理、心理特点相适应，由此确定它们的尺度。如果单纯考虑与机器的比例关系，使这些操纵件尺度过大或过小，势必造成操作不准确或失误。

（2）产品尺度可在产品物质功能允许范围内调整。良好的比例关系和正确的尺度对于一件工业产品来说都是重要的，但首先应该解决的是体现物质功能的尺度问题。所以，在造型设计中，一般先设计尺度，然后再推敲比例关系，当两者矛盾较大时，尺度应在允许的范围内做适当调整。例如，男表与女表在尺度上的差别是被限制在一定范围内的，这种限制范围是表的物质功能所允许的。如果因女表做得太小而看不清时间，或男表做得太大而无法戴在手腕上，都失去了手表的物质功能。又如微型汽车的车门，按照车身造型比例设计会造成车门尺度过小，使用者根本无法进入。所以，在造型设计中，应综合考虑分析和研究比例与尺度。

（二）对称与均衡

对称，是自然界和生活中到处可见的一种形式，如人体及各种动物的正面形象、汽车前视图，以及多数建筑都是遵循对称法则的。对称也是平衡的特例，它是等形等量的平衡，其支点肯定置于对称轴上，同时视觉中心也在对称轴上，如图 2－9a 所示。

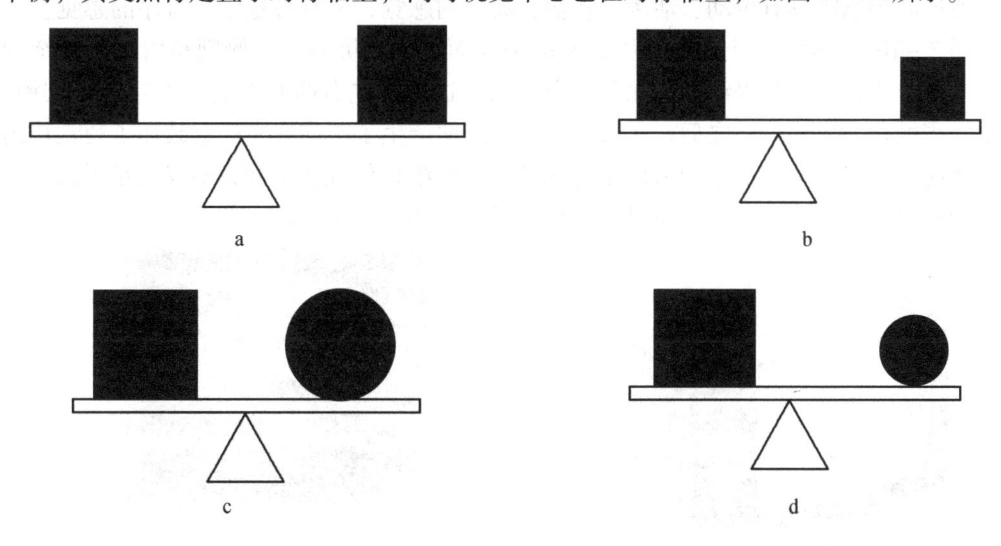

图 2－9　对称与均衡

对称能取得较好的视觉平衡，形成美的秩序，给人以静态美、条理美的感受。因此，对称形式能使人产生庄重、严肃、大方与完美的感觉。对称又可在视觉上产生重复的因素，这种重复的形象具有一种统一的形式美。但过于强调或突出对称，使视觉停留或固定在对称线上，也会使人产生呆板、单调之感。因此，在形态布局上，既要体现对称的美感，又要避免呆板、单调，达到对称中相对变化、变化中突出对称。

工业产品的造型设计也多采用对称的形态，这一方面是产品物质功能所要求的，如飞机、汽车、轮船、火车等；另一方面是采用对称形式造型，可给人们增加心理上的安全感，使产品的功能与造型获得感受上的一致，产生协调的美感。

均衡是对称的发展，一般是以等形不等量、等量不等形及不等形不等量三种形态存在，如图2-9b、图2-9c、图2-9d所示。获得均衡的方法是：以支撑点为假象对称轴，使左边的体量矩之和约等于右边的体量矩之和。如果左、右边的体量矩之和相差悬殊，便破坏了均衡感。

均衡在视觉上给人一种内在的、有秩序的动态美，它比对称更富有情趣，具有动中有静、静中有动、生动感人的艺术效果。当然，均衡在视觉上的庄严感及稳定程度不如对称造型，因此庄重、严肃的造型物不宜采用。

产品造型的均衡形式主要是指产品由各种造型要素构成的量感，通过支点表示出来的秩序和平衡。这里所指的量感是视觉对各种造型要素(如形、色、肌理等)和物理量(如面积、质量等)的综合感觉。比如，大的形比小的形具有更大的量感，复杂的形比简单的形具有更大的量感，明度低的色比明度高的色具有更大的量感。

在造型设计中，要处理好量感，关键要处理好各构件与配件的安排、色彩组合及其他各要素设计，才能获得均衡的效果。

采用均衡造型形式，可使产品形态在支点两侧构成各种形式的对比，如大与小、重与轻、浓与淡、疏与密，从而可产生静中有动、动中有静的条例美和动态美的造型形式，使产品形态既具有生动、活泼、轻快、灵巧的感觉，又具有稳定、有序的感觉。

图2-10a所示为过去的电视机，左侧是大而简单的屏幕，右侧则是由小而复杂的频道开关、旋钮、喇叭等组成的深色组合面板。这样，左右两侧在量感上达到了均衡。但是，当屏幕上出现画面之后，左右两侧的量感便产生了不均衡，严重破坏了视觉均衡感。因此，现代的电视机造型采用了对称形式，将组合件放在下面，不仅满足了人们的视觉均衡感，而且使电视机本身呈现出稳定感，如图2-10b所示。

a

b

图2-10　电视

对称与均衡这一形式美法则在实际应用中往往是对称和均衡同时考虑。有的产品的总体布局可用对称形式，局部采用均衡法则，有的在总体布局上采用均衡法则，局部采用对称形式；也有的产品由于物质功能要求，造型必须对称，但在色彩及装饰设计上采用均衡法则。总之，对称、均衡法则要综合考虑，灵活运用，以增强产品在视觉上庄重、灵活的美感。

(二)稳定与轻巧

稳定是指造型物上下之间的轻重关系。稳定的基本条件是物体中心必须在物体支撑面以内，且重心越低，越靠近支撑面的中心部位，其稳定性越好。稳定给人以安全、轻松的感觉，不稳定则给人以危险和紧张的感觉。在造型设计中，稳定表现有实际稳定和视觉稳定两个方面。

实际稳定是指产品实际质量重心符合稳定条件的稳定。

视觉稳定是指造型物体的外部体量关系(即外观的量感重心)符合视觉上的稳定感。

产品的物质功能是造型设计追求稳定与轻巧感觉的主要依据，稳定与轻巧的造型形式与产品的物质功能的高度统一是造型设计所追求的形式与内容统一美感的重要内容。

轻巧也是指造型物上下之间的大小轻重关系，它的核心是在满足“实际稳定”的前提下，用艺术创造的方法，使造型物给人以轻盈、灵巧的美感。在形体造型上可采用适当提高重心，缩小底部面积，做内收或架空处理，适当运用曲线、曲面等手段，以及在色彩及装饰设计中，采用提高色彩明度，利用材质给人的心理联想，将标牌及装饰带上置等方法，来获得轻巧感。

稳定与轻巧感同下列因素有关。

1. 物体重心

物体重心高，给人以轻巧感；而重心低的形体，则给人以稳定感。

2. 接触面积

接触面积大的形体具有较强的稳定感，接触面积小的则有轻巧感。

综合考虑稳定与轻巧，造型设计的原则是重心较高的物质，由于本身具有轻巧感，考虑实际和视觉稳定的需要，接地面积就不能太小，如图2－11a，否则就不稳定，如图2－11b所示。而重心较低的产品，由于本身具备稳定感，接地面积就不宜设计得过大而产生笨重感，如图2－11c所示。而将接地面积适当缩小或架空则有轻巧感，如图2－11d与图2－11e所示。

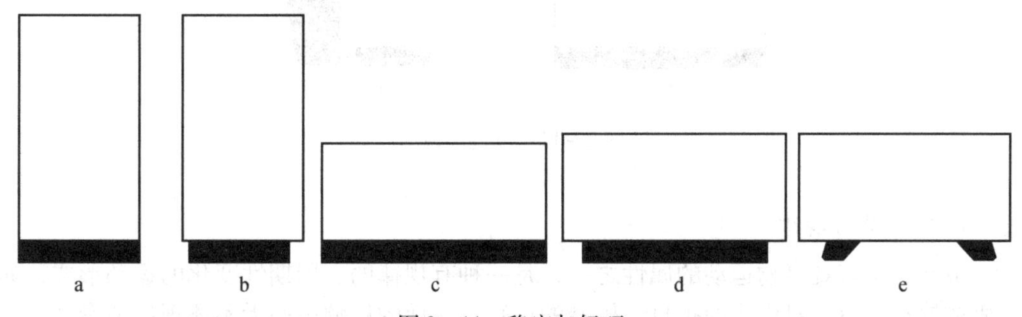

图2－11　稳定与轻巧

3. 体量关系

产品的体量由上而下逐渐增加产生稳定感，反之产生轻巧感。如果由上而下收缩过分，会出现不稳定的危险感。

4. 结构形式

对称结构形式具有稳定感，均衡结构形式具有轻巧感。

5. 色彩及其分布

明度低的色量感大，明度高的色量感小。在色彩设计上，上明下暗具有稳定感，如公共汽车车身着色。人的服饰，上衣色彩明度低于裤子或裙子，显得轻盈、快捷。

6. 材料质地

不同的材料质地能让人产生不同的心理感受，这些感受取决于两个方面：一是材料表面状态，表面粗糙、无光泽的材料比表面致密、有光泽的材料具有较大的量感。因此，把前者设计在产品下部有稳定感，把后者设计在产品下部则有轻巧感。二是材料比重的感受，人们生活经验的积累，有着概念上的质量认识。因此，对于以金属制成的产品，造型时要注意形态轻巧感的创造；而对于塑料、有机玻璃制成的产品，造型时要注意形态稳定感的创造。比如，联邦德国的“尼欧普兰”双层客车，尽管车身较高，但由于上层采用宽大的有机玻璃窗，给人以轻盈感，下层着色较暗，其量感较大，致使整个车身造型具有稳定感，又不显得笨重、呆板。

7. 形体分割

形体分割包括色彩分割、材质分割、线的分割及面的分割等。不论哪种分割，其主要作用是将大面积(大体积)产品表面分割成几部分，使产品产生变化、轻巧和生动感。比如电视机的显像管较长，按此长度做出的机壳，不仅体积较大，而且视觉感觉笨重，如图 2－12a 所示。图 2－12b 是经过分割及变化后的侧面机壳，显然轻巧多了。

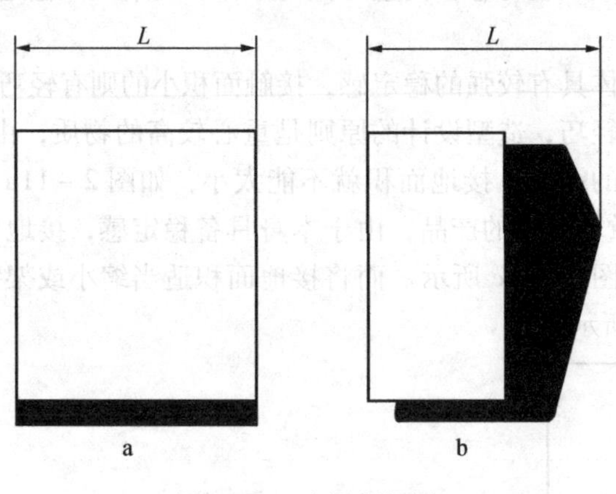

图 2－12 电视侧视图

(四)节奏与韵律

节奏，是客观事物运动的属性之一，是一种有规律的、周期性变化的运动形式，如心脏的搏动、海浪对岸边的拍打、机器的运转、说话的停顿……无不体现出节奏。

在艺术领域中，节奏是作品的条理性、复杂性和连续性的艺术表现形式。

在音乐作品中，音律的轻重缓急形成了节奏；在美术作品中，节奏感则表现在形象排列组织的动势上，如由静到动、由疏到密，都形成了节奏感。

不论是在自然界中，还是在生活和艺术作品中，由于节奏与人的生理机制特征和心理感知特征相吻合，从而给人们的视觉、听觉造成了律动的感受。

在设计中，节奏的体现主要通过线条的流动、色彩的深浅或间断、形体的高低、光影的明暗等因素做有规律的反复、重叠，引起欣赏者的心理感受和心理情感的活动，使之享受到一种节奏的美感。

韵律，是一种周期性的律动，做有组织的变化或有规律的重复。也就是说，韵律是在节奏的基础上，赋予情调，使节奏有强弱起伏、悠扬起伏的情调。可见，节奏是韵律的条件，韵律是节奏的深化。

在现代工业生产中，产品的标准化、系列化和通用化的要求，以及单元构建在整机上的重复使用，都使得产品具有一种有规律的循环和联系，从而产生节奏和韵律感。

在产品造型设计中，可通过线、体、色、质感创造节奏和韵律感。韵律的体现有以下几种。

1. 连续韵律

体量、线条、色彩、材质等造型要素有条理地排列，成为连续韵律。这是一个要素的无变化的排列，图 2－13a 为线条的连续，图 2－13b 为公共大客车车窗，图 2－13c 为钢琴键，它们均属于连续韵律。

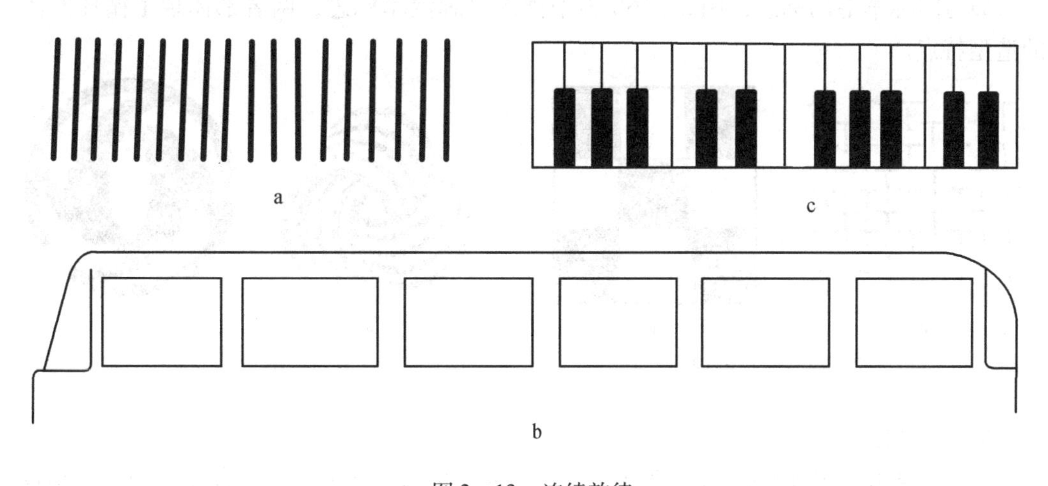

图 2－13　连续韵律

2. 渐变韵律

造型要素按照一定的规律，有组织地变化，称为渐变韵律。以线条为例，便存在多种渐变韵律，图 2－14a 为线条疏密的变化韵律，图 2－14b 为线条本身粗细的变化韵律，图 2－14c 为线条水平递增的韵律，图 2－14d 为线条水平递减的韵律，图 2－14e 为垂直线条由递减到递增的韵律，图 2－14f 为垂直线条由递增到递减的韵律。渐变韵律既有节奏又有规律，且表现手法简单易行，所以在工业造型设计中运用较多。

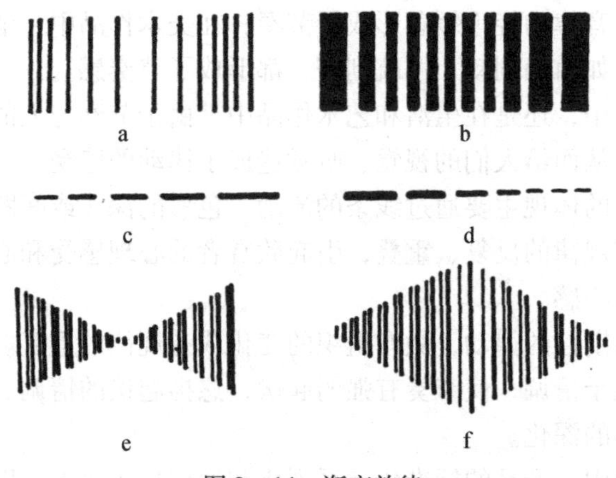

图 2－14 渐变韵律

3. 交错韵律

造型要素按照一定的规律，进行交错组合而产生的韵律称为交错韵律。图 2－15a 为线条交错组合，图 2－15b 为色块交错组合。

交错韵律的特点是造型要素之间对比度大，给人以醒目的感觉。

4. 循环韵律

造型要素按照一定的规律，周而复始地循环组合而产生的韵律称为循环韵律，图 2－16a为国际羊毛局标志，图 2－16b 为中国东风牌汽车标志，两者都体现了循环韵律的造型特点。

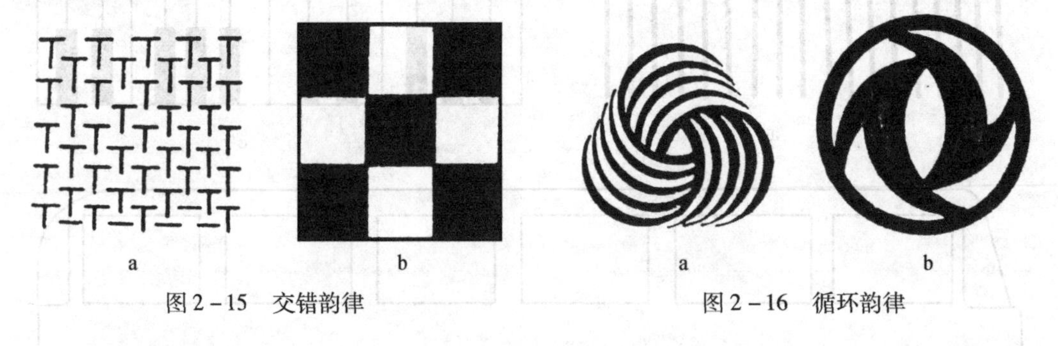

图 2－15 交错韵律　　图 2－16 循环韵律

5. 起伏韵律

造型要素使用相似的形式，做起伏变化的韵律称为起伏韵律。这种韵律的动态感较强，运用得好可获得生动的效果，我国房屋建筑的瓦盖(图 2－17a)及 20 世纪 40 年代轿车前后翼子板造型技术均体现了起伏韵律(图 2－17b)。

在上述各种韵律形式中，无变化的连续韵律能产生静止感，如图 2－13 所示；渐变韵律能产生运动感，如图 2－14c 与图 2－14d 所示。当渐变韵律对称分布时，就失去运动感而产生静止感，如图 2－14e 与图 2－14f 所示。

上述各种韵律，共同的特征是重复与变化，没有重复就没有节奏，也就失去了产生韵律的条件；而只有重复，没有规律性变化，也就不可能产生韵律的美感。

在造型设计中，运用韵律法则可使造型物产生统一的美感，应该充分运用形体的大

图 2－17　起伏韵律

小、厚薄、高低、材质、色彩等造型要素，使产品各部分相互协调、呼应，体现出各种韵律，加深人们的印象，并使人在心理上产生一种舒适的美感。

工业产品，如复印机、电气控制柜、仪器面板、收音机等，其控制旋钮、显示仪表及散热孔等多采用上述韵律设计，使构图完整，体现出规律和变化的节奏感。

（五）统一与变化

统一，是指同一个要素在同一个物体中多次出现，或在同一物体中不同要素趋向或安置在某个要素中的一致性。统一的作用是使形体有条理，趋于一致，有宁静和安定感，比如车轮（统一要素）在整个汽车（同一物体）中多次出现，因此，要求四个车轮的形体（尺寸和造型）必须一致，否则就会产生杂乱感。所以，统一可以消除零部件杂乱，对其标准化、通用化和系列化有利，特别适合现代化大生产。

变化，是指在同一物体或环境中，要素与要素之间存在着差异性，或在同一物体或环境中，相同要素以一种变异的方法，使人们产生视觉的差异感。变化的作用是使形体具有动感，克服呆滞、沉闷感，使形体有生动活泼的吸引力。比如轿车前后车轮的翼子板的作用是完全相同的，但其形体是不同的，20 世纪 50 年代轿车的前翼子板多是珠形，后翼子板采用圆形，如图 2－18a 所示。而现代轿车尽管采用前后翼子板与车身融于一体以失去独立存在的条件，但翼子板切口却有变化，前切口是不等边梯形，后切口为等边梯形，如图 2－18b 所示。这些都是为了增强前轮的动感和后轮的平稳有力之感。两者的结合形成完美的统一和变化。

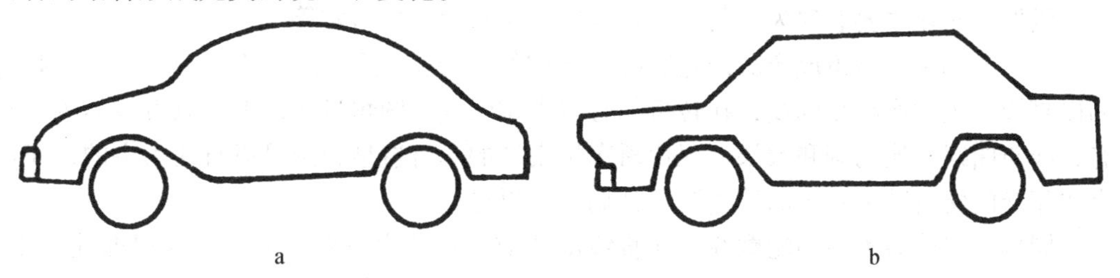

图 2－18　轿车侧视图

任何一种完美的造型都体现了美学的基本原理。但是，只有统一而无变化，则会失去情趣感，而且统一的美感也不能持久。总之，统一可以消除杂乱，增加形体条理、和谐、宁静的美感，但过分的统一会造成呆板、单调。变化是刺激的源泉，能在单调、呆滞中重新唤起活泼、新鲜的兴趣。但是，变化必须以规律作为限制，否则必导致混乱庞杂，使人的精神感到骚动，陷于疲乏，所以变化必须在统一中产生。

在造型设计中，无论是形体、线形、色彩和装饰都要考虑统一与变化这个综合因素，切记不同形体、线形、色彩的等量配制必须以一个为主，其余为辅。为主者体现统一性，为辅者起配合作用，体现出统一中的变化效果。具体的做法就是：统一中求变化，变化中求统一。这一原则不仅适用于一件产品的设计，也适用于环境设计，小至房间设计，大至区域规划。

（六）对比与调和

对比，是突出同一性质过程要素间的差异性，使构成要素之间有明显的不同特点。通过要素间的相互作用、烘托，给人以生动活泼的感觉。对比强调个性、特征。

调和，是指当两个或两个以上的结构存在着较大的差异时，可以通过另外的构成要素的过渡衔接，给人以协调柔和的感觉。调和强调构成要素的共性和一致。

在造型设计中，对比可使形体活泼生动、个性鲜明，它是取得变化的一种重要手段。调和对对比的双方起着约束的作用，使双方彼此接近，产生协调关系。

只有对比，没有调和，形象就会产生杂乱、动荡的感觉；只有调和，没有对比，形体则显得呆板平淡。对比与调和两种形式，只能产生于同一性质的因素之间，如色彩与色彩、线形与线形、材质与材质。

在造型设计中，形体方面的对比，包括横竖、曲直、大小、方圆、上下、左右、虚实、凸凹、长短、软硬、粗细、高低、宽窄、锐顿、简繁、轻重等；色彩方面的对比，包括黑白、冷暖、进退、扩张与缩小，以及色相间的对比，如红、绿、黄、蓝等；对材质方面的对比，包括光滑与粗糙、有光与无光。

造型设计必须针对产品不同的物质功能及其具体形象，正确处理好对比与调和的关系，使产品造型既生动、活泼丰富，又体现出稳重、协调和统一。

对于工业产品的造型设计通常在以下几个方面构成对比与调和的关系。

1. 线形的对比与调和

线形是造型中最富有表现力的一种构成因素，线形的对比可强调造型形态的主次关系，并有丰富形态的作用。

线形的对比主要表现为直与曲、粗与细、长与短、虚与实等。

线形的调和是指组成产品的轮廓线、结构线、分割线和装饰线等线形应尽量调和，如以直线为主的产品轮廓线，在转折部分宜采用弧线或圆角过渡，形成以直线为主、又有直线与曲线对比的调和效果。现代轿车呈楔形的车身造型轮廓是以直线为主的，而在直线相交的转折处采用了曲线过渡，其调和效果更好。

同样，以曲线为主的轮廓线，在直线部位应尽量使之自然过渡，形成以曲线为主，又有曲线与直线对比的调和效果。图 2－19 是三种直线和曲线调和的例子。

2. 形的对比与调和

形的对比主要表现为形状和大小的对比。

以图 2－20 所示的电冰箱为例，冷冻箱的分割如图 2－20a 所示，两者不仅产生小与大的对比，而且由于冷冻箱长方形并呈水平方向，冷藏箱长方形并呈垂直方向，又产生方向对比。如图2-20b分割，不仅两箱大与小区分不大，而且两个长方形方向一直，因此没有体现出对比。在视觉上，人们感到图2-20a比图2-20b生动、活泼和舒服。

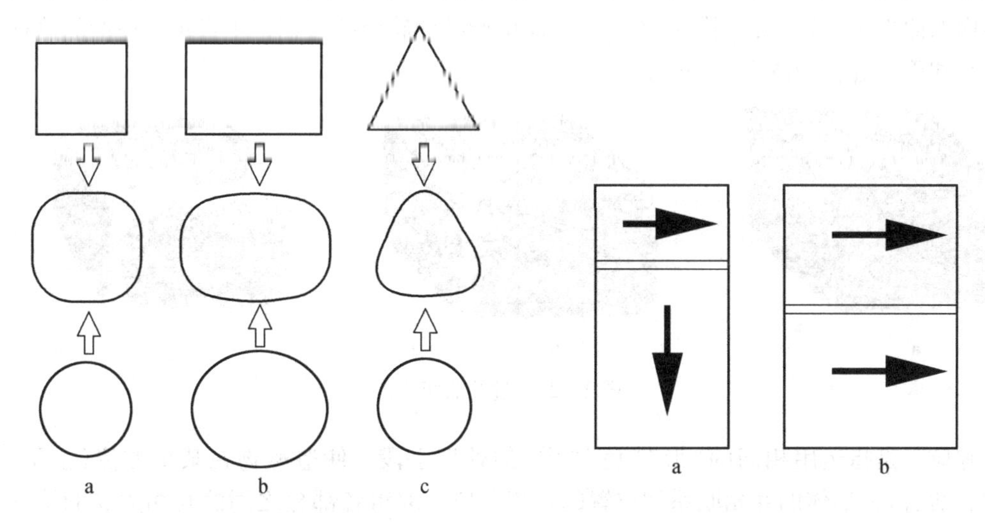

图2-19　三种直线和曲线调和

图2-20　形的对比与调和

3. 色彩的对比与调和

不同的色彩(色相)、明度、纯度都可以形成对比，由此也可产生出冷暖、明暗、进退、扩张与收缩等的对比。

4. 材料的对比与调和

材料的对比虽然不会改变造型的形体，但由于它具有较强的感染力，而使人们产生丰富的心理感受。

在同一形体中，使用不同的材料可构成材质的对比，如人造与天然、金属与非金属、有无纹理、有无光泽、粗糙与光滑、坚硬与柔和等。产品造型效果中的材质美，往往比色彩美更能给人以深刻、强烈的印象。

5. 虚实的对比与调和

虚，指的是产品透明或镂空的部位。虚，给人以通透、轻巧感。实，指的是产品的实体部位。实，给人以厚实、沉重和封闭感。

在产品造型中，虚实对比主要表现为凸与凹、空与实、疏与密等。实的部分通常为重点表现的主题，虚的部分起衬托作用。虚实构成对比与调和，能使形体的表现更为丰富。

(七)过渡与呼应

过渡，是指在造型物的两个不同形状或色彩之间，采用一种既联系二者又逐渐演变的形式，使它们之间互相协调，取得和谐、统一的造型效果。产品造型，一般是通过连续渐变的线、面、体和色彩来实现过渡的。

图2-21a属于从一个面直接过渡到另一个面的直接过渡。由于直接过渡没有第三面参与，线角尖锐、锋利，造型的轮廓线清晰、肯定，但同时也给人一种过于坚硬及难

以接近的感觉。如果采用曲面过渡，可使两个面的转折比较柔和。以曲率半径较小的曲面过渡，既使人感到柔和，又不破坏轮廓线的清晰和肯定，如图 2－21b 所示。如果过渡曲面的曲率半径较大，则因过于柔和，而使产品的轮廓线模糊、不肯定，使产品出现臃肿感和乏力感，如图 2－21c 所示。

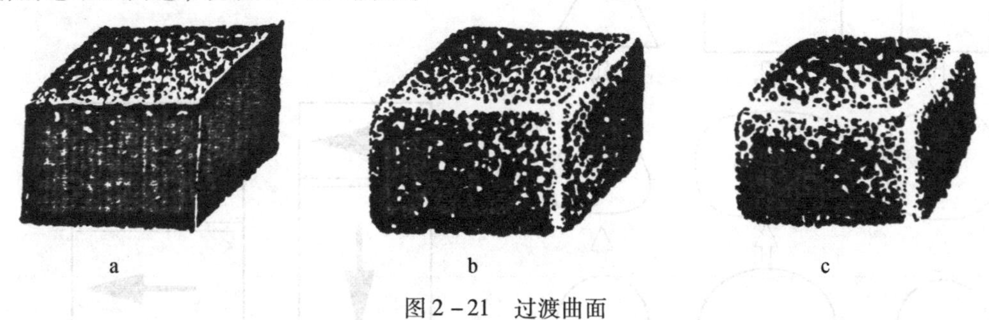

图 2－21 过渡曲面

呼应，是指运用相同的“形”“色”“质”的处理手段，使造型物在某个方位(上下、左右、前后)上形体的互相联系和位置的互相照应，取得各部分之间的互相关联的统一感和艺术效果。

图 2－22 是几种轿车侧面图，其车身前和后部的形体关系上是前后呼应的，从而增强了整车的前后联系，使之具有和谐、完整的统一美感。

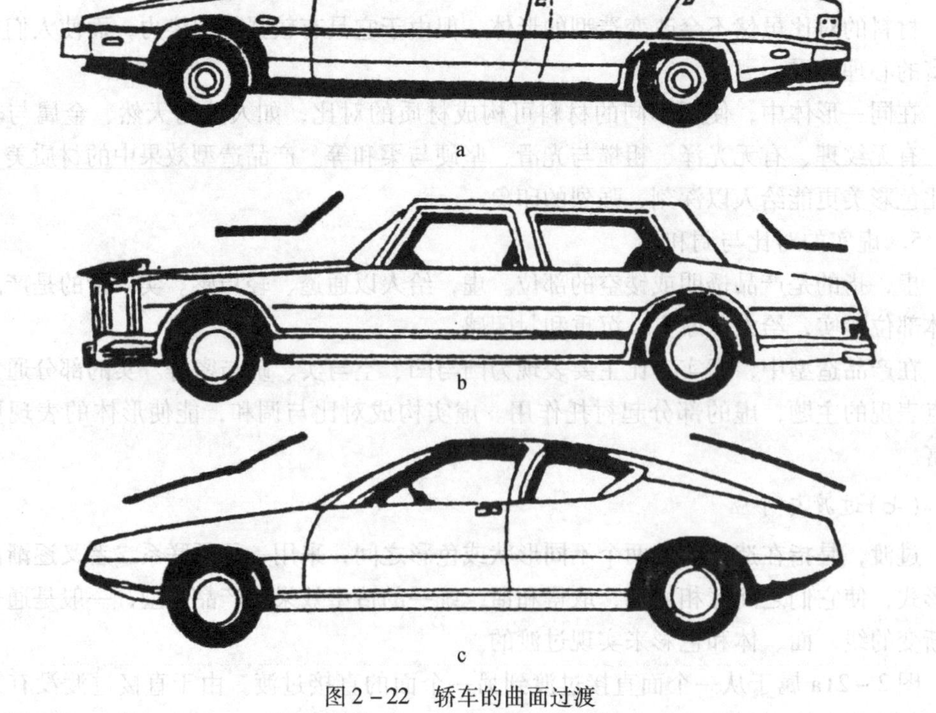

图 2－22 轿车的曲面过渡

(八)主从与重点

所谓“主”就是产品的主要功能部位或主体部位。

所谓“从”则是非主要功能部位，是局部、次要的部分。

主从关系非常密切。没有从，也就无所谓主。没有重点，则显得平淡；没有一般，也不能强调和突出重点。

产品造型中的重点由功能和结构等内容决定，是表现造型物特征的关键部位，即指主体、主体部位，也是观赏中心，以加强艺术表现力。因此，主从与重点也是造型设计者有意识地从统一中求变化的一种手段。在不违背产品物质功能的条件下，重点也可由造型设计者创造。比如，某部位经装饰后，能加强变化，消除单调，产生趣味，而带来一定的艺术效果。

如图 2－23 所示，电熨斗的主体是烙铁，次要部分是把手。图 2－23a 的造型，主次不明显，且显得呆板；又因主次色彩明显分隔，使两者的协调感较差。图 2－23b 的造型，主次间有共性的线形处理及色彩过渡，使把手与烙铁浑然一体，显得活泼、自然，其艺术效果比图 2－23a 好。

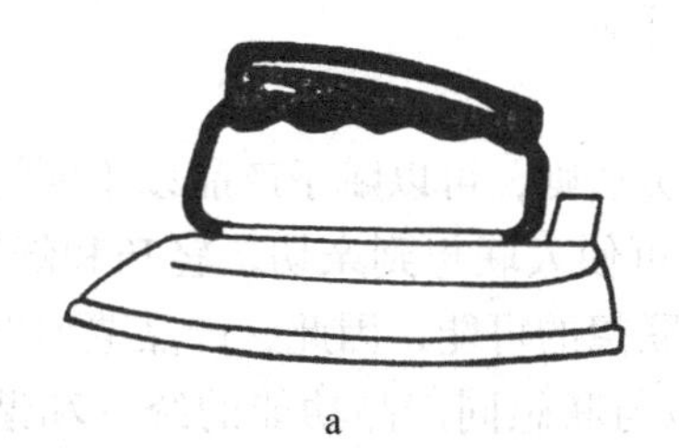
a

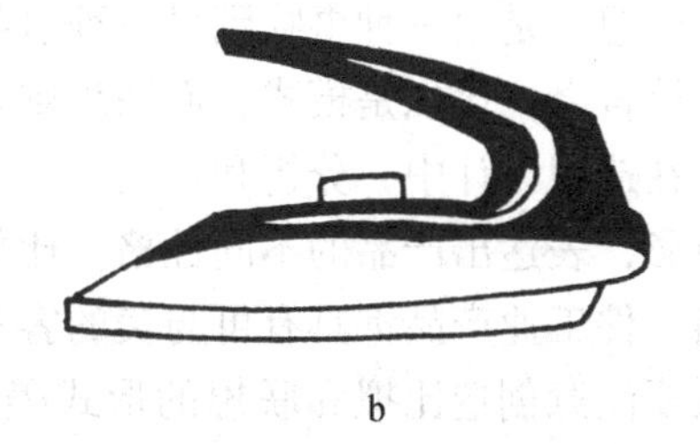
b

图 2－23　电熨斗

值得注意的是，在处理主从与重点时，视觉中心是一个不可忽视的问题。产品的视觉中心是指在视觉平面内，由零件形成的点、线、面的位置，到方向、形状和色彩与另一平面的差别，从而形成的一种空间力。这种空间力吸引着人们的视线，让人们去观察、吸收和衡量。比如，轿车的前视图，尽管安置有前灯、转弯指示灯、保险杠、车前窗、散热器罩等零部件，但人们的视觉中心是集中在散热器罩上，因此，汽车厂家通常把厂家商标安装在散热器罩上或其上方，起到广告宣传作用。同时，设计者在散热器罩上颇费心思，设计出多种新颖、华美的造型，并以电镀的光泽吸引人们的视觉。再如，汽车驾驶仪表盘上安装着各种仪表，其中车速表关系到行驶安全，是突出表现的重点，因此在仪表盘的造型设计中，车速表必须以较大的尺寸和对比度较大的色彩区别于其他仪表，并设置在最接近司机的视觉中心部位。

造型中心和视觉中心的形成，可采用下述几种方法。

(1)采用形体对比，突出重点。如用直线衬托曲线、用简单形体衬托复杂形体、用静态形体衬托动态形体。

(2)采用色彩对比，突出重点。如用淡色衬托深色、用冷色衬托暖色、用低纯度色衬托高纯度色、用低明度衬托高明度等。

(3)采用材质对比，突出重点。如用非金属衬托金属、用轻盈材质衬托沉重材质、用粗糙材质衬托光洁材质等。

(4)采用线变化(如射线)、动感或透视感强的形式，引导视线集中一处，以形成视觉中心。比如，以发电站监视设备的板面设计为例，尽管板面上各种功能元件很多，但由于分组编排，并通过不同形状和色彩加以区别，使功能分组清楚，布局整齐，重点突出，使操作者感到有条理，操作方便、省力、舒适。

(5)将需要突出表现的重点部分设置在接近视平线的位置上。产品的视觉中心往往不止一个，但必须有主次之分。在造型设计中，主要的视觉中心必须是最为突出、最具有吸引力的，而且只能有一个，其余的均为辅助的、次要的视觉中心。

(九)比拟与联想

审美观是相对的，人们往往把某一产品与某一美的客观事物相比拟，并产生与一定事物的美好形象的联想。因此，造型设计者应根据人们思维的这一特点，努力创造出可与美好的客观事物相比拟或能引起美的联想的产品形态。

比拟，是指比喻和模拟，是事物意象间的寄寓、暗示、模仿。

联想，是由一种事物到另一种事物的思维推移与呼应。

简言之，比拟是模式，而联想则是它的展开。

在造型设计中，分析和运用比拟与联想这一形式美法则，可以赋予产品以不同的感情色彩，表达出产品的不同性格。比如，对称的结构可使人联想到亲切、轻巧和舒适。任何一件工业产品都具有可与美的客观事物相比拟或联想的可能，因此，产品造型设计不仅要注意创造比拟和联想的形式美，还要注意比拟与联想同产品功能的统一和谐的原则。

比拟与联想的造型方法有以下几种。

1. 模仿自然形态的造型

这是一种直接以美好的自然形态为模特的造型方法。这种造型方法多见于儿童用品与生活用品，如小鸽子铅笔插座(图2－24)、小苍蝇台灯(图2－25)。这种造型的特点是比拟对象明确、直接，缺点是联想不足或联想范围窄。

图2－24 小鸽子铅笔插座

图2－25 小苍蝇台灯

2．概括自然形态的造型——仿生

在自然形态的启示下，通过对自然形态的提炼、概括、抽象、升华，运用比拟与联想的创造，使产品造型体现出某一自然物象美的特征，使产品形态具有“神”似而非“形”似的特点。这种造型方法注重概括，含蓄和再创造。

值得指出的是，概括自然形态的造型往往是产品物质功能所必需的。比如为了减少行进阻力，潜艇造型采取了鱼形；为了产生升力，飞机机翼的断面形状与飞鸟翅膀相似等。目前，这种方法已发展成一门独立的科学——仿生学，这对科技水平的提高具有重要意义。如图2－26、图2－27所示。

图2－26　豆荚形苹果托盘

图2－27　螳螂臂形机械

3．抽象形态造型

以点、线、面、体构成的抽象集合形态作为产品的造型。用这种造型方法创造的产品形态，与客观事物毫无共同之处，无法直接引起比拟与联想。但是由于构成形态的造型基本要素本身具有一定的感情内容，是指所构成的抽象形态也能存在或传递一定的情感，如静止与运动、笨拙与灵巧、臃肿与纤细、安定与危险等。因此，抽象形态的造型，首先要求设计者必须准确掌握点、线。面、体、色、肌理等造型要素的性格特征，才能创造出体现某一具体形式没的产品形态。在造型设计中，比拟与联想法则的运用必须准确和恰当，避免弄巧成拙和牵强附会。就像右边的一套情侣吊坠，仿佛看不出

图2－28　抽象装饰

它们是什么形象，但是却体现出了男性的刚猛与女性的阴柔，如图 2－28 所示。

（十）单纯与和谐

自然界本身就存在着基本的简单性与和谐性。这对现代艺术，包括产品造型设计的表现形式影响很大。

人们的视觉与视觉对象的刺激强度成正比，因此，单纯、和谐的形象容易被识别和记忆，即单纯与和谐是符合人的视觉生理要求的。

分析汽车造型的发展过程，其最突出的特点就是追求单纯与和谐。获得单纯与和谐的基本方法是削去繁枝、减少层次、省略次要、突出重点。图 2－29 反映了轿车前后翼子板造型的演变过程：图 2－29a 是 20 世纪 30～40 年代轿车，翼子板造型较复杂，车身与翼子板也不和谐；图 2－29b 是 20 世纪 50～60 年代轿车，前后翼子板连成一体，与车身也较为和谐了；图 2－29c 是 20 世纪 80 年代以后的轿车，其造型特点是车身与前后翼子板融为一体，完全体现了单纯与和谐的美感。

图 2－29　轿车的侧板演变

三、产品的技术美要求

工业产品是为了满足人们生活或产品的特定需要，并通过技术手段加工制造出来的，所以还有必要研究工业产品造型设计的技术美问题。因为，技术美是不同于其他艺术表现形式的特殊要求之一。

自然美、社会美和艺术美是三种基本形态，而工业产品造型设计又创造了第四种美的形态——技术美。

技术美是现代科学技术和现代工业在美学领域中的重要分支。技术美的研究同其他美学研究存在着共同性，同时也受到产品物质功能和经济、技术条件等因素的制约，而具有自身的特点。工业产品的美学含义不是单一的，而是功能、精神、科学、材料和工艺等领域内美的因素的综合。也就是说，作为某一特定内容的工业产品，必须结合自己的科技内容来塑造自己的特定形状，而不是仅仅停留在形式美感上，简单地表现自己。总之，工业产品造型是以自己的独特个性，在科学与艺术的两大领域中，体现出自己特有的美学内容。技术美的基本内容如下。

1. 功能美

产品的物质功能是产品的灵魂。如果产品失去了物质功能，也就失去了存在的意义。当一种新的产品推向市场时，其功能美是吸引人们的主要因素。

汽车的物质功能就是运输，其他功能美的表现形式与汽车类型有关。由于社会生产和生活对汽车的功能要求不仅是多样的，而且对同类型汽车的功能也有明显的层次要求，因此，汽车的功能要确定得恰当，因而出现了具有不同功能的专用汽车，如轿车、货车、消防车、救护车及装运兵甲车等。如果不加分析地将一些互不相关的功能组合在一起，不仅影响了汽车主要功能的体现，而且会造成极大的浪费，同时在造型上也会形成“四不像”，而被人们厌恶。当然，根据不同的功能和层次要求组合成适当的功能范围也是可行的，如客货两用汽车及多用途面包车，便是成功的功能组合的新车种。再如，收录机是收音机和录放机功能组合的新产品，这一成功的组合深受人们欢迎。

此外，产品优良的工作性能(如汽车的速度性、稳定性、耗油量等)和实用性能(汽车的操控性、舒适性等)也是产品功能美的表现形式。

2. 结构美

具有相同物质功能的产品，虽然采用不同的结构形式会产生不同的造型效果，但最终都必须保证实现物质功能的要求。如大客车有单层和双层的结构形式，也有单节和双节铰接的结构形式。不论什么样的结构形式，司机的驾驶位置必须安置在汽车的最前方，以保证汽车的安全行驶。

产品的结构形式与材料有关，材料不同，结构形式不同。如果桌子采用金属材料，而结构形式仍沿用木桌的样式，显然谈不上结构美。此外，产品结构形式还应当与环境协调，敞篷轿车适用于热带地区和夏季就是例证。

总之，强调产品造型的结构美，是在保证产品物质功能的前提下，采用不同的艺术创造手段，选择合理的结构，把产品各个构成要素组成多样化的形式，以充分体现功能美，提高产品的艺术欣赏价值。

3. 材料美

材料是工程的物质基础。各种材料都具有各自的外观特征、质感和手感，从而体现出不同材料的材质美(也称质地美)。如钢的坚硬沉重、铝的轻快洁净、金的高贵华丽、塑料的柔顺轻盈、木材的朴实自然等，都体现出不同材质的个性和美感。

按人的感知特性，质感美可分为生理的触觉质感和心理的视觉感两类。触觉质感是通过人体接触而得到的，视觉质感是基于触觉体验的积累。对于已经熟悉的物质，仅凭观察就可以判断它的质感，而无须再去接触。

对于一些难以触摸到物面的物质，如空中的浮云，望远镜中的星球表面，只能通过视觉的观察与类似的触觉体验相结合，以隐形经验类比而得出估计质感。因此，视觉质感相对于触觉质感，具有间接性、经验性和遥测性，即带有相对的不真实性。

利用视觉质感这一特点，可以通过装饰手段，达到体现材质美的目的。比如，表的塑料壳体上，其装饰零件多采用塑料电镀工艺，给人以强烈的金属质感，如图2－30所示。又如，现代生产的人造革，不论是视觉质感还是触觉质感都与动物皮革相差无几，具有天然的质感美，在强度和耐磨性方面也超过动物皮革。更重要的是，人造革无尺寸限制，用其包饰座椅，整体美感较强。

4. 工艺美

任何一种产品，要将其创造出美的形态，必须通过相应的工艺措施来实现，这种工艺包括制造工艺和装饰工艺。制造工艺是造型得以实现的措施，装饰工艺则是完善造型的手段。二者相辅相成，才能体现出工艺美。

工艺美的主要特征在于体现现代工业生产的加工痕迹和特点。机械化的批量生产方式使造型具有简练、大方的形体和各种加工手段所形成的表面特征，如切削的平直和光洁、抛光感。在装饰工艺中，模压的挺拔和圆润，精密铸造的准确和丰满等，均可体现出加工工艺的美感。在装饰工艺中，塑料电镀的金属光泽，铝材氧化的精饰处理，以及钢材的涂覆工艺处理等所形成的产品表面、色彩与产品功能、形态、工作环境取得协调，也可获得物质和精神功能的美感。

图2－30 金属材质表面的表

图2－31 精美的加工工艺

总之，在产品上所反映出来的先进的精密加工手段，不仅可以体现出现代加工和装饰工艺的先进性，而且也突出了产品的时代美感。如图2-31所示。

5. 舒适美

工业产品是供人们使用或操作的，每种产品在被使用时，应该充分体现出人与机器的协调一致性。好的造型设计一定要考虑到人的生理、心理等因素，使创造出的产品符合人机工程学的要求。如汽车驾驶室的空间造型设计，不仅要让司机在工作时最大限度降低疲劳程度，也要使其在生理、心理上感到舒适、安全，如图2-32所示。而且要使司机在高速行驶中，能在极短时间内发现并处理突遇的意外。这就要充分研究司机的座椅形状和结构，方向盘的结构和安装角度，各种指标仪表的形状和排列，指示灯、讯号灯的色彩和亮度，制动器的部位和动作范围等。

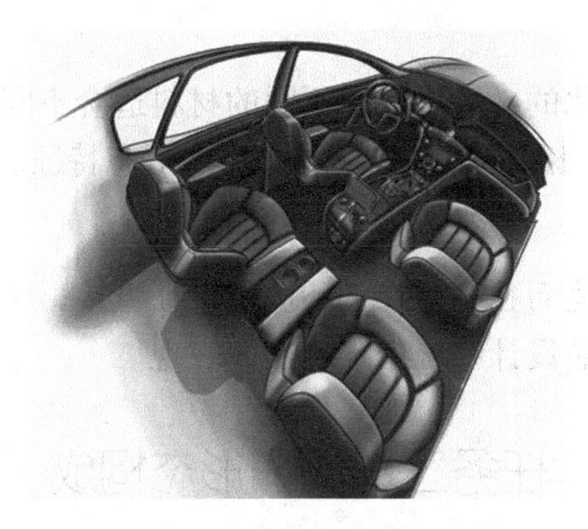

图2-32　舒适的驾驶室设计

6. 规范美

现代工业产品造型设计的一个最重要的要求就是要符合现代化生产方式。因此，很多工业产品都规定了自己的型谱和系列，使用设计生产符合标准化、通用化和系列化的原则。

标准化、通用化是一项重要的技术、经济政策，不仅有利于产品整齐划一、进行设计，使产品具有统一中的规范美感和协调中的韵律美感，而且有利于促进技术交流、提高产品质量、缩短生产周期、降低成本、扩大贸易，从而增强产品的竞争力。

从前面的有关造型设计的美学讨论可知，产品造型设计与科学技术有着密切的联系，工业产品应是科学技术和艺术统一的结晶。总之，无论是形式美的普遍规律，还是技术美的特殊要求，都是以提高设计者审美(欣赏和创造)能力、创造出“美”的产品为目的。

四、影响产品造型的其他因素

影响产品造型的其他因素如下。

(1)客观因素：成本、功能、结构、形态、色彩、材质；工艺及表面处理；使用对象(人体工学)、使用状态；使用环境、环保与生态。

(2)主观因素：流行文化；生产主体的企业文化；设计师的个人修养。

(一)功能与产品

功能是产品的前提，也是识别产品的基础。功能的不同导致产品造型质的差异。

(二)人体工程学与产品

对人体工程学的理解和应用，既是产品优化的依据，也是产品造型的指导方针。

(三)色彩与产品

色彩的恰当运用是情感的精彩演绎，也是低成本丰富产品品种的有效手段。

(四)技术与产品

技术是产品形态演变的基础。

(五)材料工艺与产品

材料工艺是产品具体化的必然步骤，不同的材料适合不同的加工工艺，材料和加工工艺(尤其是表面处理工艺)最终都直接影响产品的形态特征。

(六)环境与产品

产品不能离开使用环境而独立存在，环境的特征直接影响到产品的形态，对环境的正确对待和认真把握是产品设计系统思维的具体表现。

任务二　认识形态构成

一、形态

一切能观察到和触摸到的物象，称为形态。形态可分两大类。

(一)自然形态

自然形态是指自然界客观存在的、由自然力促成的形态，如动物、植物、山峰、河流、云彩、星体等。

(二)人为形态

人为形态是指人类为了某种目的，根据自己的意志，运用某种材料、工具与技术制造出来的形态，如建筑物、机电设备、交通工具、生活用品、艺术作品的形态等。人为形态包括以下两个方面。

(1)再现自然形态，即忠实地呈现、复制、模仿自然界中的某种原型及其背景，如自然主义、现实主义的艺术作品。

(2)概念形态，也称抽象形态。几何学概念的形态，如点、线、面等是概念形态的基本形式。这些形态是无法被视觉和触觉直接感知的，只是在形态创造之前，人们意念中的主观感觉，如观察立体时，感觉到棱角上有点，任意两点间感觉有线，一个方框有面的感觉，方框(面)移动一段距离会感觉到有一立体。这些点、线、面、体都是概念化的，它们的不同组合被称为概念形态。

点、线、面、体、空间、色彩、肌理等是构成一切人为形态的基本要素，这些要素又称为形态要素。

自人类社会形成以来，人类祖先就开始了解和重视对点、线、面、体、肌理等形象的探讨和应用。我国古代不断发展的象形文字就是一种优美的形象语言，象形文字中的点、线、面(框)都代表人类对客观事物形态的认识和感觉。

任何产品的造型都是人为形态。在现代产品中，每一个新的人为形态的出现，一般都是受自然形态的启迪，设计者获得灵感，经过概括、提炼和升华形成概念元素组合，构成概念形态再经过物质手段使之成为服务于某种目的的造型物。

如此可知，概念形态在形态创造过程中是介于自然形态和人为形态之间的桥梁。

从工业造型角度来研究形态，不单是指形体或形状，关键在于由不同形态要素，即点、线、面、体、空间、色彩、肌理所构成的，还有各自的性格、感情和艺术感染力的造型形象。

二、构成

构成是指按照一定的原则，将造型要素组合成美的形态。

任何产品的造型都可以分解为若干形态要素，都可以找出其构成法则。好的产品造型取决于对基本要素的组合能力和组合技巧，而这种组合能力的提高和组合技巧的掌握，都必须在现代构成理论指导下，进行大量的构成技能训练才能达到。注重在科学技术与美学艺术相结合的综合训练中，提高造型设计者的艺术修养，借鉴和积累大量的形象资料，才能为现代工业造型设计做出贡献。

构成技能是指将自然形态分解、打散、抽象、提炼、升华及重新组合的能力和技巧。比如，我国传说中的龙、凤形象，就是将多种飞禽走兽的自然形态进行分解、变化后重新组合构成的。

工业产品则是自然形态拆散成点、线、面等形态要素后再重新组合的人为构成。

概括起来，构成技能有以下三种。

(一)感性构成

感性构成是建筑在主观感觉的基础上，依靠对感性的积累而进行的一种“从意识到形态”的构成技能。人因为受到某种因素的启发或刺激，产生创造灵感，在其脑海中会浮现某种形态，将其捕捉住、记录下来，并不断加以变化，待量的积累达到一定程度，新的创造就有可能产生。此外，只有具备了广泛的可供筛选的资料，造型设计的质量才能提高，适应需要的能力才能增强。

理论上感性构成不受社会性、生产性和经济性的束缚，能最大限度地发挥设计者的艺术想象力及形态创造力。实际上，感性构成会受到个人的审美爱好、艺术修养、观察敏锐及鉴赏能力，理解、消化、吸收能力的限制。马克思说：“你要得到艺术的享受，你本身就必须是一个有艺术修养的人。”因此，作为工程技术人员，特别是机电产品的设计者，了解形态构成中的概念和有关知识并进行一定的实践，是十分必要的。

感性构成中抽象形态所表现的内容包括以下几点。

(1) 力感，是形态通过视觉作用在人类心理上产生的一种超感觉。人们在观察物体时，若各个方向的视力线互相抵消，则产生视觉的均衡，如观察一个球体，就是如此。如果某种形态破坏了这种视觉效果的均衡，就会产生有一种作用力的心理感受，比如人们观察一个被压凹的乒乓球时，总习惯与圆的乒乓球比较，并联想出某种力使它改变了原形。这种心理感受和联想，就是形态所表现的力感。

(2)动感，是借助形态的变化，使人在观察静止物体时产生一种动的感觉。比如，在斜线上画一个圆，人们就会联想出在斜坡上放一个球而产生滚动的感觉。再如，电风扇的叶片、飞机的螺旋桨等，即使它们在静止状态，但看上去仍有螺旋运动的感受。

(3)量感，实质性物体所具有的生长和运动状态在人心中的反映。物体只要具有对外力的抵抗感、自在的生长感和可能的运动感，都能体现出量感。此外，材质的粗细、色彩的深浅、光泽的明暗等也都能形成心理上的轻重、大小、强弱的量感。人们看到小树苗的生长，会产生成材大树的量感；看到行进中的军用坦克，会产生坚固有力的心理量感等。

(4)空间感，是指形态作用于视觉后，所产生的一种心理上的扩张或压缩。比如，面积较大而窗口较小的房间，易形成心理空间的压缩感。这些就是心理空间超越物理空间的例证。

(5)肌理，是指物体表面的材料排列和组织构造不同形成的质感。如现代家具的塑料贴面多仿天然木质纹理，是为了再现木纹的肌理美；轿车上电镀商标，是以华丽的金属光泽来吸引人们的注意力等。肌理不仅给人以平面的量感，而且也给人以纵深的体感。

(二)理性构成

理性构成是在综合考虑功能、结构、材料、工艺等方面要求的基础上，探求符合时代审美要求，赋有国家、地区和民族风格内涵的创造活动。它既包括在感性构成的基础上综合考虑社会性、时代性、生产性和经济性的再构成，也包括从产品功能和内部结构出发的构成，以及从材料和加工工艺出发的构成等独立的构成技能。造型设计者必须大量积累有关资料，作为进行造型设计的依据和参考。

(三)模仿构成

模仿构成是以自然形态作为构成的基本要素，并进行必要的抽象、演变、提炼、概括和升华，使形象既脱离了纯自然的原始形态，又保留了自然形态的实质，使之带有一种联想和暗示的感情表现。

以生物形态为例，模仿构成一般可分为三个阶段。

第一阶段是对生物形态的原型进行研究，吸收对其产品技术要求有益的部分而综合出一个生物模型。

第二阶段是将生物模型所提供的资料、数据进行数学分析，并使其内在联系抽象化，然后用数学语言将生物模型“翻译”成具有通用意义的数学模型。

第三阶段是通过物质手段，根据数学模型制造出可在工程技术上进行实验研究的实物模型。

应该指出的是，模仿构成不是简单的机械模仿，而是在不断反复中的再创造，使最终的构成形态与生物原型“神似”，而不是完全的“形似”，比如潜艇与鱼、飞机与鸟等。如图 2－33 所示。

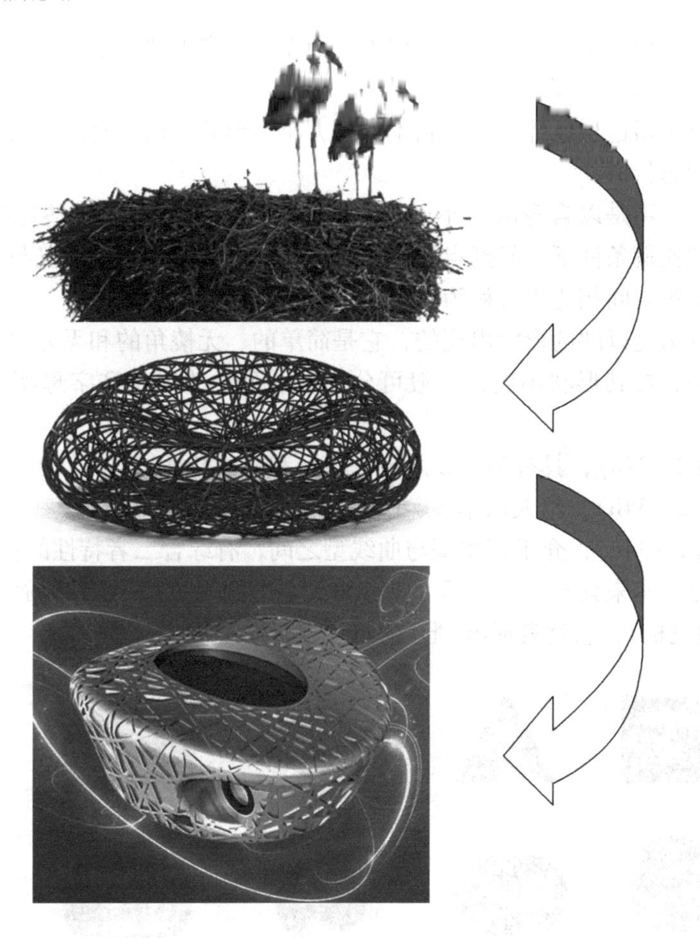

图 2－33　模仿构成的过程

总之，构成在表面形式上都是侧重于抽象表面的，工业产品都是将自然形态经过分解提取成形态要素之后，再重新组合成抽象形态的。正是这种构成的抽象性，使构成更具有普遍性，在造型设计中就更能体现广泛的适用性。

任务三　分析形态构成

一、形态构成的要素及其特性

在造型设计中，为使造型物的形象生动，富有变化和情趣，必须要认真研究构成的基本要素，包括点、线、面、色彩、空间、肌理的演变规律及感知特征，并能熟练掌握和运用，这样才能巧妙自如地创造出具有独特风格的产品艺术形象。

(一)点

1. 点的概念

概念的点就是几何学中的点，它只有位置，而无大小和形状，如形象上的棱角、线的开始和结束、线的相交处等。

实际存在的点是指造型设计中的，它不仅有大小、形状，而且有独立的造型美和多点组合构成美的形态价值。

工业产品的点，不是以自身的大小而论，而是同周围形体与空间的比例相比较而定。只要在一定的比例条件下，起到点的作用的形，均可视为点。如飞机与天空相比可称为点，地球与宇宙空间相比也可称为点。

点，通常被认为是以圆的形状出现的，它是简单的、无棱角的和无方向的。而实际上，点是有形状的，按其形状不同，一般可分为直线型、曲线型和字母型三类，如图2－34所示。

直线型点(图2－34a)，具有坚实、严谨、稳定和静的特征。

曲线型点(图2－34b)，给人以丰满、圆润、充实和运动的感觉。

字母型点(图2－34c)，介于直线型与曲线型之间，有综合二者特性的作用。

值得注意的是，本来具有“点”性质的形(如天空中的飞机)，如果被放置在小的空间中(如机库中的飞机)，它就表现出“形”的特性。

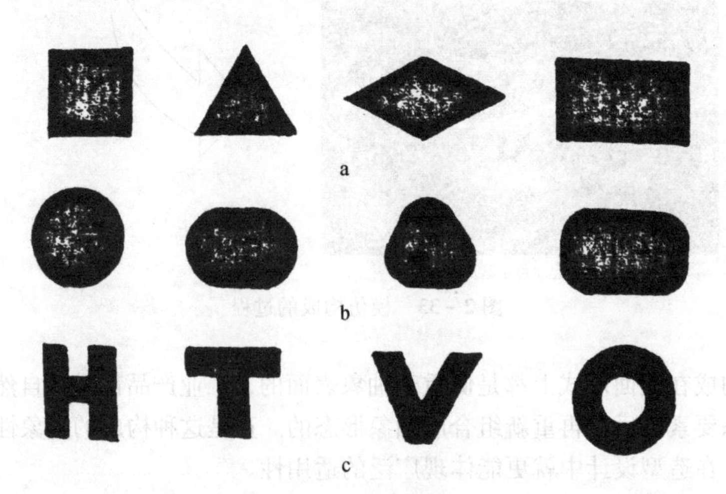

图2－34 点的形状

2. 点的感知心理

一般来说，点给人以醒目、活泼、静中有动的感觉，并起到集中、收敛和突出的作用。古诗中的“万绿丛中一点红”，这一点就极为醒目、突出。

如图2－35所示，一个平面无点，则显得单调、平淡(图2－35a)。平面上只有一个点，这一点便成为焦点，它有集中视线、形成视觉中心的效果(图2－35b)。如救护车的白色车身上涂有一个红十字，形成造型上的一个点，它不仅醒目、突出、集中视线，而且使观察者产生紧急感。

平面上均势排列两个大小相等的点(图2－35c)，人的视线会在这两点之间做无休止的来回移动，甚至产生“线”的感觉。

如果平面上两个点大小不等(图2－35d)，则会诱导人们的视线由大点向小点移动，产生强烈的运动感。

在平面上并列三个等量的点(图2－35e)，则视线在三点之间移动后，最后停留在中间点上，形成视觉中心，这样，就产生了稳定的感受。同理，奇数点都有稳定的感觉，但是点的数目太多，因视觉很难在短时间内捕捉到视觉中心的停歇点，所以每行最多以7个点为宜。

在平面上有不在一条直线上的3个点，在观察时则隐约觉得各点之间好像有线相连，会看成一个三角形(图2－35f)。

在平面上有许多点作等间隔排列时，会形成线的感觉(图2－35g)。当许多点集中排列时，则会产生面的感觉(图2－35h)。

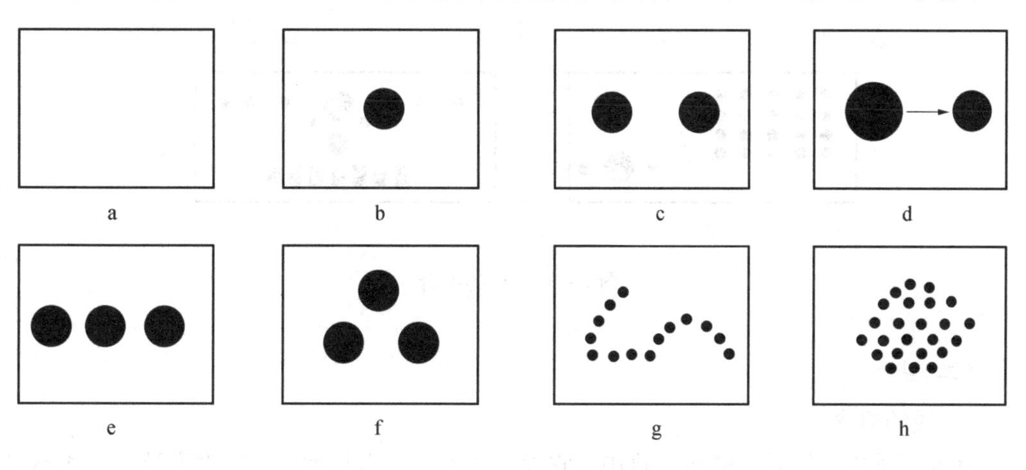

图2－35　点的排列

3. 点的组合及性格

通常，单独的点不具有性格，但点的组合是活跃的，不同的组合可体现不同的感情。

(1)单调排列。形状相同、大小相等的多点排列，称为单调排列。这种排列的视觉感是单调、无情趣的。但有时，由于板面成分复杂，采用这种组合可以取得秩序、规整的效果，并能显示出严谨、庄重的气氛，如图2－36a所示。

(2)间隔变异排列。等形等量的多点，做有规律间隔变异的排列，可在保持其秩序和规整的条件下，减弱其沉静呆板之感，如图2－36b所示，在设计仪器板面时，往往将相同功能的仪表分段归纳，规整排列，并与其他仪表之间留出明显的间隔，即属此类排列。

(3)大小变异排列。这种排列不仅保持了点的序列和秩序，而且由于大小规律变异，显得活泼、自然，具有情趣，如图2－36c所示。

(4)密疏调节排列。这种排列是按功能要求做出归纳、布局，使画面既美观、活泼、富有规律，又突出重点，显得新颖有趣，如图2－36d所示。

(5)点的图案排列。这种排列也是按功能需要，将点做必要的归纳布局，同时有意识地将其排成图案或象征性的图形，使整个画面更显得精致有趣，给人一种别具匠心的感觉，如图2－36e所示。

点的组合排列形式对于仪器、仪表、机械设备控制台，以及汽车、飞机驾驶仪表的板面设计很有启发性和参考价值。好的组合排列，不仅可以提高仪表显示装置及操纵控制旋钮等的组合布局艺术水平，美化产品造型，而且重要的是可以减少或杜绝误读和误操作。

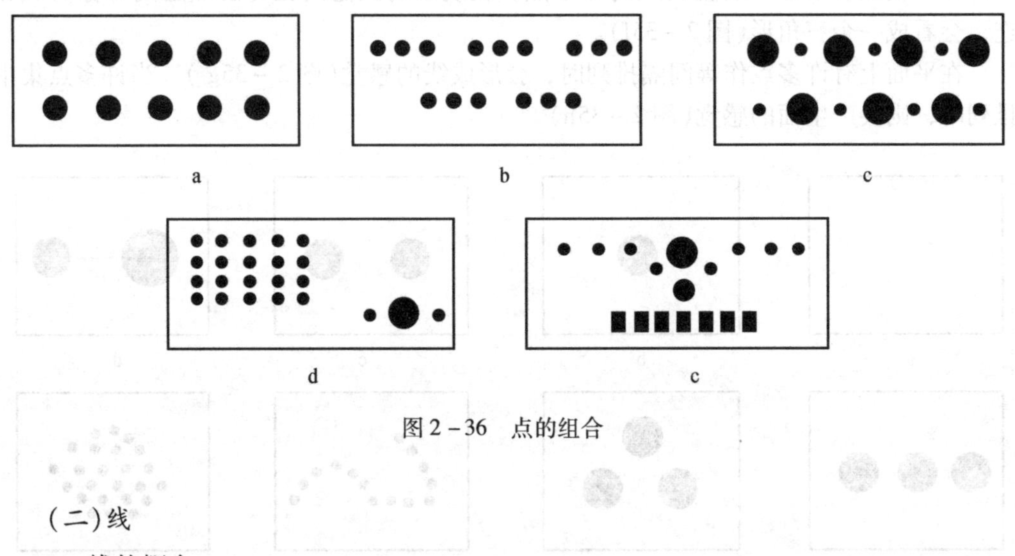

图2－36　点的组合

(二)线

1. 线的概念

在几何学中，线是点的运动轨迹。它没有宽度，但有长度。在造型设计中，线不仅有形状、粗细，而且有时还有面积和范围。在人们的视觉感知中，宽度和长度有一定的基本比例范围。宽度与长度之比悬殊的称为线；反之，线则不称为线了，而称为形了。

线是各种形象的基础。在工业产品中，线可体现为面与面的交线，曲面的转向轮廓线，以及分割界线、装饰线等。

2. 线的种类

线的整体形状分为直线和曲线两种。

直线包括平行线、垂直线、斜线和折线等。

曲线包括几何曲线及任意曲线。其中几何曲线具有规范美，工艺性好，是造型中的常用线，如弧线、抛物线、双曲线、渐开线及三角函数曲线等。

3. 线的感知心理

直线：能给人以严格、坚硬、明快、正直、力量的感觉。细直线有敏锐之感，粗直线有厚重强壮之感。在造型设计中，直线的运用，可体现出力的美感。

水平线：具有安宁、稳定、松弛的效果，给人以平稳、开阔、寂静的感觉。产生这些感觉是由于水平线符合美学均衡法则。同时，水平线还能使人们联想到平静的海面、宽广的地平线、无垠的草原等。

垂直线：给人以高耸、挺拔、严正、刚强、硬直、雄伟、向上、直接等感觉。如伸向高处的垂直线，具有克服地心引力、摆脱各种束缚、奋力向上的视觉效果，所以显得挺拔和崇高。

斜线：有不稳定、运动、倾倒的感觉，给人以散射、惊险、突破不安定的感觉。向外扩散的两条斜线，可引导视线向无垠深远的方向发展；向内收缩的两条斜线，可引导视线收缩和集中。

折线：给人起伏、循环、重复、锋利和运动的感觉。在造型设计中，适当采用富于变化的折线，可取得生动、活泼的艺术效果。

曲线：能给人以运动、温和、优雅、流畅、丰满、柔软和活泼等感觉。在造型设计中，适当使用曲线，能使产品体现出“动”和“丰满”的美感。

几何曲线：具有渐变、连贯、流畅和按照一定规律变化与发展等特点。在造型设计中，圆弧线、椭圆曲线、抛物线，以及双曲线的应用较多。

任意曲线：具有自由、奔放的特点。在造型设计中，应用较多的是变化有序的任意曲线，如波纹线。

总之，直线刚劲、坚固、简明，具有力量感、方向感、硬度感和严肃感，故称硬线。

曲线柔软、温润、丰满，似流水、似浮云，给人一种轻松愉快、柔和、优雅的感觉，故称软线。

在设计中，直线和曲线相结合的造型，有直有曲，或方或圆，刚柔并济，具有形神兼备的特色。

(三)面——平面的形

按几何学的定义，面是线运动的轨迹，几何学中的面是无界限、无厚薄的。而在造型设计中，面是有限的、有厚薄的、有轮廓的。

1. 面的种类

通常，面以具体的图形来表示，面可以分为平面和曲面两类。

平面包括平行面、垂直面和倾斜面，其具体几何形为正方形、三角形、矩形、梯形、圆形、椭圆形等。

曲面包括几何曲面和任意曲面。几何曲面是指可以用曲面的参数方程表示的曲面，其具体曲面有柱面、锥面、旋转面、球面、椭球面、双曲面、双曲抛物面、椭圆抛物面等。任意曲面是指用特殊的技法，意外、偶然所得到的曲面，设计者无法完全准确地控制其形成的最后结果，因此也无法用曲面的参数方程来表示。

2. 面的感知心理

水平面：有平静、稳定的感觉，有引导人们的视线向远近、左右延伸的视觉效果。

垂直面：有庄重、严肃、高耸、挺拔、雄伟、刚强、坚硬的感觉。横宽竖短的垂直面，会引导人的视线做左右横向的视觉扫描；竖高横窄的垂直面，则会诱导人的视线做上下纵向的视觉扫描。

倾斜面(即与水平面倾斜的平面)：具有活泼的动感。几个内倾的倾斜面所构成的棱锥或棱台表面，具有稳重、庄严、呆滞感；如向外倾斜，构成倒棱锥或倒棱台表面，则有轻巧、活泼感。

面都是通过具体的形来表现的。同一个面，如果所取之形不同，给人的感知心理作用也不同，如图2－37所示。

正方形：以等边直角构成，能给人大方、严肃、单纯、朴素、稳定、静止、规则的感觉。但由于四边相等，四角垂直，缺少变化，又给人以单调、呆板的感觉，如图2－37a所示。

长方形(矩形)：如长边为水平放置，显得开阔宽广，给人以稳定之感，如图2－37b所示。若短边处于水平位置，则给人以雄伟高耸、挺拔庄严之感，如图2－37c所示。

正梯形：具有较强的稳定感，如图2－37d所示。

倒梯形：具有轻巧的动感，如图2－37e所示。

圆形：无论在平面或立面中，圆总是封闭的，预示着循环不止，给人以饱满、流畅的动感。圆还是肯定的和统一的，给人以灵活运动和辗转的幻觉感，因此，圆是最富有美感的图形之一，如图2－37f所示。

椭圆形：较圆形明快，且变化无穷，给人以律动和均齐的变化感，有流畅、秀丽的艺术效果。椭圆横放较为稳定，竖放则又给人不稳定感，如图2－37g所示。

三角形：给人以锋芒毕露的刺激感，是一种最易感知、易读、易认、易记的图形，给人以稳定、灵敏、锐利、醒目的感觉。铁路、公路上的警告路牌多用三角形，就是这个道理。

正三角形：有稳重、安全感，如图2－37h所示。

斜三角形：有活泼、运动感。倒三角形给人以强烈的动荡和不安的感觉，还具有集中指向的作用，如图2－37i所示。

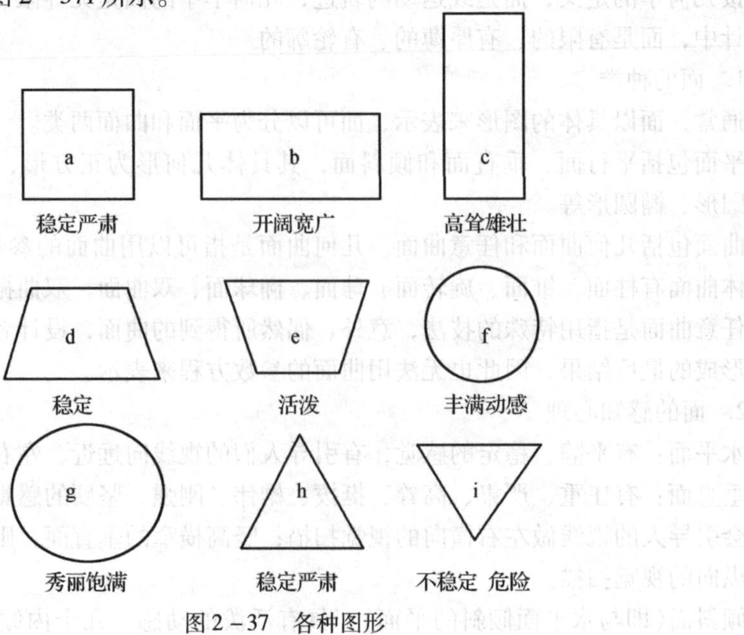

图2－37 各种图形

（四）体——立体的形

体由面的运动形成，也可由面包围而成。

体的基本形可分为球体、圆柱体、圆锥体、立方体、四棱柱体、四棱锥体等。这些基本形体是造型设计中的最基本的“组合”单位。从基本形体中的任何一个形态出发，将它稍加变形，就可从一个基本形态演变成另一个基本形态，从而产生出很多新的形态。

体的感知心理，主要决定于构成体的面的形状，此外还与体的量的大小有关。厚的体量有庄重、结实之感，薄的体量产生轻盈感。同时，也与体的视向线所呈现的特性有关，同一物体，一点透视与二点透视，或者视点的位置不同，所获得的体的性格是不同的。

（五）色彩

作为造型要素的色彩，主要由色相、明度和纯度三要素构成。色彩三要素的不同设色配置，可产生千变万化的色彩效果。

（六）肌理

简单地说，肌理指的是物体表面的组织构造，即俗称的纹理。大自然中物体的自然肌理美是产生艺术肌理美的源泉。尽管人们“谈虎色变”，但对虎皮却爱不释手，这就是肌理美的魅力。肌理不仅给人以平面的量感，同时也给人以纵深的体感。

肌理，按给人的感受可分为触觉肌理和视觉肌理，按形成可分为天然肌理和人工肌理。

触觉肌理，又称一次肌理，是指用手触摸而感觉到的纹理，它包括物体表面的光滑或粗糙、平整或凸凹、坚硬或柔软等，也称立体肌理。触觉肌理可通过切削、模压、雕刻、编织、抛光、印烫等工艺手段或其他加工方法得到。

视觉肌理，又称二次肌理，是一种无须用手触摸，只依靠视觉即能感受到的肌理，如物体表面纹理、机械图样、色彩图案等。通常采用绘制、印刷的方法得到。

天然肌理，是指自然界中物体所具有的纹理，如木材的纹理、皮革的花纹、大理石的纹样等。

人工肌理，是指按照人的意图制作出来的表面纹理，如凸凹、抛光、刻石、滚花、网文等。工业产品上，广泛使用人工肌理。

不同的肌理使人产生不同的感知效果，如细腻的表面，给人以柔和、轻快的感觉；太光亮的表面易产生强光的刺激感；粗糙无光的表面，往往给人以含蓄感；仿天然肌理的人工肌理，如人造皮革、人造大理石、人造木纹贴等，均具有自然美感。

肌理与形态、色彩、光影有着密切的关系，也就是说，肌理的效果主要通过形态、色彩及其光影产生。肌理的形式不同，给人的心理感受也不同。有特征的肌理，具有较强的艺术感染力，能给人以视觉上的美感和触觉上的快感。因此，肌理是造型设计中的一个重要的构成要素。

由于肌理可表达一定的感情，因此在造型中，创造适当的肌理会加强造型物的个性表达。肌理在造型中，不仅仅具有体型表面的装饰作用，而且还能表现造型的时代感，表现出新的材质与工艺，从而丰富了造型物的整体感情。

现代的造型设计，不仅重视外形的美观，而且也高度重视表面的处理。特别是对肌理的研究和正确运用，使造型又增添了从材质及加工工艺得到的美感。肌理能使人产生一些不可言状的细致的心理感受，能达到图案装饰无法达到的效果。

（七）空间

空间，是指实体的外围或实体之间的空隙。实体与空间相互依存，叙事相辅，不可分离。

在造型设计中，空间具体指在实体环境中所限定的空间"场"，受实体的作用和限制，因此它也是可感知的。例如，一个由六个面围成的正立方体，其外部形态称为主体，其内部形态则是可感知的空间。如果将六个包围面去掉一个时，就可以一直看到内部的空间效果。包围空间的面越减少，空间的限定效果就越差，当只剩下一个面时，就不能限定空间了。

空间大体可分为：闭合空间、限位空间和过渡空间。

闭合空间，是指主要空间界面是封闭的形态。如建筑物的室内空间，四面封闭，空间界面的限定性很强，因而空间感也强。再如，轿车内部的限定空间较小，在造型设计中，对这种限定的比例分割、色彩设计，以及与外部环境的联系的处理等，都是很重要的；否则，易使乘客产生压抑感和憋闷感。

限位空间，是指部分空间界面开放，对人的视线阻力较小，如机床的挡屑板、卡车货箱、居室的阳台等。

过渡空间，是指闭合空间、限位空间和外部空间三者之间的所具有的一定过渡形态的空间。例如，室内属于闭合空间，室外属于外部空间，而双层窗户所围成的空间即是过渡空间。

实体与空间是一件事物的两方面，不可分割。实体的任何变动会影响空间要素的变化，影响造型效果。所以，在造型设计中，应当全面地把握各个方面的要素，使各要素之间相互配合，构成完美统一的整体。

二、立体构成的基础

（一）概述

将形态要素（点、线、面等）按照一定的原则，组成一个立体的过程，称为立体构成。

立体构成是使用各种较为单纯的材料，进行形态、机能和构造的研究，探索造型新理论。对新造型的探求，包括对形、色、质等美感的探求和对强度、构造、加工工艺等的探求两个方面。立足于工业造型设计来研究构成，就是从美学法则、数理逻辑、几何形态等方面追求新的造型。

立体构成是一门训练造型能力和构成能力的学科，在造型设计过程中具有重要作用。因为立体构成的目的在于对形态进行科学的解剖，然后按照一定原理重新组合，以创造出新的形态。立体构成可为造型设计提供广泛的构思方法和方案，为设计者积累大量形象资料，所以立体构成是工业造型设计的基础。

1. 立体构成的特征

(1)分析性。绘画和图案的创作活动，其特点是从自然中收集素材，把对象作为一个整体来进行研究，通过写生、变形而使其成为作品。构成则不模仿对象，而是将一个完整的对象分解为很多造型要素，然后按照一定原则，重新组合成新的设计。

(2)感觉性。构成是理性与感性的结合，是主观与客观的结合。

构成作为一种视觉形象，它必须把形象与人的感情结合在一起，只有把人的感情、心理因素作为造型原则的重要组成部分，才能使构成的形态产生艺术感染力。构成的抽象形态，都是具有一定内容的，并与现实生活有一定联系。尽管构成的分析性具有较强的理论性，但要实现最终的构成方案，必须依靠感觉性来决定。

(3)综合性。立体构成作为造型设计的基础学科，与材料、工艺等技术因素有着密切的联系。不同的材料和加工工艺，能使那些用相同的构成方法创造的形态具有不同的造型效果。因此，构成必须结合不同的材料、加工工艺，创造出具有特定效果的生动形态。

2. 立体构成的设计

立体构成与造型设计是有区别的。构成是排除时代性、地区性、社区性、生产性等因素的造型活动。造型设计则包括立体构成在内，并综合考虑其他多种因素，使之成为完整、合理、科学的造型活动。立体构成与造型设计的区别如下。

(1)立体构成是把设计者的灵感与严密的逻辑思维结合在一起，通过逻辑推理方法，计算出由有限的构成要素所组成的形态可能存在的几种方案，并确定出各种方案的组合形式。这种冷静的理智与丰富的感情的结合，使得立体构成具有科学的内容。设计者可在这些组合方案中，按照美学、工艺、材料等因素，选出优秀方案，为设计者立体造型设计做参考，以提高设计质量。

(2)立体构成可为设计者积累大量的形态资料。立体构成的目的在于培养造型的感觉能力、想象力和构成能力。在基础训练阶段创造出来的构成作品，可作为形象资料收集起来，为今后具体造型设计提供大量的、丰富的素材。

(3)立体构成是包括技术、材料在内的综合训练。在立体构成过程中，必须结合技术、材料来考虑新的造型可能性。

(4)有些立体构成的作品，可以直接用于造型设计，并体现出一定的独创性。

(二)立体构成的美学原则

前面讨论的形式美学法则，是就事物的形式来说明事物美的规律。与形式美法则不同，立体构成的美学原则不仅要考虑形式美的知觉、心理因素，而且还要考虑到造型物的功能、构造、材料、工艺、技术等一系列的物质基础。因此，立体构成的美学原则对于造型设计有更直接的实践意义，它包括以下几点。

1. 单纯化

规律性很强的形态所具有的特征称为单纯化。规律性指的是构成形态的要素的大小、方向、位置等。

单纯化的形态是指构成要素少，构成简单，形象明确。

单纯化的美学原则，容易理解、记忆，使人印象深刻，是人的生理和心理特征对形态构成提出的要求。

2. 秩序

秩序是形态化中的统一因素，它指的是形态中的部分与形态整体的内在关系。

一个简洁的形态是以秩序为前提的。在此意义上，造型就是将各具特性的形态要素予以新的秩序，使之体现出一个总的规律和特征的活动。

3. 意境

作为立体构成的一项美学原则，意境是造型艺术上所追求的一种美好理想，也是人们对形态外观认识的心理要求和长期生活积累的综合结果。抽象的形态，也同样具有感情效果，因为人们在感受形式美时，往往产生理想化的联想。

使形态达到理想的具体方法有移情法和夸张法。移情法是设计者将自己的感情注入形态，并使其与造型物具有的功能相一致。夸张法是对造型物进行典型性格夸张，创造出形态的动感。

4. 稳定

形态的稳定概念，包括实际稳定和视觉稳定。

实际稳定是从造型物的物质功能和实用功能出发，对设计提出的要求，也是造型物必备的物理性质。

视觉稳定是根据人的心理感受和视觉习惯来追求的稳定。

(三)构成形态的艺术感染力

立体构成的形态，还应该具有艺术感染力，以加深人们对形态的认识和理解，并从中得到美的感受。

(四)增强形态感染力的方法

1. 生命力的表现

在自然形态中，有很多是以其旺盛的生命力而给人以美感的，如黄山的松树、无垠的草原等。立体构成所创造的是抽象的几何形态，但由于人们思维联想的作用，在创造没有生命的形态时，往往把自然形态所具备的生命力“移植”过来，使其具有生命力的美感。

生命力可以通过下列几种感觉表现出来。

(1)对外力的抵抗感。对外力的抵抗是生命的一种表现。球体、正方体等基本几何形体，具有最单纯的形态，如果它们变了形，则令人们产生这种变形是因外力作用的联想，因此感到形体本身具有一种对外力的抵抗感。这就是形态体现出来的一种生命力。古代“龟驮石碑”的形态，就表现出强烈的生命力。

(2)自身生长感。自然形态在生长过程中所呈现的不同形态，表现出自然形态的生长感。创造的构成形态，如能反映出事物生长的特征，就会使无生命的形态呈现出活力。

(3)运动感。运动能表现生命的活力，运动着的形态具有前进、发展的生长感。静止的造型形态，通过斜线和曲线处理，以及形体在空间中的部位的转动等，可表现出动感，如正方体用斜面切割后便产生了动感。

2．量感的表现

量感包括物理量感和心理量感。

如前文所述，物理量感指的是大小、轻重、厚薄等。除形体因素外，影响心理量感的因素还包括材质的粗细、色彩的深浅、光泽的明暗等，这都能形成心理上的轻重、强弱等量感。

构成形态的艺术感染力还包括空间感的表现，如紧张感、进深感等。

（五）形态构成的基础方法

形态构成既是创造占据三维空间的立体，也是从任何角度都可以触及并感受到的实体。它与在二维平面上表现的视觉立体感是完全不同的，一个美好的立体形态，要能经得起任何视点变动的检验。因此，形态的构成必须注意整体效果，而不能满足于在特定距离、特定角度和特定环境条件下所呈现的单一形状。

1．组合结构法

组合结构法是采用积木式“加法”进行的一种结构方法，是造型设计中经常采用的一种加工的方法。图 2－38a 是电子计算机的组合造型，图 2－38b 是操纵台的组合造型。

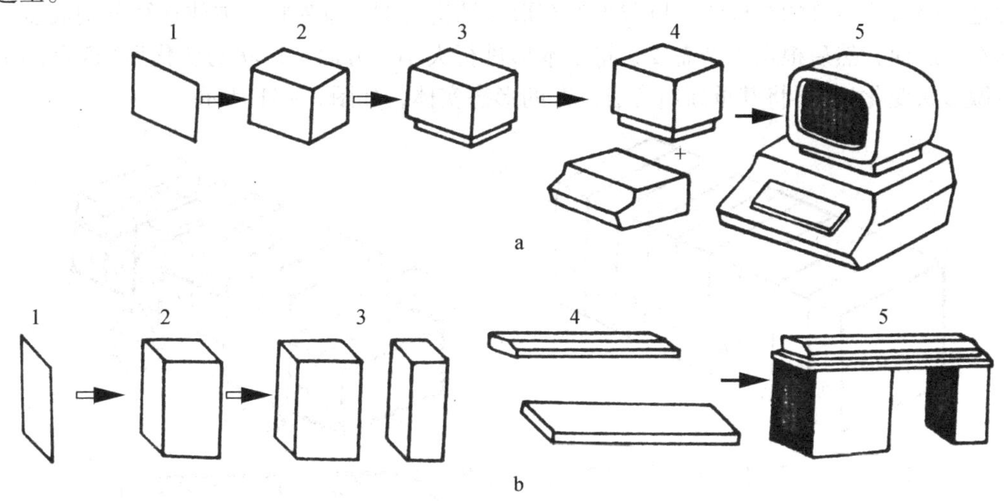

图 2－38　组合结构法

根据形体组合机床时的相对位置的不同，组合分为相接、相切和相交等形式。

在形态结构过程中，最重要的是结构技能和结构技巧，两者的支撑有赖于理论指导下的大量的结构实践。如图 2－39 所示，同是三个立方体，通过不同的组合形式，则给人不同的视觉效果。

2．切割结构法

切割结构法是采用“减法”形式的一种结构方法。它的特点是将形状简单的基本形状，切割掉多余部分而结构形态实体。如图 2－40 所示，以正方体为基准形体，采用不同切割形式，结构了不同的形式。

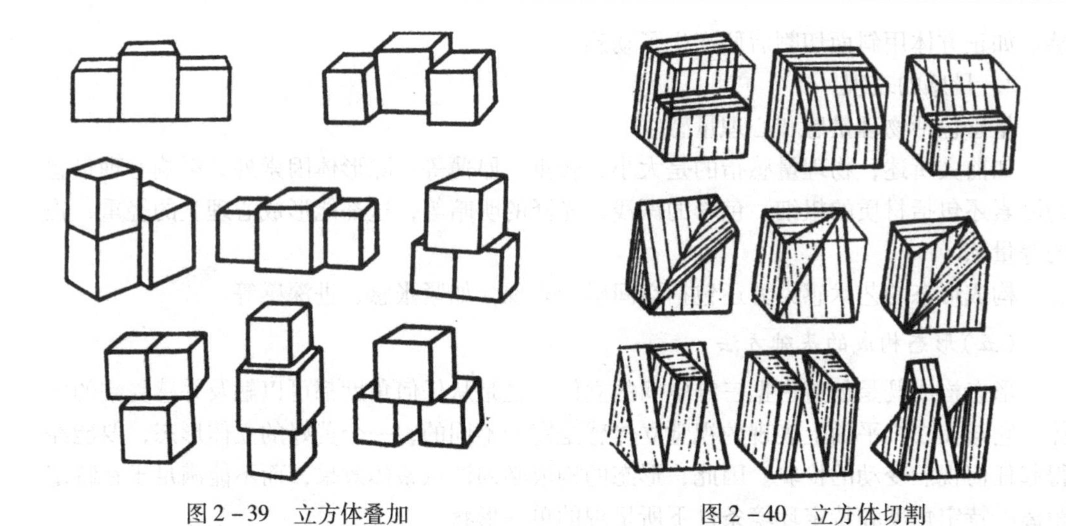

图 2-39　立方体叠加　　　　图 2-40　立方体切割

3．层面结构法

层面结构法，首先是把简单的基本形体连续分割成一个个基本形，然后将这些基本形分别做某些变化，再将其重新组合，便结构了一个崭新的形态实体。层面结构实质上就是先分析后组合的结构法。以载重汽车形体结构为例，首先将长方体连续分割成多个基本形层面，然后根据造型需要，将基本形进行大小、方向、形状的变化后(载重汽车只做形状变化)，再将其重新组合成汽车的形态实体，如图 2-41 所示。

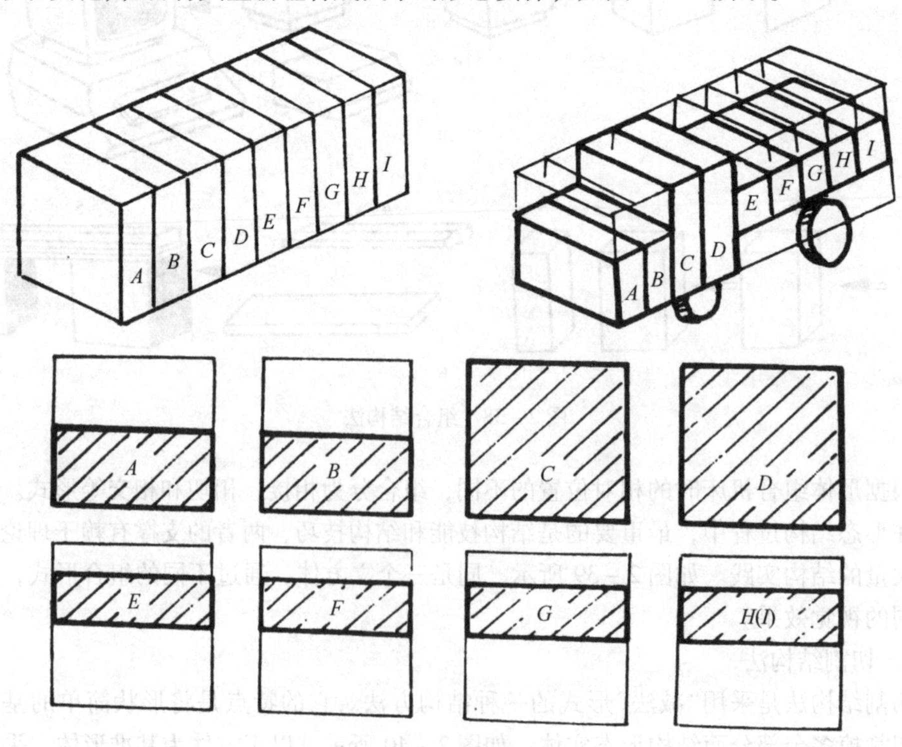

图 2-41　层面构成法

4. 多面体的平面结构

多面可以用多个基本形平面包围结构，主要形式有以下两种。

(1)柏拉图多面体。如果多面体的表面是由等边等角、形状大小相同的许多基本行面所围成，那么这个多面体就称为柏拉图多面体。到目前这种规则的多面体有，正四面体、正六面体、正八面体、正十二面体和正二十面体，共五种，如图2-42所示。

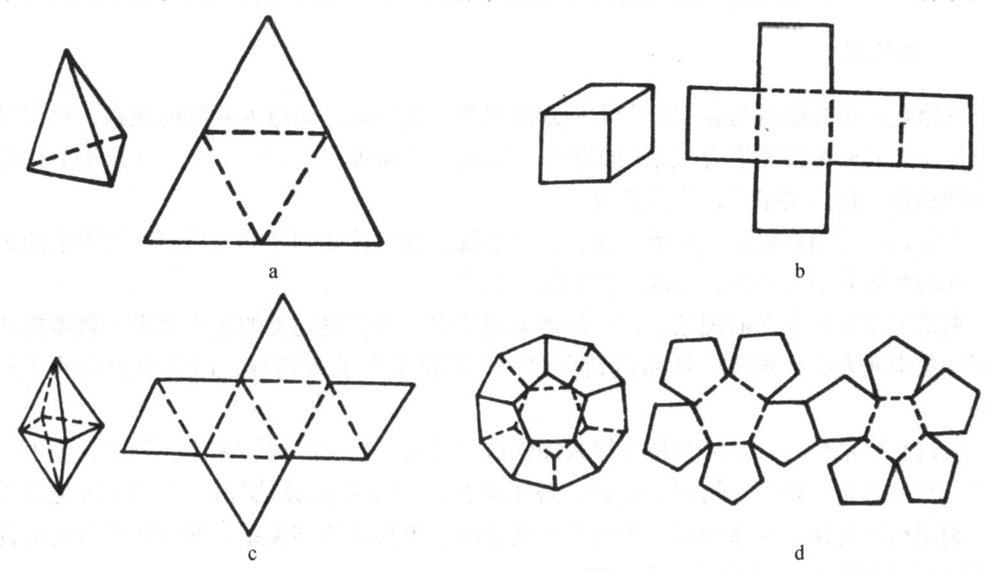

图2-42 柏拉图多面体

(2)阿基米德多面体。如果多面体表面是由两种或两种以上基本形平面(正方形、正三角形、正八面体)重复组成，便称其为阿基米德多面体，如图2-43所示。图2-43a为由正方形和正三角形组成的正十四面体，图2-43b是由正方形和正六边形组成的正十四面体。

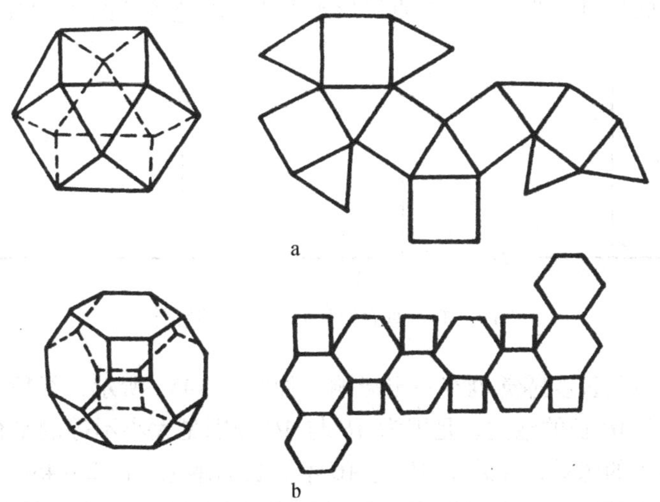

图2-43 阿基米德多面体

此外，还有三角形面多面体，常见的有等腰三角形、不等边三角形面多面体等，从略。

任务四　利用视错觉

一、视错觉

视错觉是指视感觉与客观存在不一致的现象。具体说，通过人双眼的观察，形态要素及形态之间的编排和组合关系(如方向、位置、空间等)，会使人产生与实际不符或奇特的感觉，称为视错觉，简称错视。

产生错视的因素较多，如形、光、色的干扰，视觉接受刺激的先后，环境因素的影响，人的视觉差别与惰性，心理、生理的影响等。

视错觉是客观存在的现象，在产品造型设计中，要获得完美的艺术效果，就需要从错视现象中研究错视规律，从而达到合理的利用错视和矫正错视，以实现预期的造型效果。

所谓利用错视，就是借错视规律来加强造型效果，使实际比较笨重、呆滞、生硬的形体，看上去显得轻巧、精细、新颖。矫正错视，就是在充分估计(或计算)错视基础上，利用错视规律，在造型设计中适当改变某些量级某些比例关系，使受错视影响的视觉“补偿”或“还原”成正常的造型效果。

二、错视现象

1. 长度错视

由于线段方向或附加物的影响，同样长度的线段会产生长短不等的错觉。如图2-44所示，长度相等的横线与竖线，在感觉上竖线AB比横线CD长一些。这种竖长横短的感觉与二者之间相对位置有关，垂直线比水平线长的感觉从图2-44b至图2-44d逐渐加强。

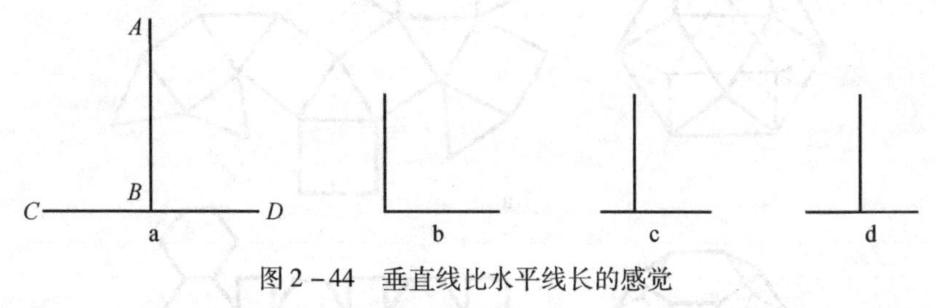

图2-44　垂直线比水平线长的感觉

线段附加物对其长度感觉也有一定影响。如图2-45a所示，线段AB与AC相等，之所以造成AC比AB长的感觉，是因为AB与AC分别是大小不等的平行四边形的对角线，这种面积不等的感觉，导致了AB与AC不等长的感觉。图2-45b中，线段A与线段B是相等的，由于线段A在两端附加了不同线型的影响，产生了线段A比线段B长的错觉。

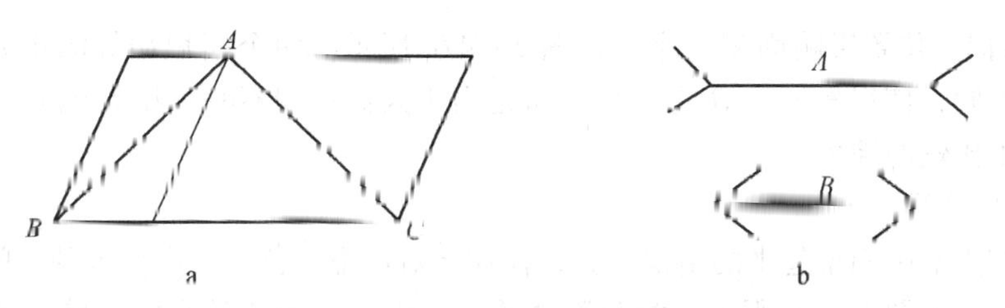

图 2－45　线段附加物对其长度感觉

2. 角度错视

如图 2－46a 所示，∠A 与∠B 相等，但由于∠A 中包含一个较小的角，而∠B 中包含一个较大的角，造成∠A 大于∠B 的错视。同理，如图 2－46b 所示，∠A 等于∠B，但∠A 置于较小的角内，而∠B 置于较大的角内，这样就显的∠A 大于∠B。上述两种错视，都是由于对比程度不同产生的。

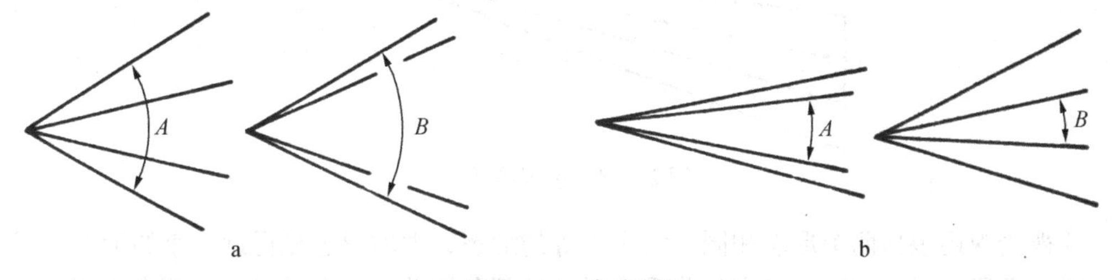

图 2－46　角度错视

3. 面积错视

由于形状、色彩、方向，以及位置等因素的影响，也会使面积相等的形产生大小不等的错视。这种错视在造型设计中具有很大的价值，必须根据不同情况加以矫正或加以利用。

（1）明度影响面积大小，白色（或浅色）的形体，在黑色（或暗色）的背景衬托下，具有强烈的反射光亮，并呈扩散的渗出作用，这种现象称为光渗错视。如图 2－47a 所示，两个面积相等的正方形，由于光渗错视，白色的正方形显得大，黑色的正方形显得小。

（2）附加线的干扰影响面积大小。如图 2－47b 所示，面积相等的两个圆，由于两条相交的附加线的干扰，使靠近角顶的圆看起来较大一些。

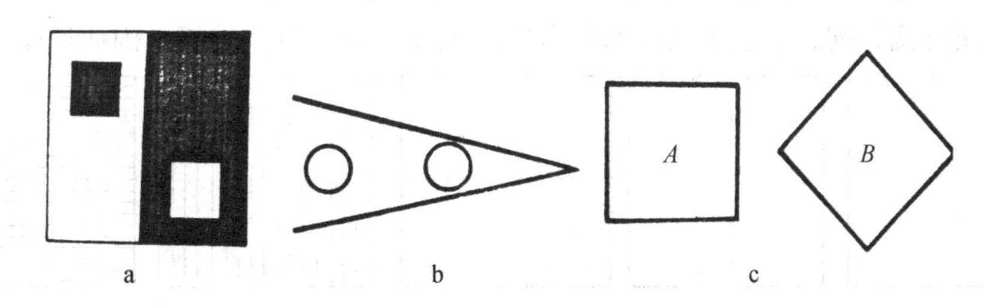

图 2－47　面积错视

(3)方向、位置影响面积大小。如图 2－47c 所示，两个面积相等的正方形，由于角的方向不同，使得看上去 B 比 A 大。这是由于人们在观察时，将 B 的对角线与 A 的边长进行了比较的缘故。

4. 透视错视

人们在生活中积累起来的错视经验，往往会对形态、色彩等产生各种空间错觉，成为透视错觉。如图 2－48 所示，两个等高的人，由于透视线的影响，使人感到右边的人高。

图 2－48　透视错视

透视错视还包括两个形态相同、大小不等的形态，大的形态显得近，小的形态显得远；两个面积、形状相同的形态部分重叠时，被部分掩盖的形态显得远；两个面积、形状相同的形态，形象清楚的感觉近些，反之则感到远些；色彩纯度高，刺激感强的显得近些，而纯度低的，刺激感弱的显得远些。

5. 分割错视

相同几何状的形体，通过不同方向的分割，会产生形状和尺寸均有变化的错视。

图 2－49 是 5 个大小相等的正方形，通过不同的分割产生不同的视觉效果。

图 2－49a 由于没有分割，呈现正方形。图 2－49b 用中间竖线分割，使正方形产生垂直方向拉长的感觉。这是因为竖线分割后，出现上下扩张而产生的。图 2－49c 用中间横线分割，产生正方形被横向拉长的效果。但是，上述的竖线或横线分割效果，并不是固定不变的。当这种竖的或横的分割线超过一定数量时，又会产生完全相反的效果。如图 2－49d 所示的正方形，由于被大量的竖线所分割，视线被大量平行排列的竖线所吸引，并向两旁竖线条的排列方向转移而产生了宽感。同理，图 2－49e 中的正方形，大量的横线分割排列，吸引视线向水平分割线的垂直方向排列转移，因而产生了高感。

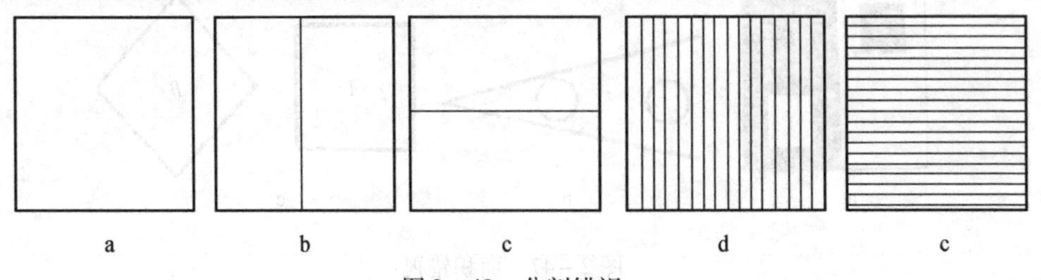

图 2－49　分割错视

这种因分割线数量的增加所产生的相反错视效果，在造型设计中应特别加以注意。

在生活中，体胖的人不宜穿横条服装，瘦高的人不易穿竖条服装。因为竖线条服装呈高感，横线条服装会增加宽感。但这只能在线条数量不多的情况下才能成立，而当线条数量很多、排列很密时，就会产生与上述相反的视觉效果。

6　分割错视

当一条倾斜的直线被互相平行的直线截成两段时，会产生两线段不在一条直线上的错觉，成为位移错视。

如图 2－50a 所示，倾斜线 AD 被两条平行线截成 AB 和 CD 两段后，看起来 AB 与 CD 似乎不在一直线上。在感觉上，似乎把 CD 移到 C_1D_1 位置上，才能与 AB 共在一直线上。

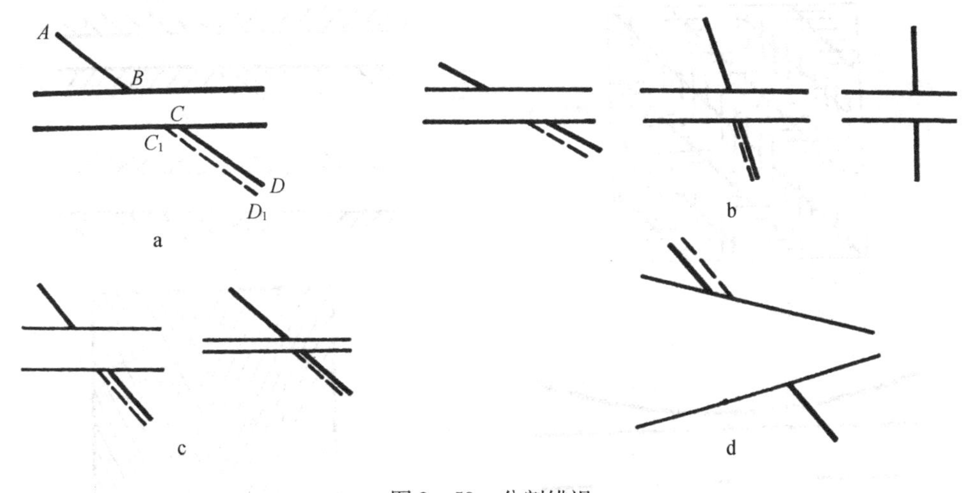

图 2－50　分割错视

倾斜线与两平行线的交角越小，位移量越大，即位移错视越严重；交角越大，位移量越小；当交角为 90°时，就不产生这种位移错视，如图 2－50b 所示。

在交角相同的情况下，平行线间的距离越大，位移错视就越严重，如图 2－50c 所示。

当线段被两条不平行的直线分隔开时，位移错视就更为严重，如图 2－50d 所示。

7. 对比错视

对比错视是指同样大小的物体或图形，在不同的环境中，因对比关系不同而产生的错视。

如图 2－51a 所示，相等的两个圆，因与环境大小对比关系不同，左边的圆显得大，右边的圆显得小。

在图 2－51b 中，AB 与 A_1B_1 是等长的，由于 AB 位于较大角的两边上，所以看起来 AB 长于 A_1B_1。

8. 变形错视

变形错视是指线段或图形，受其他因素（主要是线段）干扰而产生的歪曲感觉。

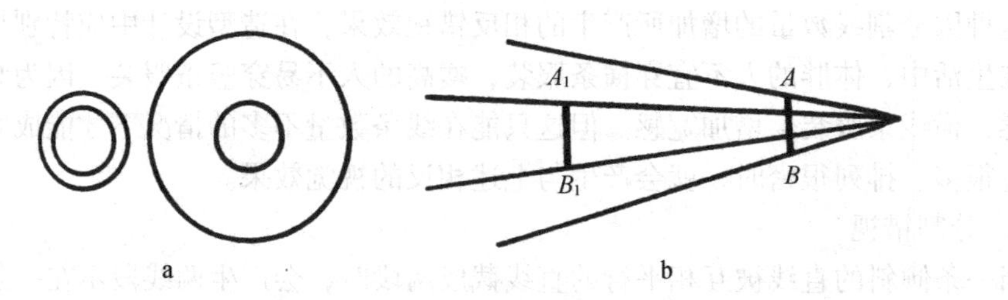

图 2－51 对比错视

如图 2－52 所示，图 2－52a 是一组呈 45°角的平行线，因受其他方向不同的短线段干扰，产生不平行的错视。

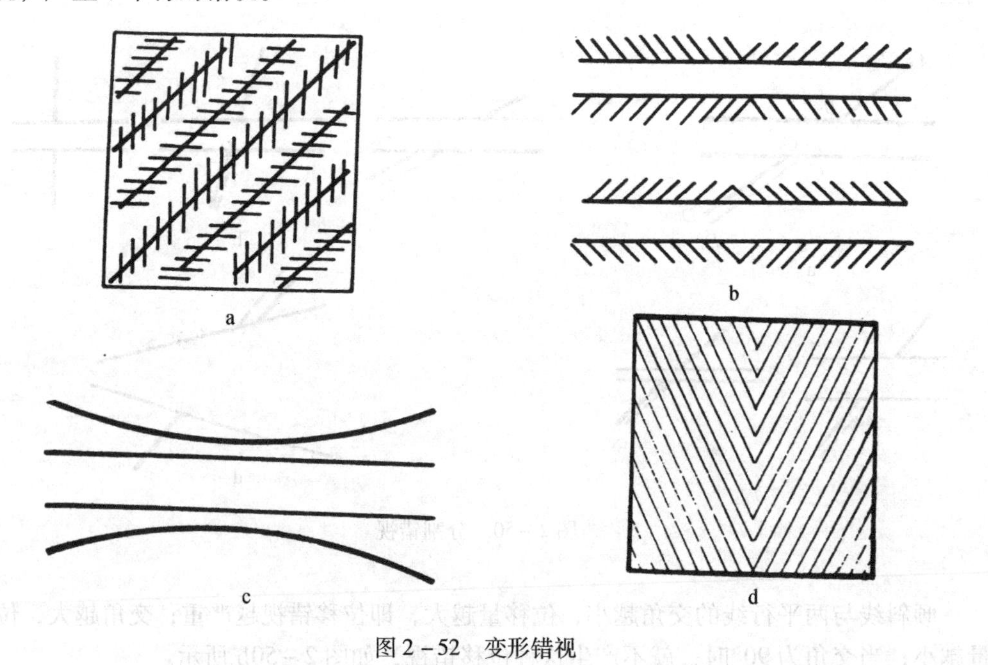

图 2－52 变形错视

在图 2－52b 中，两条平行线，因受顶点位置不同的放射线干扰，使平行线产生弯曲的错视，且弯曲方向朝向射线发射方向。图 2－52c 中的直线，因受弧线干扰，直线显得不直，其弯曲方向与干扰弧线方向相反。图 2－52d 中的正方形，因受到折线的干扰，产生梯形的错视。

9. 翻转错视

当把立体造型通过透视关系画在平面上时，往往产生矛盾的翻转画面。

如图 2－53a 所示，如果观察 *A* 面，则是一个正阶梯；若观察 *B* 面，则成为一个倒阶梯。

图 2－53b 也是一个翻转图案，若看 *G* 点凹进时，则有 6 个立方体；若看 *G* 点凸出时，则为 7 个立方体。

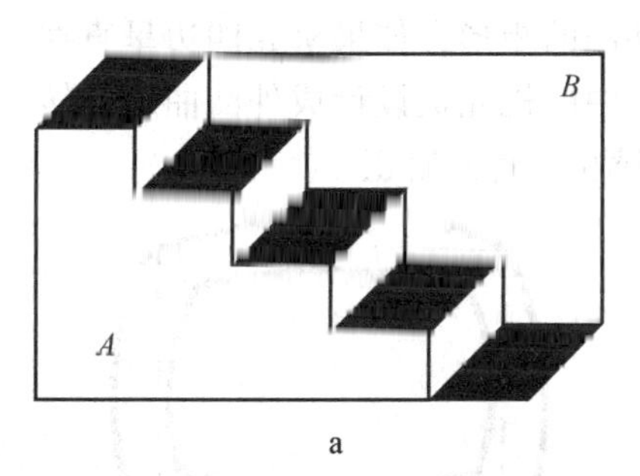

a

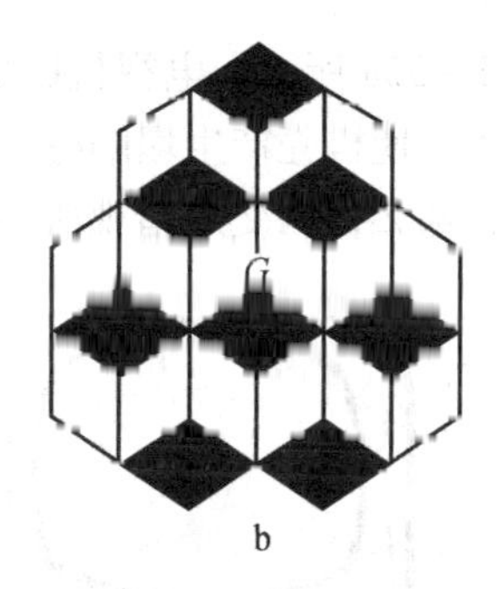

b

图 2－53　翻转错视

三、视错觉的矫正与利用

视错觉矫正就是估计到会产生的错觉，借助错视规律来加强造型效果。

在造型设计中，哪一要素给人的印象强烈些，则人的视线就会被这一要素所吸引，从而产生增强这一要素，减弱其他要素的视觉效果。

双层客车的车身较高，为了增加稳定感通常涂有水平分割线，利用分割错视使车显得较长。此外，汽车上层采用明亮大车窗，下层涂深暗色，更加强了汽车的稳定感，如图 2－54 所示。

图 2－54　双层客车

图 2－55a 是两个大小相等的表盘，由于手表的表壳大小不等，左边的表盘显得大，时分指示也比较清楚。在图 2－55b 中，汽车前窗尺寸相等，窗框窄的显得车窗大而明亮，因此现代轿车的窗框设计得很窄。

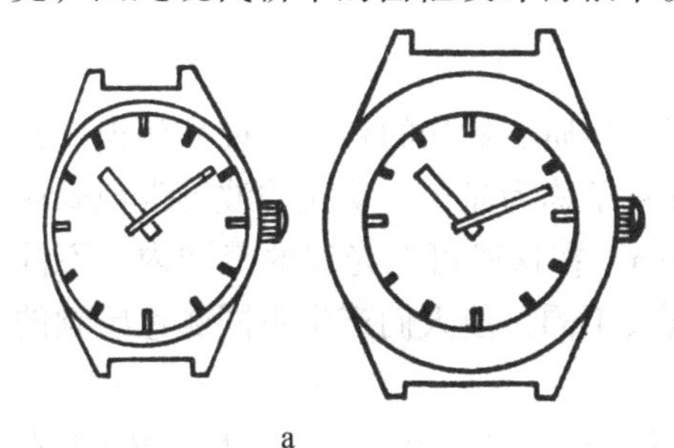

a

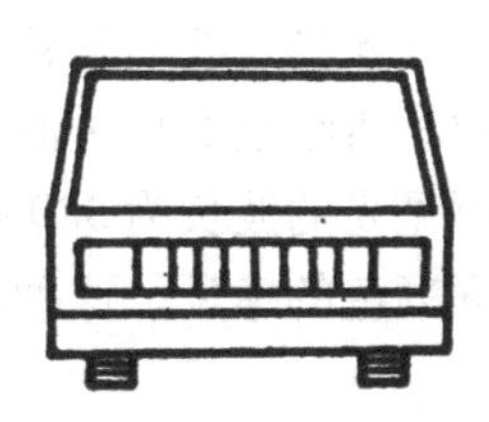

b

图 2－55　盘框设计

如图2－56a所示，电视机影屏是四边外凸的矩形，如果机壳四边呈直线，由于变形错视作用，使机壳产生塌陷感。图2－56b中的机壳被设计成外凸曲线，转角处以小圆角过渡，那么，因变形错视所产生的塌陷感机壳得到矫正。

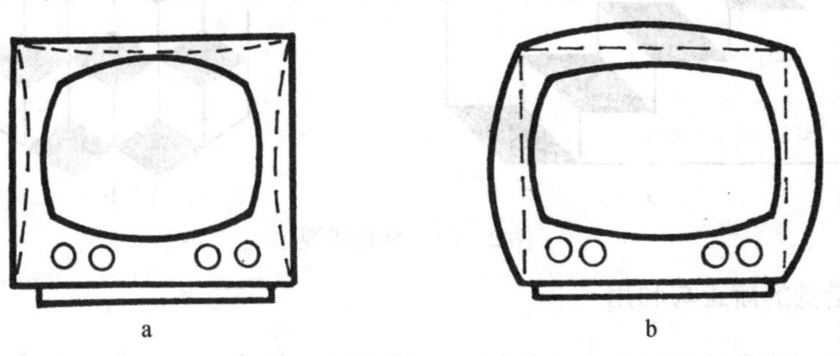

图2－56 电视机影屏设计

模块五 设计产品色彩填充

我们的世界是色彩的世界。大自然以不同的频率及其混合的色光作用于人们的视觉，经过视觉对色光的分辨，使五彩缤纷的世界在人们的主观世界内获得强烈的反应和共鸣。人们不但享受自然美，而且可以认识自然美，进而创造出主观美。

色彩能美化产品和环境，满足人们的审美要求。优美的色彩设计能优化产品的外观，增强产品的市场竞争力。

合理的色彩设计，能对人的生理、心理产生良好的影响，可帮助人克服精神疲劳，使人心情舒畅，精力集中，从而降低工作差错率，提高工作效率等。

色彩设计是工业造型设计的重要组成部分。人们在观察一件产品时，首先映入眼帘的是产品的色彩，然后才是产品的形状、质感。也就是说，人的视觉神经对色彩的感知是最快的，其次是形态，然后是质感。

任务一 了解色彩知识

一、色彩的形成

1. 光与色

现代物理学已经认识到光具有波动与粒子的两重性质。从光的粒子学说来认识，光是由具有能量和动量的粒子所组成的粒子流，这种粒子称为光子。从光的波动学说来认识，光是一种电磁波。可见光的波长为380～780 nm。在这段可见光波的范围内，不同的波长引起人们产生不同颜色的感觉。这种由于波长不同，使人们产生不同颜色感觉的光，称为色光。

白光是由不同波长的单色光按一定比例汇合而成的。将一束白光(如太阳光)射在棱镜镜面上，经过棱镜的折射，由于各种色光的折光率不同，会发散成红、橙、黄、绿、青、蓝和紫七种色光排列的色带，称为光谱，如图2－57所示。其中，红光波长最长，紫光波长最短，具体量值分别为红——760～647 nm，橙——647～585 nm，黄——585～565 nm，绿——565～492 nm，青——492～455 nm，蓝——455～424 nm，紫——424～400 nm。

色彩学上将七种单色光定位标准色。

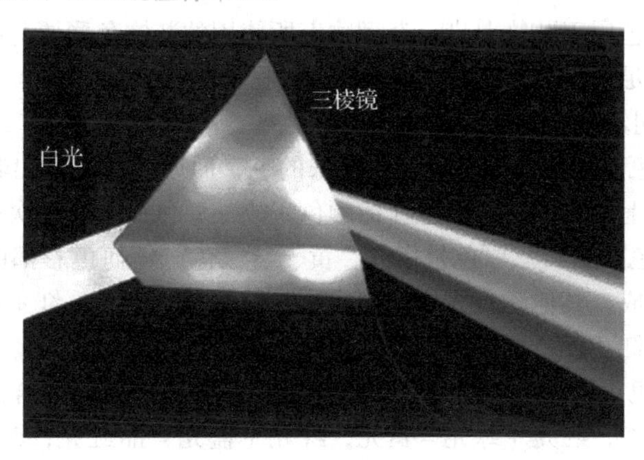

图2－57　七色光

物理实验证明，任何一种单色光都不能被棱镜再次发散。

色光与色料在本质上是有严格区别的。色光是以电磁波形式存在的辐射能，它的三原色是红、绿、蓝。将这三种色光适当比例混合，基本上可得到全部的色光。当全色光混合时，会生成白光。色料(颜色、染料、油漆等)则是以各种有机物质或无机物质组成的色素，它的三原色是红、黄、蓝。当全色料混合时，颜色越混越暗，最后趋于黑浊色，因此，实际应用颜料时，并不局限于用三原色调和其他色彩。

色彩是一种视觉现象，只是光线照射在物体上，经过物体表面色彩对光线的吸收和反射，再作用于人的视觉器官而形成了色的感觉。一旦光线消失(如在黑暗中)，物体上的任何色彩都不能被人感知。因此，色彩的感知必须具有三个条件：一是物体的存在，二是必须有光照，三是观察者具有健康的视觉器官。

2. 色彩分类

(1)自然色彩。万物在太阳光照下，呈现出各种不同的艳丽色彩。这种由大自然本身所呈现出来的，不以人们意志为转移，不受人的力量所影响的色彩称为自然色彩。

自然色彩给人以统一、和谐、丰富的美感，是人类创作美术作品的源泉。

(2)人为色彩。人类在自然色彩的启发下，发现和生产了各种发色材料，人类利用这些发色材料进行美术创作、美化产品及改变环境色调的活动。这些通过人为加工而得到的色彩称为人为色彩，如绘画颜料、纺织品染料、印刷油墨、建筑油漆等。人为色彩又分以下几类。

①写实色彩。凡以自然色彩为根据，模仿自然界中的色彩，或者从中吸取生动、丰富的美的色彩关系，经过一定的集中、概括和提炼，创造出接近自然的色彩，称为写实色彩。

在油画、水彩画、水粉画等美术作品，现代的色彩摄影作品中，以及在电视屏幕和电影银幕上，都能看到写实色彩，它使人感到逼真、现实与可信。

②装饰色彩。凡是应用发色材料改变物体的原有色彩，使之更符合人们在不同活动时的视觉要求，增加人们视觉和精神的快感，提高人们活动效率的色彩称为装饰色彩，也称设计色彩。

工业造型的用色属于装饰色彩。造型物上所使用的装饰色彩要与产品的物质和使用功能相一致，以满足人们的生活和工作需要。

3. 色彩的名词术语

(1)原色。原色是指任何颜色也调不出来的色，而原色却能调出其他颜色。色彩学中的三原色从理论上讲可调配出其他任何颜色，故三原色又称第一次色。

(2)颜料三原色。颜料三原色是指红、黄、蓝三色，任何色彩都由这三种颜色按照不同的比例混合而成，其他颜色无法调制成这三种颜色。例如，红+黄=橙，蓝+红=紫，黄+蓝=绿，红、黄、蓝三原色相混为黑灰色。

(3)色光三原色。色光三原色是红、绿、蓝三色，其色光的混合使明度增强，因此称为加光混合。例如，红光+绿光=黄光，红光+蓝光=品红光，蓝光+绿光=青光，红光+绿光+蓝光=白光。

(4)间色。间色是只将三原色中的任何两种色做等量混合而产生的颜色，又称第二次色。

(5)复色。复色是指由两种间色等量混合而产生的颜色，又称第三次色。复色含有"灰"的成分，所以还称含灰色。

(6)同类色。同类色是指色相接近的各种颜色，如深红、大红、朱红、橙红等。

(7)近似色。近似色一般是指在色相环上接近的各种颜色，如红与橙、橙与黄、黄与绿、绿与蓝、蓝与紫等。所以在两色或三色之中，各颜色都含有少量的相同的色素。

(8)对比色。对比色是指在色相环上，任何一对颜色的混合。所以，对比色可分为强对比色和弱对比色，其中，相隔角度为120°的为反对色，如红与蓝、黄与红等。

(9)补色。补色又称互补色，是指在色相环上，任何相隔180°的两种颜色。三原色中任一原色与其余两原色混合成的间色形成互补色，如红色与绿色(黄+蓝)形成互补色。其两色相混为黑灰色，如红与绿、黄与紫、橙与蓝。两互补色并列时，对比强烈，具有色彩跳跃和鲜明的效果，如红与绿并列时，红的显得更红，绿的更绿。在色彩设计时，要将互补色做主从处理，形成绿叶扶红花。补色是色彩对比中最强烈的对比形式。

(10)有彩色。有彩色是指可见光谱中的全部色彩，如红、橙、黄、绿、青、蓝、紫，同时又具有色相、明度、纯度三个基本属性。

(11)无彩色。无彩色是指只存在明度上的差别，不具备任何色彩倾向性的颜色，如黑、白、灰三种颜色。有彩色与无彩色相混，使色彩变化更为丰富，构成了完整的色彩体系。

(12)固有色。固有色是指在柔和的太阳光照射下的物体颜色，也称物体色。由于任何物体的颜色都是对光源色吸收和反射而形成的，同时，它还受到不同光源色及环境色等方面的影响，所以没有绝对的固有色。在阳光照射下，不同物体对光线的吸收和反射程度不同，所呈现的颜色也不同。照射在物体上的光线，若全部被反射，物体呈白色；如果全部被吸收，则称黑色。若是物体吸收了其他色光只反射某种色光，则物体只呈现这种反射光的颜色。如红旗呈红色，是因为红旗吸收了其他的色光，只反射红色光。

(13)光源色。光源色是指光源的颜色。自然界中的光源，有太阳、月亮等自然光源，还有人工光源。太阳光通常为白色，月光偏蓝绿色，白炽灯偏黄，日光灯偏蓝等。不同的光源产生的色彩也不同。如早晨的阳光呈黄色光，物体也偏黄色；中午的阳光呈白色光，物体也偏亮；傍晚的阳光呈红色光，物体也偏红色。

(14)环境色。环境色一般是指物体受反射光影响所呈现的色彩。习惯上把物像暗部所反射的光称作环境色。如一件白色物体放在红色衬布上，光源色为黄色光，亮部色彩呈黄色，暗部色彩因受红布的反射光影响，则会产生相对的红色。固有色、光源色和环境色是同时存在而又相互影响的。固有色是物体产生色彩的依据，光源色和环境色是物体色彩变化的条件。光源色和环境色又称为条件色。在产品色彩设计时不仅应注重产品的固有色，而且要考虑产品安放地点的光线和环境。

(15)色性。色性是指色彩给人们的一种冷暖感觉，是一种因人们的视觉和联想诱发产生的概念性色彩。从大的冷暖度上区别，红、橙类色彩使人联想到太阳、火焰，产生一种温暖的感觉；蓝、紫等色彩使人联想到大海、月光等，使人产生清冷之感。

(16)色调。色调是指图画色彩所呈现的总体的色彩倾向性。从明度上分，有明亮色调、深暗色调、灰色调等；从纯度上分，有高纯度与低纯度色调；从色相上分，有红色调、蓝色调、黄色调等；从色性上分，有冷色调、暖色调等。

二、色彩三要素

根据色彩的组成要素分析，任何色彩都具有三种物理属性，即色相、明度、纯度，又称色彩的三要素。任何一种颜色必然同时具备这三个要素，例如，大红色相是高纯度、中低明度，淡黄色相是中低纯度、高明度，普蓝色相是中纯度、低明度等。色彩三要素是认识和表现色彩的基本依据，也是鉴别、分析、比较色彩的标准。色彩三要素之间，既相互独立，又相互联系，成为色彩结构空间不可分割的三部分。

1. 色相

色相是指色彩的形貌。每一种色彩都具有其本身的相貌与个性特征。色相是指色彩所独有的相貌特征。一个色名就代表一种色彩的相貌，如红色、黄色、蓝色即为不同的色相。严格地说，色相应根据波长来确定，波长不等，色相不同。如果用色彩的比较方法去分析与理解色相，不难看出，即使一种色的色感很弱，也总是难以脱离光谱基本色，会或多或少地带有赤、橙、黄、绿、青、蓝、紫的某些倾向。

据统计，人类视觉可辨认的色彩竟多达750万到1 000万种。但是，可叫出名字的色彩却不多，日本“色彩计划中心”的统计资料显示，就一般色名而言，中国有620种，日本有530种，美国有267种。

色相在光谱带上的序列是从红到紫直线排列。在诸色相中，红、橙、黄、绿、蓝(青包含在蓝内)、紫是6个具有基本感觉的标准色相，将其沿圆周排列形成6色色相环。在两种色之间可插入中间色，便构成12色相环，进一步还可分为24色相环。色相环作为一种自然的、连续的色相秩序，可以给出统一的名称和符号，并可作为色彩标准管理评价的基础。

2. 明度

明度是指色彩的深浅(明暗)程度。每一种色彩都有其自身的明暗程度。

白色颜料是反射率最高的色彩，在某种色彩中加入白颜料，可提高反射率，即提高明度。黑颜料的反射率最低，在其他颜料中加入黑色，其明度便降低。

在无彩色系中，明度是由白、灰、黑组成，白色明度最高，黑色明度最低，灰色居中。将有彩色与无彩色混合，加黑色明度降低，加白色明度提高，加灰色则根据灰色明暗程度的不同而显现不同的明度。用黑白两色混合9个明度不同而依次变化的灰色，再加上黑、白本身，就可得到11个不同明度的明度序列。我们就可以利用这个明度序列(或称明度色标)来衡量各种色彩的明度差别。

在有彩色系中，由于色相在光谱上的位置不同，其波长的反应也不同，表现出黄色明度最高，紫色明度最低。色彩的明度有以下两种情况。

(1)同一色相的不同明度。同一色相掺入白色或黑色能产生不同的明暗层次。白色颜料反射率高，愈加愈明，色彩明度向高等级转移；黑颜料反射率低，愈加愈黑，其明度向低等级转移。

另外，同一色相，由于光源色及环境色不同，也会产生色彩的明暗差别。强光照射下，色彩显得明亮；弱光照射下，色彩则较灰暗。

(2)不同色相的不同明度。由于色相在可见光谱中的位置不同，以及人的视知觉不同，使人感到不同色相的不同明度。

在标准光源下，标准白色的明度指数为100，标准黑色的明度指数为0，下面为常用色彩的明度指数：

白色——100　　纯红色——4.93
黄色——78.9　　蓝色——4.93
黄橙及橙——69.85　　暗红色——0.80
黄绿及绿——30.33　　蓝紫色——0.36
红橙色——27.73　　紫色——0.13
蓝绿色——11.00　　黑色——0

色彩的明度差别形成了色彩的层次感。在产品设计中，要注意色彩的明度变化，如果明度过于接近，尽管用色较多，也不会产生丰富艳丽的效果，反而给人以主次不分、模糊不清、平淡乏味的感觉。

在色彩明度概念中，还存在一个明度宽容度的问题。在6种标准色中，蓝、绿、紫的明度宽容度较宽，而黄色则较窄。也就是说，蓝色可以有很深的蓝，也可有很浅的蓝，即在明度推移时，蓝色的层次感较丰富。黄色只有浅黄，没有很深的黄，最深只能达到土黄和生赭色之间，再深就不属于黄色系而成为深暗色系了。黑、白的明度宽容度最窄，黑色稍浅变成了深灰，白色稍深变成了浅灰。

3　纯度

纯度是指有彩色的纯净(饱和)程度，也可理解为某色相中色素的含量。色彩达到饱和状态时称为纯色。标准色就是纯色，所以标准色纯度最高，最鲜艳。以光谱为基础构成的基本色相环上，红、橙、黄、绿、青、蓝、紫色的纯度为最高。标准色含量高，其纯度则高，标准色含量低，其纯度则低。色彩纯度高，色感则强，色彩纯度低，色感则弱。距离标准色近的色比远的色纯度高，色彩由标准红色变成了粉白色，称为欠饱和色。如掺入黑色，则降低了纯度，此时明度也降低，色彩由标准红色变成暗红色，称为过饱和色。

在无彩色系中，如黑、灰、白，它们没有纯度，只有明度差别。

另外，物体所表现的色彩的纯度还与物体表面的状态有关。表面粗糙的，光线漫反射使色彩纯度降低；表面光滑的，色彩纯度提高。当然，光源色与环境色对色彩纯度也有一定影响。

三、色彩的表示方法

正确的标色方法，可以体现某种色彩的色相、明度和纯度的内在联系。

目前我国对色彩的表示方法多以色相命名，而对明度和纯度的表示大多以修饰语加以区别，通常有以下几类：

以自然物的色彩命名，如苹果绿、驼灰、炭黑、孔雀蓝、象牙白等；

以色彩的浓淡命名，如淡黄、浅黄、深黄等；

以色彩的明暗命名，如名绿、暗绿、正绿等；

以国名命名，如普鲁士蓝、威尼斯红、中国绿等。

这种命名方法，直观想象力强，但准确度差，而且常因人因地而异，甚至会产生错误。此外，由于色彩有750万～1 000万种，也不可能给每种色都加上一个恰当的修饰语。因此，这种命名法常给色彩设计和管理带来困难。

现在，国际上比较通用的表色法有美国的孟赛尔(Munsell)表色法、德国的奥斯瓦尔多(Ostwald)表色法、日本色研所表色法、国际照明委员会(CIE)表色法。下面重点介绍孟赛尔表色法。

孟赛尔表色法是1905年被研制出来的，孟赛尔把色彩三要素：色相H(Hue)、明度V(Value)和纯度C(Chrome)构成一个立体模型，称为孟氏色立体。

图2－58是孟氏色立体的示意图。如图2－58a所示，孟氏色立体的中轴代表无色系的明度变化，与中轴垂直的水平距离代表纯度变化，自中轴向外，中轴纯度为零，离中轴越远纯度愈大，边缘处即为纯色。垂直于中轴的圆周表示在同一纯度上的色相变化。如图2－58b所示，表示无彩色系明度变化的中轴，它包括黑(0)和白(10)共11个等距的间隔，越向上明度越高。

孟氏色相环(圆周)上共分5种主要色相和5种中间色相，如图2－58c所示，每种色相又等分为10个等级，用数字表示，总共有100个等级。每个色相的第5号是该色的代表色相，用5R，5RY，5Y等表示。5种中间色相是：黄红(YR)、绿黄(GY)、蓝绿(BG)、紫蓝(PB)和红紫(RP)。5种主要色相是：红R(Red)、黄Y(Yellow)、绿G

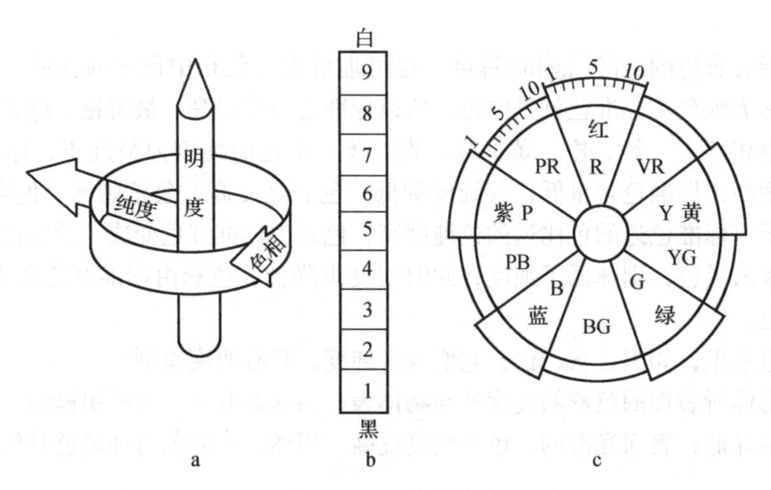

图 2－58　孟赛尔表色法

(Greed)、蓝 B(Blue)和紫 P(Purple)。

这样，孟赛尔表色法是以色彩的主要色素构成一个三位体系，形成了色彩的三维结构，即孟氏色立体。在这个色立体中，每个确定的坐标位置，均表示一个特定的颜色。也就是说，这个颜色是用它的坐标位置的数值准确表示出来的。

用孟赛尔表色法标记色彩时，其标记顺序为色相 H，明度 V，再画斜线，最后是纯度 C，即 HV/C，它表示色相明度/纯度。例如，某色彩的表色符号为 5R4/14，表示色相为 5R，明度值为 4，纯度为 14 的鲜艳色。

对于无彩色系，只标记明度值 V，并在前面冠以中性灰代号 N，并加斜线，即写成 NV/。如标记为 N5/，表示明度值为 5 的中性灰色。

图 2－59a 是孟赛尔立体的直观图，它是一个不规则的立体。

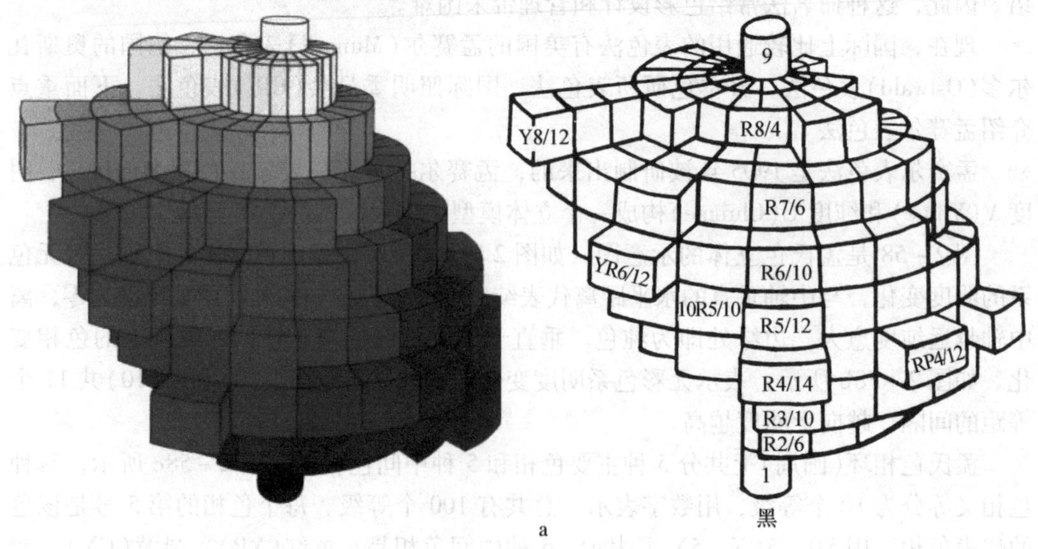

图 2－59　孟氏色立体的直观图(1)

图2－59b是通过明度轴铅垂面剖切红(5R)和蓝绿(5BG)色相的纯度分解图。该图反映了明度和纯度的关系。从图可看出，各色相明度不同，所达到的最高纯度也不同。如红色相(5R)，当明度为4时，所达到的最高纯度为14，其色彩标记为5R4/14。同理，色相蓝绿(5BG)，其明度为6时，最高纯度为6，可标记为5BG6/6。

若在明度值为5的位置，用水平面剖切孟氏色立体，可得到水平剖面图，如图2－59c所示。该剖面图反映了明度值为5时，色相与纯度的关系。由图可知，红色的纯度最高可达到12，其标记为5R5/12。如果分别剖切不同的水平面，可得到不同明度值的色相与纯度的关系值。

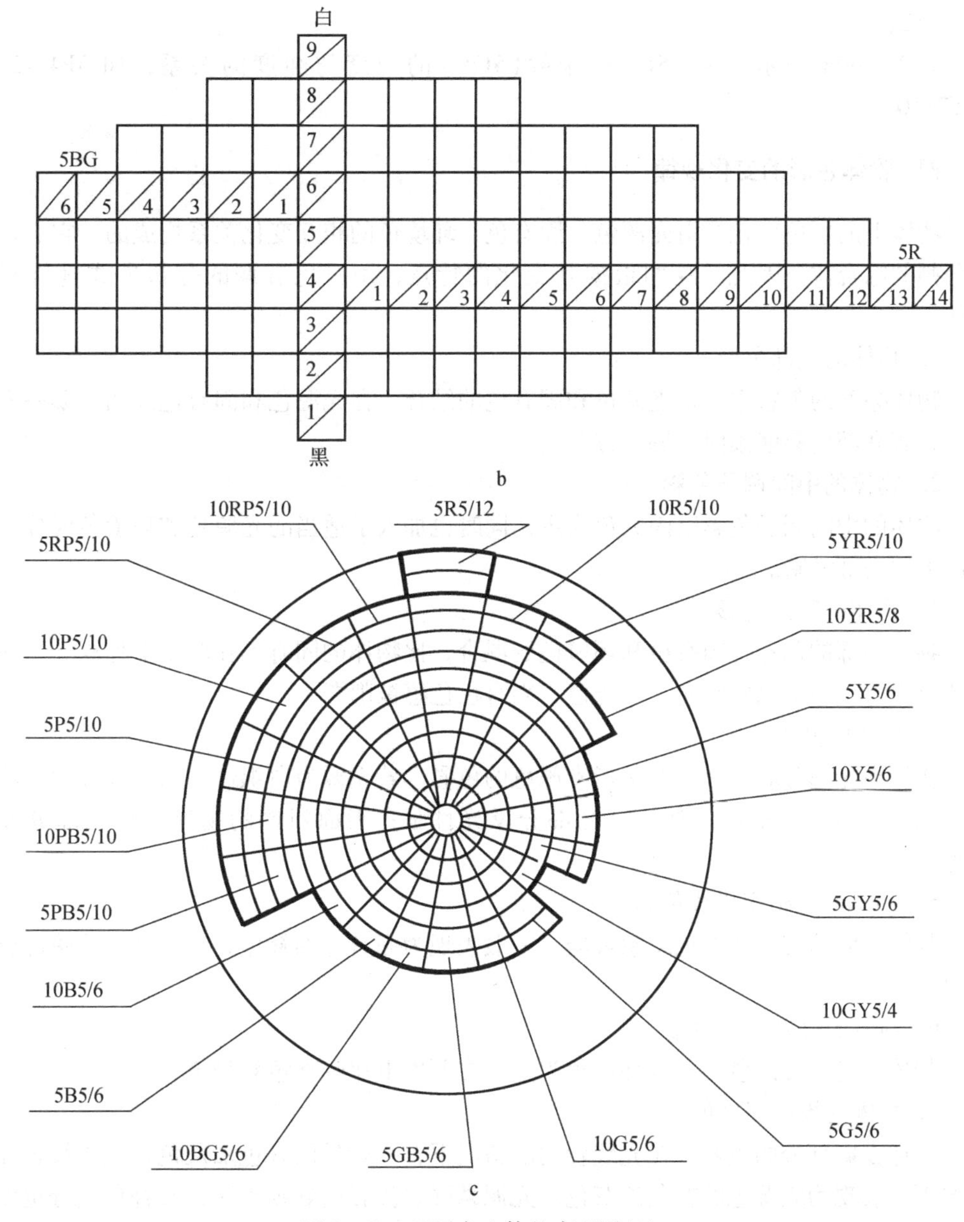

图2－59　孟氏色立体的直观图(2)

为了深入掌握孟氏色立体的表色法，可做以下练习。通过孟氏色立体的明度轴，分别取不同的铅垂面剖切色立体，则可分别得到不同的色相条件下的明度与纯度的关系值，如图2－60所示。

图2－60a表示了黄（5Y）和紫蓝（5PB）的明度与纯度的关系，如5Y8/12及5PB3/12；

图2－60b表示了蓝（5B）和黄红（5YR）的明度与纯度的关系，如5B6/6及5YR8/12；

图2－60c表示了绿（5G）和红紫（5RP）的明度与纯度的关系，如5G5/8及5RP4/12；

图2－60d表示了紫（5P）和绿黄（5GY）的明度与纯度的关系，如5P4/12及5GY7/10。

四、物体色彩的变化规律

物体上的彩色变化是由光源色、固有色、环境色的相互变化关系构成的，它们是不可分割的综合体。因此，我们根据其变化的特点，用三色五调的分析方式进行归纳概述。

1．物体的亮部色彩

物体亮部的色彩主要是光源色和固有色的结合。在光源色和固有色之间，哪一方色感强，其亮部色彩就倾向于哪一方。

2．物体的中间调子色彩

物体的中间调子色彩以固有色为主，同时也加入了适当的光源色和环境色成分，在明度上比亮部稍暗。

3．物体的暗部色彩

物体暗部的色彩是固有色和环境色的混合，比物体的固有色在明度上加深。当环境色色感强时，暗部色彩倾向于环境色，固有色色感被削弱。

4．物体的高光色彩

物体高光部分的色彩一般是指光源色的色彩。若光源为白炽灯，高光部分颜色就偏黄、偏暖；表面光洁的物体，高光部分反光性强；表面粗糙的物体，高光部分反光性差。

5．物体的明暗交界线色彩

物体的明暗交界线的色彩感最弱，一般表现为固有色加补色，在明度上比暗部色彩更暗。

6．物体的反光部分色彩

物体反光部分的色彩，以环境色为主，在明度上比暗部色彩稍亮。

7．物体的投影部分色彩

物体投影部分的色彩，在光线较弱的情况下，一般是固有色加灰色；在光线较强的情况下，表现为光源色的补色加灰色。光源越强，投影近处则越深，其补色成分也就越明显。

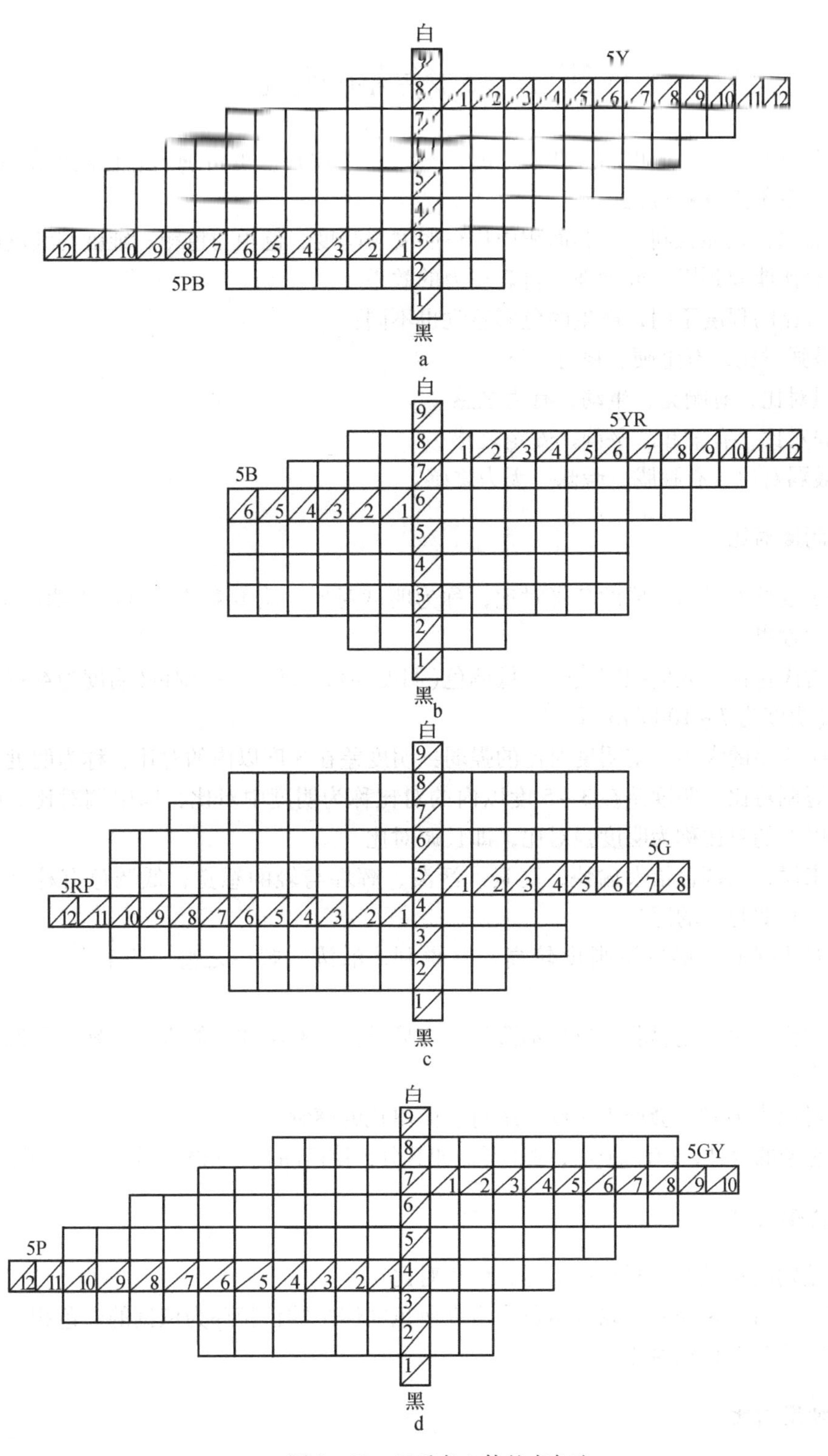

图 2－60　孟氏色立体的表色法

任务二 感受色彩的对比

当两个或两个以上的色彩放在一起时，通过观察比较，可辨别出它们之间的差异。这种差异关系称为色彩对比。

色彩对比，只能在同一色彩面积内进行明度与暗度、色相与色相、纯度与纯度的比较。色彩对比能起到影响或加强各自表现力的效果。

色彩对比的程度不同，产生的色彩感觉也不同：

(1)最强对比，有生硬、粗野之感；

(2)强对比，有响亮、生动、有力之感 ；

(3)弱对比，有柔和、平静、安定之感；

(4)最弱对比，有朦胧、暧昧、无力之感。

一、明度对比

由于明度的差异而形成的色彩对比，称为明度对比。明度对比，可产生明的更明、暗的更暗的效果。

根据孟氏色标，人们把明度分为低调色(明度为0. 3 度) 、中调色(明度为4 ~6 度)和高调色(明度为7 ~10 度)3 种。

色彩明度差的大小决定明度对比的强弱：明度差在3 度以内的对比，称为明度弱对比，也称短调对比。明度差在3 ~5 度以内的对比称为明度中对比，即中调对比。明度差在5 度以上的对比称为明度强对比，即长调对比。

一般来说，高调色给人愉快、高贵、活泼、辉煌与轻的感觉；低调色有朴素、丰富、雄壮、寂寞与重的感觉。

明度对比强时，形象清晰度较高，有锐利、活泼、辉煌之感，不容易出现视觉误差。

明度对比弱时，光感弱，形象不清楚，容易看错，有柔和、静寂、柔软、含混、单薄、晦暗之感。

明度对比太强时，会产生生硬、炫目、简单化的感觉。

产品造型的设计，应注意明度对比要恰如其分，使产品具有光感、明快感和清晰感。

二、色相对比

色相差别所形成的色彩对比，称为色相对比。

色相对比时，色相差是以日本色彩研究所色立体中的色相环为依据的。色相对比分为两色相对比和多色相对比。

三、纯度对比

1. 纯度对比

纯度差别所形成的色彩对比称为纯度对比。

各种色彩纯度的高低差别较大，难以全部规定一个划分为高、中、低纯度的统一标准。为了造型色彩设计需要，我们可以把主要色相的纯度色标分为高、中、低三段。纯度最低的零度色所在的一段称为低纯度色，纯度最高的纯色所在段为高度纯色，其余的称中度色。

纯度对比的强弱决定于对比色间纯度差的大小。由于高、中、低档的纯度划分比较粗糙，纯度对比也只能根据具体情况，大致确定出纯度的强度比、中度比和弱度比。

纯度高的色，色相明确，注目性高，对视觉有较大的吸引力，色相的心理作用明显，但容易使视觉和精神疲倦，故不能长久注视。

纯度低的色，色相含蓄，不易分清楚，视觉兴趣少，注目性低，可长久注视。

2. 纯度对比的特点

(1)色相和明度相同时的纯度对比，其特点是柔和、协调。纯度差越小，柔和感越强，而清晰度则低。

(2)当处于纯度强对比时，高纯度色的色相就越加鲜明，使整体配色趋向艳丽、生动、活泼。当纯度比过强时，则会出现生硬、杂乱的感觉。

(3)纯度比不足时，配色有灰、闷、单调、较弱、含混等特点。

四、冷暖对比

因色彩的冷暖差别而形成的色彩对比称为冷暖对比。冷暖对比是客观的色彩作用于心理而产生的一种感觉对比。

冷暖本来是人的触觉(皮肤)对外界温度高低的感知，但由于人们生活经验的累积，在人的触觉与视觉之间，通过心理活动建立了一种联系，使视觉成为触觉的先导。比如，人们都会感觉到橙红的火焰是很热的，蓝色的大海、天空是比较冷的。这些生活经验在人的心理上产生条件反射，当人看到橙红色及其相仿的颜色，似乎皮肤就感觉热，内心亦觉得热；看到蓝色及与其相近的颜色，内心便产生凉快甚至寒冷的感觉。

另外，白色、黑色也是心理学中的另一冷暖概念。白色，使人联想到雪，联想到白色对阳光的反射率强而带来凉爽的服装；黑色是反射率极低的色，黑衣服吸收阳光，使人感觉温暖。因此，在色立体中接近白的色有冷的感觉，接近黑的色有热的感觉。同理，在色彩中，加入白会感到稍冷一点，加入黑会感到稍微暖一点。

实践中，冷暖的表现如下(前者表现冷，后者表现暖)：

阴影—阳光、透明—不透明、稀薄的—稠密的、浅的—深的、远的—近的、轻的—重的、微弱的—强烈的、湿的—干的、缩小—扩大、流动—稳定、冷静—热烈、镇静—刺激、方角直线型—圆弧曲线形等。

五、综合对比

以上讨论的都是单项的对比，实际色彩设计中，往往是两项以上的要素参加对比，这种对比被称为综合对比。

色彩在色立体上的距离越远，对比越强；距离越近，对比越弱。不论是单项对比，还是综合对比都是如此。但是，通过色立体的分析可以发现，保持最强单项对比的两色，不可能兼有其他性质的强烈对比；而具有两项或两项以上对比的两色，就不可能还保持最强的单项对比。

六、面积对比

色彩面积大小的差别，影响着两色对比的效果。

当对比色的双方面积相等时，才能准确地对比两种色彩明度、纯度的差别。单色面积的增减，对视觉的刺激与心理的影响也随之增减。当对比双方的面积较小时，人们会感到强对比色彩美；当面积增加后，由于刺激力大大增加，甚至会超出人们视觉所能接受的限度，此时会使人产生厌恶、恐怖的心理。

因此，产品的色彩设计与环境色彩的配合，必须注意以下几点。

(1)在进行大面积的色彩对比设计时，如展览会的展墙、展板、广告牌、室内天花板、墙壁、屏风等，以及较大型的机械化工具等具有较大面积的工业设备，大多数要选择明度高、纯度低、色相对比小的配色，给人们以明快、舒适、和谐的感觉，保证人们始终以良好的精神状态保持长时间的工作与活动。

(2)在进行小面积色彩对比设计时，如服装、家具及工业设备，可选择中等程度的对比。这样，既能保证对比所产生的趣味，又能使这种趣味持久。

(3)在进行小面积色彩对比设计时，应根据具体情况来确定。

小面积的增强对比，清晰、有力，能有效地传达内容，能引起人们充分的注意。商标设计多采用强对比，以获得注目性高、利于传达内容的效果。

较小型的工业产品，如家用电器、仪表仪器等，可选择纯度高、对比强的配色。这样，既能突出产品形象，又能给环境增添生气，比惯用的金灰色更具有生动的艺术效果。

小面积的弱对比，在装饰品中应用较多，如金银首饰、手表等，它会使人们感到文雅、高贵。

七、位置对比

色彩的位置关系也影响色彩对比的效果。对比两色的位置较远时，对比效果弱；随着两色位置的接近，对比效果逐渐增强。

八、层次对比

各种色彩具有不同的层次感，这是人们的视觉透视和习惯造成的。

暖色与其他色对比，具有前进感，被称为前进色，其中以红色最明显。而绿、蓝、紫色(其中蓝色最明显)有后退感，这是冷暖对比所形成的层次感。

纯度高的色彩有前进感，而低纯度的色彩有后退感，这就是纯度对比形成的层次感。

明度高的色彩有前进感，明度低的色彩有后退感。因此，当黑白二色在面积相等的条件下，显得白色的面积稍大于黑色的面积，即白色有扩张感，黑色有收缩感。

面积大的色彩有前进感，面积小的色彩有后退感；形状集中的色彩有前进感，形状分散的色彩有后退感；位置在图画中、下的色彩有前进感，位置在边角的色彩有后退感。

在多组色彩参与的情况下，强对比色有前进感，弱对比色有后退感。

任务二　分析色彩的调和

一、色彩调和的内容

(1)有差别的色彩，为了组成和谐、统一的整体，必须经过调整与组合的过程，这里强调的是调和的方法。

(2)有差别的色彩组合在一起时，能给人以和谐、秩序、条理、统一的感觉，这里强调的是色彩之间性质的分析。

所谓色彩调和是指从调和的角度出发，探讨什么样的色彩关系是美的。色彩调和并不否定色彩的对比，没有对比就谈不上调和。所以，讨论色彩调和是以色彩存在差别(即对比)为前提的。调和与对比是色彩关系中的两个方面，是相互依存的，失去一方，另一方就不存在了。只要看到色彩，就会感到色彩对比与调和同时存在。

色彩对比是色彩关系中变化的因素，而调和是色彩关系中统一的因素。只有统一而无变化，或只有变化而无统一，同样都得不到色彩美感。也就是说，色调过于统一而缺乏变化，就会单调、乏味和平淡；色调过于变化而缺乏一定程度的统一，会产生过分刺激而产生不协调之感。

二、色彩调和的方法

1. 色彩要素同一的调和法

这种调和方法是指色彩要素中的一个或两个要素相同，而达到调和的方法。此法包括：无色度、无纯度调和(无彩色系的明度调和)；同明度、同色度调和(有彩色系的明度调和)，同色度、同明度调和(即纯度调和)；同明度、同纯度调和(即色相调和)。

此外，还有混入无彩色(白、灰、黑)调和；混入同一原色、间色、复色调和，点缀色同一调和，连贯色同一调和等。

在上述调和方法中，色彩的两个要素相同的调和法比一个要素相同的调和法所取得的调和感要强，色彩更加协调。

2. 色彩要素近似的调和法

选择性质和程度较为近似的色彩进行组合或增加对比色双方的同一要素，缩小色彩间的差别，而取得的色彩调和，称为近似调和。

同一调和法的本质是通过同一调和手段，使色彩双方彼此接近，达到一定近似程度的调和。由此可知，同一调和法与近似调和法都是增强调和感的重要方法。

根据色彩的对比与调和的性质可知，色彩差别越小、越近似，就越调和。而强对比时弱调和，弱对比时强调和，中等对比时中等调和。

选择近似色来组织调和色调的方法包括：无彩色系明度近似调和；同色相、同纯度的明度近似调和；同色相、同明度的纯度近似调和；同纯度、同明度的色相近似调和；色相相同，明度与纯度的近似调和；明度相同，色相与纯度的近似调和；纯度相同，明度与色相的近似调和；色相、明度、纯度都近似的调和；对比色相调和；等等。

注意 近似的调和法，有如下规律：

(1)尽管色彩的色相、明度、纯度存在着差异，但只要将孟赛尔色立体上相距较近的色彩进行组合，都能得到调和感较强的近似调和，而且相距越近，越显得和谐。

(2)孟赛尔色立体中部区域的色，与其相邻的色较多，与它们组成近似调和的色彩数越多；相反，与远离色立体中心的色相相邻的色彩数目少，能组成近似调和的色也少，而最少的应是色立体表面上的色。由此可知，中等明度、纯度较低的色与其组成的近似调和的色彩数目较多；而纯度高的色，其调和的区域较小，与其组成近似调和的色数也少。

3. 秩序调和法

秩序调和法是指选择有秩序的色彩进行组合，或者用增强对比色的秩序来达到调和的目的。

秩序调和法包括：无彩色系明度序列调和；同色相、同纯度的明度序列调和；同色相、同明度的纯度序列调和；同明度、同纯度的色相序列调和；色相相同的明度、纯度序列调和；明度相同的色相、纯度序列调和；纯度相同的色相、明度序列调和；色相、明度、纯度综合序列调和；对比色相的混合序列调和；与第三色相混合序列调和；等等。

图2-61是用上述各种秩序调和法所得到的色彩排列(用粗线表示)的示意图。

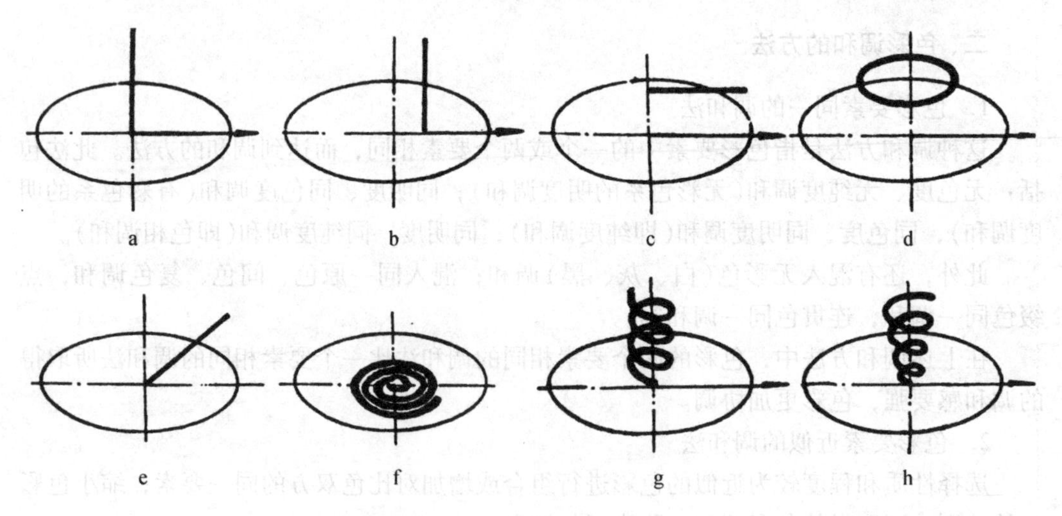

图2-61 色彩排列的示意图

图2-61a是无彩色系明度序列调和，图2-61b是同色相、同纯度的明度序列调和，图2-61c是同色相、同明度的纯度序列调和，图2-61d是同明度、同纯度的色相序列调和，图2-61e是色相相同的明度、纯度序列调和，图2-61f是同明度的色相、纯度序列调和，图2-61g是同纯度的明度、色相序列调和，图2-61h是色相、明度、

纯度综合序列调和。

4. 面积、位置、形状调和法

在“色彩对比”一节中，已经讨论过色彩面积、位置、形状与对比的关系，也论述了面积、位置、形状等因素发生变化，会直接削弱对比的效果。既然调和与对比是色彩组合中对立与统一的两个方面，那么就可以把这种对比效果的削弱称作面积、位置、形状的调和。

任务四　分析色彩的心理作用

色彩的生理、心理作用是同时进行的，但对于工业产品造型设计来说，研究色彩的心理作用更为重要。

一、色彩的感觉

色彩的感觉是指客观事物的色彩属性在人的头脑中的主观反应。它主要包括以下几个方面。

1. 冷暖感

色彩的冷暖感主要是色彩通过人的视觉引起“联觉”而产生的冷暖概念。如前所述，看到红色会联想到太阳、炉火，使人有暖感；而看到白色、蓝色又会联想冰雪、海水，使人有冷感。一般来说，波长长的红、橙、黄给人以暖感，叫暖色；波长短的蓝、蓝绿、蓝紫给人以冷感，叫冷色。在无彩色系中，白色是冷色，黑色倾向暖色。中性灰色和有彩色系中的绿、紫、金、银色属中性色。色彩的冷与暖是色相相互比较出来的概念，没有绝对性。

色彩的暖色感主要取决于色相，但与明度和纯度也有一定关系。一般情况下，明度高的有凉爽感，明度低的则有温暖感，如浅蓝色比深蓝色有凉爽感。

在产品设计中，可根据产品功能、所处环境选择冷暖颜色。如电冰箱宜涂冷色，寒带汽车用暖色，热带汽车宜用冷色。

2. 进退感

在同一平面上的色彩，有的使人感到突出、靠近；有的使人感到隐退、远离。这是色彩在对比过程中给人的一种视觉反应，称为色彩的进退感。

一般来说，暖色具有扩散性，能引人注意，有前进感。冷色具有收敛性，不太引人注意，有后退感。色彩前进感的强弱排列顺序为：红 > 黄≈橙 > 紫 > 绿 > 蓝。

据物理测试结果表明：当眼睛距离色彩表面为1 m时，在其他条件相同情况下，强进感最强的红色的强进量为4.5 cm + 2.0 cm = 6.5 cm。

总之，色彩的进退感主要决定于明度和色相。一般是暖色进，冷色退；暗色进，纯色退；鲜明色进，模糊色退；对比强烈的色进，对比微弱的色退。在产品造型的色彩设计中，对于需要强调、突出表现的部位，宜用近感色；次要部分让其隐退，宜用远感色。比如，产品上的商标多采用近感色，而且与其周围色彩对比强烈，以强调和突出名牌。

3. 轻重感

由于物体表面的色彩不同，看上去使人的轻重感觉也不同，这种与实际质量不符的视觉效果，诚挚为色彩的轻重感。

感觉轻的色彩称为轻感觉，如白、浅蓝、浅黄、浅绿等。一般来说，明度高的浅色和色相冷的色彩感觉轻。感觉重的色彩称为重感觉。感觉重的色彩称为重感觉，如黑、棕、深红、土黄等。通常，明度低的暗色和色相暖的色彩感觉重。

另外，物体表面的质感效果对轻重感也有较大影响。例如，塑料表面镀铬，会使本来很轻的塑料给人以金属的重感。又如给玻璃钢雕塑的表面涂以石粉，会给人以花岗石的重感。

色彩的轻重感，对处理产品造型的稳定与轻巧有着重要作用。在较高产品的下部涂以深暗色，能增加稳定感；在笨重产品的下部涂以浅色，可取得轻巧感。

4. 软硬感

色彩的软硬感主要还与纯度有关。纯度过高或过低，有硬感；中等纯度的色彩有软感。

另外，物体表面的质感效果对软硬也有较大影响，如软硬感料镀铬具有硬感，人造皮革却有软感。

在造型设计中，利用色彩的软硬感为人们创造出舒适、安定的环境。例如，与人接触或贴近的工业产品(如座椅、电梯内墙面等)施以软感色，可给人以柔和、亲切的感觉。而对于工具、机械设备的工作部件(如机床刀架、推土机的推铲等)要施以硬感色，来加强它们坚硬的个性。

5. 知觉感

色彩的知觉是指色彩对人们直觉引起反应的强烈程度。不同的色彩会引起人们知觉上的兴奋或沉静、明快或忧郁、激动或消沉、华丽或朴实等。

暖色和明度高的颜色知觉感强，易引起兴奋。冷色和明度低的颜色知觉感弱，具有沉静和忧郁的感觉。

此外，纯度高的红、橙、黄具有华丽的感觉；蓝绿色及明度较低的冷色有朴素而雅致的感觉。

大面积高纯度的红色，使人有紧张感，是消防汽车的理想用色；黑色笼罩下的环境则产生恐惧感；灰色和纯度低的色彩，给人以舒适感，它们是轿车的常用色彩。黑色与生活环境对比度高，具有庄重感，是高级轿车常用色。

6. 疲劳感

疲劳感是指色彩对视觉所引起的疲劳感觉。色彩的刺激感强或分辨困难，易产生视觉疲劳：

注意 下面几种情况都能引起视觉疲劳。

(1)从色相来说，刺激感强的红色、橙色灯，面积过大易使视觉疲劳。

(2)从明度来说，明度过高，很刺激；明度过低，分辨困难。

(3)从纯度来看，纯度过高，特别是暖纯度色，刺激感强。

(4)色彩对比强烈，特别是当面积较大时，刺激性也强烈。

(5)色彩缺乏必要的变化，过于单调乏味。

(6)色彩种类过多，使人眼花缭乱等。

总之，在造型设计中，用色不宜过多，高纯度色彩的面积不宜过大，刺激性强的色彩只宜局部使用，还要避免色彩的单调感，要做到既有变化又有统一，才能减小疲劳感。

二、色彩的联想与象征

人们看到色彩时，往往自觉不自觉地把它与其他事物联系起来，这种色的联想是由一个人以往的经验、记忆和知识产生的。由于民族、年龄、性别、职业、生活环境的不同，这种联想具有很大的差别，但也存在共同的联想。

色彩的感情象征，也是色彩的功能。色彩的功能是指色彩对人的眼睛及心理产生的作用。这种作用包括色彩对眼睛的刺激，以及色彩给人们的心理印象和触发起来的情感。

研究色彩的象征意义，目的是进一步掌握色彩的特点，尽可能使所设计的产品具有形式美，给人以精神上的享受，并激发出良好的心理状态。

1. 红色

红色使人联想到太阳、红旗、鲜花等。在实现生活中，人们常用红色来作为欢乐喜庆、兴奋热烈、防寒增暖、积极向上的基本用色。

红色也使人联想到血与火，能给人以紧张感，故人们又赋予红色危险、故障的象征，作为预警、报警或停止的信号色。红色又是消防器材及消防车辆的用色。但是，红色的明度不高，分辨度比较差，在暗处或远处，一些指示性的标牌(如山区、林区的路标)，不宜采用红色，而应采用黄色。

红色是一种有强烈而复杂心理作用的彩色，有较高的注目性，在工业产品造型设计中，红色一般起装饰、点缀作用，经常用于商标、标牌和指示灯上。但是，大面积使用红色一定要慎重，其原因是大面积的红色，会使人产生过于兴奋、热烈的感觉，使人感到烦恼和易于疲劳。

红色具有良好的暗适应功能，在亮、暗交替变化环境中工作的人(如X光透视、照片冲洗等)，带上红色护目眼镜，可使已形成的工作适应性不受破坏。夜间行驶的汽车、飞机的仪表板采用红灯照明，可保护观察者的夜间视力不受影响和破坏，有利于安全。

2. 黄色

与红色相比，黄色较容易被眼睛接受。黄色光的光感最强，给人以光明、辉煌、灿烂、轻快、柔和、纯净、希望的感觉。

黄色使人联想到硕果累累的金秋，闪闪发光的黄金，常给人留下光亮纯净、高贵豪华的印象。黄色又是古代宫殿、庙宇及帝王服饰的惯用色，这加强了黄色的崇高、智慧、神秘、华贵、威严和慈善的感觉，因此黄色被称为富贵色。

黄色是明度最高的色彩，它醒目、穿透能力强，在雾中行驶的汽车，常用黄色等照明。工程机械大多涂成黄色，在工地环境中也是十分醒目，有利于人身安全。

植物变成灰黄色是干枯，人脸发黄意味着病态，因而灰黄色有象征颓废、病态和不健康的一面。在造型设计中，应避免过多使用灰黄色。

浅黄色被认为是具有开发智力作用的色彩，宜作生产车间、教室和图书馆的墙面色。

总之，在工业产品造型色彩设计中，很少采用高纯度的黄色，宜适当采用低纯度高明度及低纯度低明度的黄色。

3. 橙色

橙色又称橘黄色，由红与黄调配而得。它是色彩感觉中最暖的色，也是一种既醒目、刺激性又不太强的色。橙色常作为工程机械的基本色调，有利于施工和行驶的安全。

自然界水果成熟的颜色多似橙色，因此，橙色能引起香甜可口的感觉，可增进食欲。在设计与饮食业有关的工业产品时，采用橙色是较受欢迎的。

橙色与蓝色在色相上是强对比色，所以常作飞行员、宇航员及海上工作人员的服装色，落入海中时易被发现。

橙色具有明亮、华丽、健康、温暖、芳香、辉煌的感觉，给人以壮丽、贵重、渴望、神秘、疑惑的印象。

橙色的注目性也相当高，常被用作讯号色、标志色。但是，大面积使用橙色，易造成视觉疲劳。橙色在造型设计中使用较广，特别是装饰面积小的产品。

4. 绿色

人眼对绿色的反应最平静。在高纯度色彩中，绿色是可以使眼睛得到较好休息的颜色。

绿色是植物的生命色，是农业、林业、畜牧业的象征色，也是大自然的主宰色。植物种子的发芽、生长、成熟，每个阶段都表现出不同的绿色。绿色是最能表现活力和希望的色彩，它象征着春天、生命、青春、成长。

植物的绿色，不但能给视觉以休息，还会给人以清新的环境，有益于镇定、疗养、休息与健康，所以绿色还是旅游、疗养、环保事业的象征色。

绿色的知觉度较低，与自然环境色的对比度很低，所以被用来作为陆军记录敌军用装备的隐蔽色。

绿色还属于安全色，常作为正常、安全、通行、启动、无危险等信号标志色。

绿色又称和平色、希望色。邮政设施采用绿色以象征和平、希望。国际世界语协会的会标采用绿色五星，也寓意着人类的和平与希望。

工厂的流水作业线，若将工作台面施以绿色，能起到调节视力、提高效率的作用。

黄绿与橙色并列，有生机勃勃的感觉；绿色与青色并列有畅快感；绿色与黑色在一起，有神秘、恐怖感；而灰绿色则有衰退感。

绿色也是工业产品中基本色调，但高纯度绿色的使用较少。低纯度或低明度绿色则用得较多。

5. 蓝色

蓝色是后退的、远逝的色。

蓝色使人联想到天空、海洋、湖泊、远山、冰雪，使人感到深远、纯洁、透明、冷漠、无涯等。蓝色象征着含蓄、沉思、冷静、智慧、内向与理智，是现代科学的象征色。

实验证明，人在蓝色的房间里，脉搏要比平常稍慢些。所以，长途汽车、医院病房的装饰常采用浅蓝色。

蓝色也是色感中最冷的色，一些冷冻设备多涂以蓝色。在商业美术中，蓝、白二色成为冷冻食品的标志色。

6. 紫色

在自然界和社会生活中，紫色较少见。紫色可给人以高贵、优雅、奢华、幽静、流动、不安等感觉。

灰暗的紫色能使人联想到伤痕、血斑，给人以凄凉、忧郁、痛苦、不安、灾难之感。有些民族把紫色看成是不祥之色和灾难之色。

明亮的紫色如同天上的霞光，使人感到美好与兴奋。高明度的紫色，还象征着光明、理解和优雅。

在工业产品的色彩设计中大面积使用紫色会产生恐怖、威胁、荒淫、丑陋之感，给人们不好的印象。只有小面积的浅紫色调，有时会收到较好的效果。

7. 白色

白色属于无彩色系。白色具有明亮、干净、卫生、畅快、朴素、雅洁的特性，被认为是清洁、纯洁的象征，也是食品机械的专用色。

在医疗卫生事业中，大量应用白色，白色是医疗卫生的象征色。

中国在举办丧事时，多以白色作为装饰色，表示对死者的尊重 、哀悼和缅怀。由于白色与丧事的这种联系，在中国，白色有哀伤、不祥、凄凉的象征。

在西方，特别是欧美大多数国家，白色表示爱情的纯洁和坚贞，是结婚礼服的专用色。目前，这种婚礼习俗，在我国城市里已成为一种时尚。

在造型设计中，精密仪器、医疗设备等多用白色，或者用白色与其他色组合。

8. 黑色

黑色也属于无彩色系。黑色对人心理的影响有消极和积极两个方面。

消极方面：黑色如黑夜，令人感到失去方向、失去目的、失去办法而产生阴森、恐怖、烦恼、忧伤、消极、不幸、绝望、死亡等感觉。

积极方面：黑色是使人得到充分的休息的条件，因此给人沉思、安静、严肃、庄重的印象。

黑色又可象征权力和威严，国外神父、牧师、法官都穿黑袍。西方黑色的礼服、燕尾服则有高雅、庄重的含义。

黑色也能使人联想到金属，给人以坚硬、稳定的感觉。

黑色的明度最低，缺少引人注目的力量，与其他色组合时能起到很好的衬托作用，使其他色的色感、光感得到充分的显示。如仪表的黑盘衬托白色字码，显得十分清楚，读数显示性甚好。

黑色能将照射光的大部分吸收，对视觉无刺激，是光学仪器、照相器材的常用色。

在工业产品上，黑色应用较多，但往往是小面积，有时起调和作用，有时起稳定作用，有时起分割或产生层次的作用等。

9. 灰色

灰色介于黑白之间，属于中等明度的无彩色系的低纯度色。

在生理上，灰色对眼睛的刺激适中，属于不易使视觉疲劳的色。由于灰色属于无彩色系和中等明度，可使人的心理反应平淡，给人以休息、抑制、单调、寂寞的感觉。

灰色对于邻接的任何色都没有冲突和干扰，它作为背景色能把各种色彩所特有的感情原原本本地表达出来。

视觉对灰色的感觉是既不炫目，也不暗淡。灰色还有朴素、安定、柔和、含蓄的效果，是一种不易产生视觉疲劳的色彩，宜作仪表、机床、汽车、控制设备的面板色。灰色明度不高，耐脏性能好。深灰色用于产品机脚，能获得较好的稳定感。

10. 光泽色

光泽色主要是指金、银、铬、铜、铝、有机玻璃等材料的颜色。光泽色有质地坚实、表面光滑、反光力强等特点。

金、银属于贵重金属，其色给人以辉煌、高贵、华丽、活跃的印象。塑料、有机玻璃、电化铝是现代技术产物，它们的色彩具有强烈的现代感。

在工业产品设计上，光泽色的装饰功能很强，多用于商标或色彩过渡与分割的处理上，以增强对人的刺激和印象。但光泽色不宜大面积使用，否则会带来过大的反光面积，使产品外观显得支离破碎，并使人感到俗气。

使用光泽色时，要注意与底色的对比。底色的明度和纯度低，会充分显示出光泽色的特点，使整个产品高级、素雅、别致。如果底色的明度和纯度过高，与光泽色的对比显得过于活跃何不协调，会产生庸俗感。

前面讨论的各种色彩的联想与象征，并非是虚无缥缈的抽象概念，也不是任何人主观臆造出来的，而是人们长期认识、运用色彩的经验积累与习惯形成的，它是任何人凭借正常视力和普通常识都能感受到的实际存在。

三、色彩与视觉心理

对于同一个色彩组合，不同的人往往会做出不同的评价。有时，所做的评价相差较大，甚至相反。

人们由于各自的出身、职业、年龄、性别、文化层次等因素的不同，其审美能力就有差异。此外，每个人的视觉心理和需求各不一样，因而形成了各自不同的审美标准。因此，研究色彩的视觉心理，对于色彩设计是十分必要的。

1. 色彩与形象

由于色彩有冷暖感、软硬感、层次感等，即色彩有与生活经验相联系的各种感觉，所以色彩就给人一定的形象感。

抽象派画家曾对色彩与几何形状的内在联系做过专门研究，认为正方形的内角都是直角，四边相等，显示出稳定感、重量感和肯定感；垂直线与水平线相交显示出紧张感。这与红色所具有的紧张充实确定的性质是相吻合的。因此，红色暗示正方形。正三角形的三内角及三条等边，有着尖锐激烈醒目的效果，而黄色也具有明亮锐利活跃等特性，二者基本是吻合的，因此黄色暗示正三角形。

此外，橙，绿，紫色也与相应的几何形相吻合，橙色暗示梯形，绿色暗示圆弧三角形，紫色暗示圆弧长方形（如电视机屏幕）。

2. 色彩与构图

所谓构图是指画面上的位置经营。构图本身能表现出多种复杂的内容，如饱满、端正、严肃、细密、严谨、活泼、灵巧、危险、不安、稳重、轻飘等。而色彩的选择和配置也要尽量做到与上述内容相吻合。此外，色彩与构图还要讲究比例的统一美、变化美和节奏美。当色彩与构图达到上述两方面要求时，才能使表现的主题更为突出有力。

3. 色彩与表面状况

粗糙的物体表面产生阴影，使表面色彩的明度、纯度都有所降低。

4. 色彩与表现内容

色彩设计还应该追求与所表达内容的统一。如用嫩绿色表现幼小植物，就会使人感到一股生命的活力，显示出朝气蓬勃、蒸蒸日上的精神，甚至还会使人联想到欣欣向荣、硕果累累的未来。如果用土黄色表示幼苗，则令人联想到干枯和营养不良。

这说明，色彩对人的直接作用尽管只是生理上的，但是由于生理与心理的密切联系，色彩能借助心中的印象象征等因素，影响人的精神思想和感情。

5. 色彩与产品功能

色彩设计不能一味追求视觉的美感，正确的做法是充分发挥产品物质功能的基础上，达到色彩美与使用效果的统一。

如灰色，由于它无彩色，使人感到安全安静，把它用在需要细心观察和操作的工业产品上，可以给操作者准确观察、正确操作创造良好的工作环境。

红色使人紧张、注目性高，容易联想到危险和紧急，把红色使用在消防车上和消防器材上是十分适合的。

6. 色彩与审美

色彩具有两重性，即形式美和精神美。

色彩与形象、色彩与构图的统一，是为了追求完整的形式美；强调色彩与内容的统一，则是追求充实的精神美。但是，人所追求的色彩美的标准不是完全相同，影响该标准的因素是多种多样的，下面只就几个主要因素加以讨论。

(1)国度与民族。不同国家和地区、不同民族，对色彩有着不同的爱忌。如红色，在中国是吉祥喜庆的色彩，而在英国却被认为是不干净、不吉祥的色彩；绿色，在信仰伊斯兰教的国家中最受欢迎，而在日本，绿色是被认为不幸的；黄色，在信仰佛教的国家最受尊敬，而在埃及则被人认为是不幸的颜色，举办丧事时穿黄服；白色，在罗马尼亚，表示纯洁和爱情，而在摩洛哥，白色被认为是贫穷的象征；等等。

(2)年龄。儿童正处于生长时期，天真幼稚，没有逻辑推理的能力。色彩的复杂心理作用对儿童没有一点影响，他们完全依靠直觉，只欣赏一些最明快、最鲜艳、最活跃的色彩。因此，儿童用品的色彩设计，可采用鲜明的、甜美的柔和色调。

青年人从生理上处于发育鼎盛期，心理状态复杂多变，充满了浪漫色彩。好奇、探新往往促使他们对于一些对比大胆构思奇特的色彩设计表现出极大的兴趣。因此，青年人往往是新色彩新设计新构思的热烈拥护者和崇拜者，成为色彩创新的主要力量。也应该指出，由于青年人的审美能力和经验的局限，往往有少数青年人盲目追求一些怪而不美的色彩组合，把怪的形色误认为是美的。

中老年人有丰富的阅历和经验，也具备一定的欣赏能力。在青年时期对理想的追求与奋斗，使他们对青年时代的色彩感受仍有极深的印象。因此，他们往往欣赏已过去的较为成熟的色彩，同时，求实的思想又促使他们去追求传统的色彩，以及与他们的经历相协调的色彩。所以，他们喜欢沉着朴素、含蓄丰富的色彩。

当然，一些中老年人因职业与兴趣的关系，对新奇感的追求仍像青年人一样。如文艺工作者、喜爱运动的人、性格开朗的人等，他们有时也像年轻人一样喜欢色彩鲜明的生活用品。

(3)居住地域。城市里的人，由于居住环境的影响，经常受到对比强烈的色彩刺激(如广告、海报、霓虹灯等)，再加上生活节奏快，使人们对繁杂、兴奋、强烈的色彩感到厌倦，他们往往喜欢一些淡雅、含蓄、沉静的色彩，以便欣赏和休息。

(4)性别。以青年人为例，青年女性受内在性格的影响，她们喜欢沉静、淡雅、轻软、透明、理智的冷色调；青年男性却对强烈、活跃、浓重、富有情感、热烈的暖色感兴趣。

(5)职业爱好。色彩引起的联想及好恶感，还与人的职业和爱好有关。人们偏爱自己职业中接触最多的色彩，也追求职业环境缺乏的色彩。如红色，炼钢工人会联想起火炉，医生会联想到血液，交通民警会联想到信号灯，等等。

此外，不同的性格、不同文化水平、不同经济地位、不同的风俗习惯等，都使人对色彩的审美需求有所不同。

在造型设计中，要想使产品色彩能为大多数人所接受，唯一的办法就是调查研究，结合产品的物质性能和使用对象，根据色彩的视觉心理进行色彩设计。

7. 色彩的其他感觉

有时，从视觉角度来观察产品，其色相的调和是好的，但却产生某种不舒服的感觉。这有可能是由于色彩与听觉、触觉、嗅觉、味觉的感觉不调和而引起的。

(1)色彩与听觉。由声音刺激而联想到色彩的现象称为色听。自古以来，对色彩与音乐的关系就有许多研究，从而产生了色彩与音乐相结合的“色彩音乐”。

色彩与音响、配色与和声之间均存在美的感觉。比如，看到某种花草，而联想出旋律和节奏感。同样，有时听到快乐的音乐旋律，也会联想到色彩，如玫瑰色、嫩绿色、橘黄色等。世界名曲《蓝色多瑙河》就是音乐结合色彩的典型之作。

(2)色彩与嗅觉。人们在心理上存在着生活经验的由色到香、或由香到色的共同感觉。嗅到玫瑰花的香味，便会联想到玫瑰色彩。

(3)色彩与味觉。由于生活经验的积累，人们在色彩与味觉之间建立了关系。比如，看到未成熟的绿色橘子，人们口中产生苦酸之感；见到成熟的橙色橘子，却有酸甜之感。

许多国家将色彩设计作为商品竞争的重要手段，在食品及药品包装设计中，必须慎重用色。通常食品包装宜用暖色，使人感到食用后可增加营养和热量。而对于止痛、退热、止血、镇静类药品，其包装多用蓝色或绿色，使病人的心理反应与药品的功能达到一致。

任务五　学习工业产品色彩设计

工业产品色彩设计，是在综合产品各种功能因素的基础上，制定一个合适的色彩配制方案，使产品具有更完美的造型效果，给使用者带来良好的工作情绪，以提高使用者的工作效率，降低疲劳程度。

一、配色的一般规律

前面已讨论了色彩的各种性质及对比、调和等基本理论，对于色彩有了一个较全面的认识。但是，要设计好一组色彩，还与色彩设计的经验有关。必须通过认真地学习与实践，才能掌握配色的一些技巧。同时，还要采用别人已经总结出的一些配色规律，以提高色彩设计水平。

1. 色调不同，给人不同的心理感受

明调——亲切　明快　　暗调——朴素
灰调——含蓄　柔和　　暖调——热情
冷调——清凉　沉静　　红调——热烈
黄调——温暖　柔和　明快　　蓝调——寒冷
绿调——舒适　生命　安全　　橙调——温暖
紫调——娇艳　华丽　忧郁

2. 与色相有关的不同配色，使人产生不同的心理感受

色相数少的配色，素雅、冷清；色相数多的配色，繁杂、热烈。
色相对比强的配色，活泼、鲜明、有生气；色相类似的配色，稳健、单调。
色相、明度相近，有柔和感；色相疏远、明度近似的配色，有含蓄感。

3. 与明度有关的不同配色，具有不同的心理感受

明度相似，明亮的暖色有壮丽感。
明度相似，中明基调的配色有朴素、丰富、稳定感，但也易产生寂寞感。
明度差距大的强对比配色有坚硬、稳定、明快、活泼、华丽、清晰、辉煌感。
以高明度为主的配色是明亮、柔和、轻快的浅色调，具有轻盈、活泼、淡雅感。
以低明度为主的配色，是低沉、忧郁的暗色调，具有阴暗、沉闷、安定、镇静感。

4. 与纯度有关的不同配色，具有不同的心理感受

纯度高、色相对比强的配色，有鲜艳夺目之感。
纯度低、色相对比强的配色，有朴素大方之感。
高纯度的暖色相配，有运动感。
中等纯度的配色，有一定的柔美感。
高纯度的互补色相配，由于对比度过于强烈而表现出不调和。此时，缩小其中一色

的面积可获得调和的效果。

纯度高、明度低的配色，有沉重、稳定、坚固感，称为硬配色。

纯度低、明度高的配色，有柔和、含混感，称为软配色。

5. 与色域有异的不同配色，具有不同的效果

面积相近的配色，调和效果差；面积相差大的配色，调和效果好。

当不同明度的配色上下配置时，明度高的色在上面时增加稳定感；反之，则产生动感。

高纯度的暖色与同明度、低纯度(或灰色)的冷色相配，前者面积宜小，后者面积宜大。

色相、明度、纯度分别按一定次序进行渐变，则产生变化、柔和的效果。

色相、明度的位置反复变化，则有强烈的节奏感。

色相、明度、纯度的任意组合，则产生复杂的跳跃效果。

6. 不同色相相配，具有不同的配色效果

黑、红、白相配，具有永恒的美。

黑、红、黄相配，具有积极、明朗、爽快之感。

白与高纯度红相配，具有朝气蓬勃、向上的感觉。

白与深绿相配，具有理智之感。

白与高纯度冷色相配，具有清晰感。

白与黑相配，具有沉静、肃穆感。

红与紫红相配，具有浓厚感。

黄与紫相配，具有寂寞感。

茶色与藏蓝相配，具有安定、沉重感。

高明度的暖色相配，具有壮丽感。

二、工业产品色彩设计

工业产品的色彩设计，不同于绘画作品和平面的视觉传递的色彩设计。因为后者必须追求丰富的色彩和光影效果，表达作者的情感，并力求感染欣赏者。工业产品的色彩设计则受到多种因素的制约，如加工工艺、材料质地的选用、产品的物质功能、色彩功能、环境特点及人机协调关系等。因此，工业产品的色彩设计，不仅要追求美观、大方，符合人们的审美要求；还要考虑到与产品物质功能的统一，与环境的统一，与人机工程科学的统一，使产品色彩设计体现出科技与艺术的结合，与人的心理感受达到高度协调。

产品色彩设计，关键在于色调设计。

色调是指一组色彩配置的总的倾向。工业产品的色彩，不管色彩数目多少，它们之间必须有一定的内在联系，使之呈现出一个统一的整体色调。

色调往往由一组色彩中的、面积占绝对优势的色来决定，这一色彩称为主色调。其余色彩则在这一主调色指导下，设计成与主调色既有一定程度的对比，又统一、和谐。如轿车车身颜色便是主调色，其他零部件的色彩均为辅助色。

色调的种类较多，按色性分，有暖调、冷调；按色相分，有红调、绿调、蓝调等；按明度分，有明调、中调、暗调等。

不同的色调，使人产生不同的心理感受而具有不同的功能。色调的设计必须满足下列基本要求。

1. 产品物质功能的要求

各种工业产品都具有各自的物质功能。产品色调设计必须首先考虑与产品功能特点要求的统一，使人们加深对产品物质功能的理解，更利于产品物质功能的发挥。如消防车的红色基调，救护车的白色基调，军用车辆、装备的草绿色基调，都是从产品的功能特点出发，选择了不同的色彩，作为产品的色彩基调。

2. 人机协调的要求

不同色调使人产生不同的心理感受。正确的色调设计能使使用者感到舒适、轻快和精神振作，从而形成了有利于工作的情绪；不恰当的色调设计，对使用者往往产生疑惑、不解、沉闷、紧张、疲劳、萎靡不振的感觉，而不利于工作。总之，色调设计如能充分体现出人机协调关系，就能提高工作效率，减少差错事故，并有益于使用者的身心健康。如各种机床的主色调均为浅灰或浅绿色，使工人在工作时感到轻松、舒适，不易疲劳；如果机床都涂以大红大绿，其后果是不堪设想的。

3. 时代感的要求

不同的时代，人们对某一色彩带(域)有倾向性的喜爱。这一色彩就成了该时代的流行色。产品的色调设计考虑到了流行色的因素，就能满足人们追求“新”的心理需求，也就符合了当时人们普遍的色彩审美观念。

4. 不同国家与地区对色彩的好恶(请参考附录一：各个国家对色彩的喜好)

如前所述，不同国家和地区的人们，对色彩有着不同的好恶情绪。色调设计迎合了当地人们的喜好情绪，就会受到欢迎；反之，产品在市场上就会遭到冷遇。

模块六　设计产品特色标志

标志是人类直观联系的语言，起着“代表”“象征”“区分”和“指示”的作用。

在原始社会，当人类会制造一些简单的生活及狩猎工具时，就开始在自己制造的器物上作简单的记号或符号。原始社会的“图腾”就是典型的标志，它反映了部落的传统和信仰。

还有远古人为了记录数量的多少和生活当中的琐事所使用的结绳记事等记号标志。

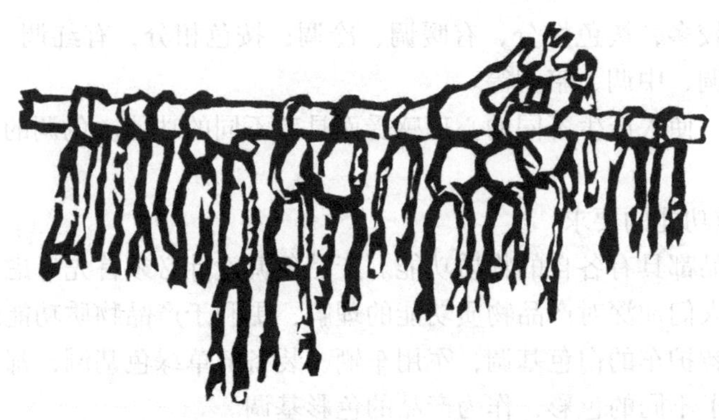

现代标志就是在原始标志、纹样的基础上发展演变而形成的，并已深入到人类生活、生产的各个领域，与人的衣、食、住、行有着密切的关系。如购买物品时，需认准商品标志；操纵机器时，需看清工作程序标志；驾驶车辆时，要依靠交通路牌标志；等等。

标志设计属于视觉传递设计，它比文字说明更具有不可争辩的优越性。因此，标志设计的优劣对于准确、迅速地传递语言有着直接的影响。

任务一　了解标志类型及功用

一、分门别类话标志

标志类型很多，分类方法也不同，我们简单从标志的作用和标志的构成两方面来分类。

标志按其作用分类，主要有商品标志（简称商标）、纪念标志、象形（功能）标志、社团标志、指示标志、货物标志、安全标志等。

标志按其构成分类，主要有文字型标志、字母型标志、几何型标志、自然型标志、综合型标志等。

二、商品标志

商品标志简称商标。商标是商品产销单位特定标志。经过注册的商标受到国家法律的保护。随着社会生产力的发展，商品经济的扩大，人们也养成认牌（商标）的购物习惯。因此，一个好的商标设计，不仅有助于建立商品知名度，而且对于商品的销售也有直接的影响。在市场经济中，商标已成为一种财产，不允许盗用、侵犯及假冒。

商标的设计方法、构图原理以及艺术处理手法与其他标志类同，但商标作为商品流通的标志，还有一些不同于其他标志的基本要求及应注意的问题。

1. 商标名称

一个出色的商标，除了要具有优美、鲜明的图案，还需要有与众不同的响亮动听的牌名。牌名不仅影响商品在市场上流通和传播，而且还决定着商标的整个设计过程和效果。商标有一个好的名字，能给图案设计更多的有利因素和灵活性，也会增强艺术形象的表现力。因此，确定商标的名称应遵循顺口、动听、好记、谨慎的原则，还要有独创性和时代感，以及富有新意和美好的联想。如“雪花”牌电冰箱，给人以冷冻的联想，为产品性质树立了明确的形象，如果以“太阳”牌命名，则会带来相反的效果。又如“永久”牌自行车，象征永久耐用之意，体现了商品的质量，增加了产品的内在含义。

在确定商标名称时，要注意下列问题。

(1)直接表示商品的质量、功能、用途、特点，不宜作商标名称。如“准确”不宜用于计时、计数的商品；画面感、光亮、不宜用于灯泡名称等。

(2)带有政治含义的名词、图案，如中华、红旗、东风等，一定要用在名牌产品和名贵商品上。

(3)利用本企业的简称作商标名称，一定要使人看得懂。

(4)商品名称与产品性能结合，符合消费心理的需要，如自行车用“飞鸽”，而不用“蜗牛”；滋补品用“长寿”；感冒药用“速效”；止咳药用“强力”；等等。

(5)地名不宜做商标名称，世界大多数国家禁用地名做商标名称，因为地名不能为一家企业所有。

(6)出口商品名称的汉语拼音，不要使当地人产生误解。如“芳芳”牌化妆品商标中的汉语拼音(FANG)，在英语中刚好具有“毒牙”“狗牙”之意。我国出口的“马戏扑克”上印有汉语拼音(MAXIPUKE)，英文的意思是“激烈呕吐”。

2. 商标图案

国家的名称、国旗、国徽、军旗、勋章等不能用作商标图案。

国内、国际规定的一些专用标志，如红十字，国际政治、经济、文化、体育等组织的标志图案等，不能用作商标图案。

此外，还要了解世界各国人民对商标图案的好恶，以免产生误解、反感。如1985年埃及政府下令查抄、没收我国天津生产的女布鞋一事，就是因为鞋后跟的防化纹样近似于阿拉伯文“真主”字样。这虽然是误会和巧合，但也是不允许的。

3. 商标色彩

商标色彩设计原则，一定要注意出口国及使用地区的习惯的内容，参看模块五。

三、其他标志

1. 形象标志

对事物的各种形体经过艺术加工，结合事物的特点而设计的专业图案。象形标志要求直观性强，图案简明形象，无须文字解释。它的特点是不受语言的限制，不仅在某一地区，而且在国际上也能通行，如国际奥林匹克运动会比赛时各个运动项目的形象标志、我国铁路客运服务形象标志(如入口、出口售票处、候车室的标志)等。

2. 纪念标志

为纪念某人、某事、某次会议等而专门设计的标志属于纪念标志，如国际儿童年的纪念标志、亚运会的纪念标志等。

3. 国家及社会团体标志

每个国家的国旗、国徽及城市的城徽，都属于这类标志。社会团体、公司、企业也都有自己的标志。如联合国标志，一蓝天色底色衬托出白色橄榄枝围绕地球的图案，象征着联合国宪章规定的宗旨：和平、友好、合作、协调，给人印象极为深刻，如图2－62所示。

图2－62　联合国标志

4. 指示标志

指示标志主要包括路标、航标、设备操作程序标志等，如公路上的急转弯标志、斑马线、禁止通行标志等。

5. 安全标志

安全标志主要是指工作时必须严格遵守的技术安全及必须履行的某些指责的警告性标牌，如禁止烟火标志。

6. 货物标志

货物标志主要指货物运输中应遵守的操作规范和工作程序，一般多置于外包装上，如谨防潮湿用雨伞的图案、防止震动用玻璃杯的图案、防止倒置的箭头图案等。

指向标志、安全标志及货物标志作为视觉传达语言，不仅要向信号化、符号化发展，以利于被人迅速感知识别，更重要的是标准化、模范化发展。这些标志的国际标准化势在必行，将为国际交流创造方便条件。

7. 文字商标

文字是表达思想语言的符号，也是一门独特的艺术。以汉字为例，它的构成方式和形式美，在世界各国文字中独树一帜。运用汉字巧妙地组成标志图案既美观又具有民族风格，如“永久”牌自行车的标志、“解放”牌汽车标志等。

8. 字母型标志

设计者根据设计意图，将汉语拼音字母或外文字母进行艺术加工而组成图案，成为字母型标志。如汉阳牌汽车以拼音字母H，Y组成商标；德国大众汽车公司的标志V，W是德国大众公司的字首，如图2－63所示。

图2－63　大众车标

9. 几何型标志

运用点、线、面组成的几何型，可直接或间接表现企业或产品的特征和内容。几何型标志的构图具有丰富的变化，并易与工业产品的造型协调，是工业产品标志设计中广泛采用的形式之一。如日本三菱重工株式会社的标志是三个菱形，如图2－64所示，德国奥迪汽车公司的标志是四个连着的圆环，如图2－65所示。

图2－64　三菱车标　　　　图2－65　奥迪车标

10. 自然型标志

运用自然中存在的自然形态，如人物、动物、植物、景物等形象通过艺术加工和提炼变化而构成的标志。自然型标志可以给人以丰富、形象、生动、活泼的直观效果。例如，中国湘菜美食节标志就是用辣椒构成的形象，如图2－66所示。

11. 综合型商标

将前述几种基本形式相互配合，构成的标志成为综合型标志。如2008年在北京举行的夏季奥林匹克运动会的标志，用五条彩带合成一个象征奔跑的中国结，蓝色代表欧洲、绿色代表大洋洲、黄色代表亚洲、黑色代表非洲、红色代表美洲；下面配有北京2008的汉语拼音和奥运五环，这个标志形象优美，特征鲜明，如图2－67所示。

图2－66　美食节标

图2－67　奥运标

任务二 分析现代标志设计

一、标志的发展

由于历史传统、社会生活和民族特性的差异，各国的商标呈现出不同的风格和特点。但又由于现代国际商贸往来，商标设计在互相交流中彼此影响，逐渐趋向世界通用的艺术语言。综观世界各国的商标设计特点、风格及动向，可以得出商标发展变化的一些规律。

在形式上，由繁杂趋向单纯、明快，由沉重趋向清秀、挺拔。

在手法上，由绘画处理转向图案设计，由一般图案转向抽象的几何图案，具体的形象逐渐被抽象的几何形态所代替。在组织构成中，充分发挥了完整、严谨、强烈而新颖的表现力，体现出纯朴、柔和的图案美。

现代商标的发展趋势：一是表现形式信号化，二是艺术效果广告化。

表现形式信号化是指商标的形状和色彩，具有如同信号一般的强烈刺激的识别性，在刹那间便刺激了人的视觉，引人注目，印象深刻，易于辨别，记忆牢固。

艺术效果广告化是指商标要有诗一般的意境，形象上绮丽动人，美观悦目。它不但要适应商品本身的装潢，还能配合广告活动，如电视、霓虹灯、印刷品等。

二、商标设计

1. 商标设计既要精练、明快、大方，又要传神达意，具有明确的象征意义

现代商标是一种利用形象来表达内容的语言，通过可视的艺术形象来传递信息。商标的艺术语言必须非常精炼、明确又大众化，以简练的笔画构成形象，以便为人们所理解、赏识。

设计商标时，首先要很好地把握事物的性格、特点、目的及商品的性质、用途等，然后考虑通过什么形象来恰如其分地表现它，使形象图案与被表达的内容之间具有某种联想。如果二者差距太远，或者联想不够紧密，就不被人们看懂和理解，甚至不被接受。因此，确切的比喻、联想、暗示和变化等，不仅能表现商标的含义，而且可增加商标的光彩。

如图 2 –68 所示，是丹芭碧化妆品商标，设计者就以飞舞的蝴蝶象征女性的美丽，惟妙惟肖，意境开阔，简洁大方。

2. 必须新颖别致，独具一格，具有明显的识别性

识别功能和独特性是商标设计中必须注意的两点。

商标设计的基本要求就是要避免与其他商标雷同，应该具有独创性、新意性和时代特点。商标的生命是与“新”字分不开的。所谓新，就是不落俗套，具有与众不同的新意境和新形式。艺术创造要求立意新、构思巧、形象动人、感人，如图 2 –69 所示。

对于一些非形象性的事物，或者反映没有具体形态的含义，则应在设计中将无形的内容转化为可视的具体形态，即将抽象的概念化为真实感人的具体形象。这种转化，可

图 2－68 化妆品标

图 2－69 篮球标

以借助于已有的符号、标识等形式，也可利用一些已被人们所共识、所理解的象征性的形象进行转化。

3. 必须具有优美、生动和装饰性的图案美

商标是艺术作品中的小品，必然具备小巧玲珑的品格特性。商标的面积小，为了引人注目和悦目，商标必须讲究组织秩序，格式的图案美。所谓图案美，不但要形象美，而且还要形式美，它不是一般图案的添枝加叶，而是高度概括集中的简化和强化的装饰美，作为商标必须具有诗一般的境界和条理化的规则，两者缺一不可，否则就谈不上图案美，也称不上是个好商标。

例如图 2－70 的"狮子"图标，设计者掌握了狮子特征加以提炼、概括，并通过装饰化的加工而构成了刚健有力、清秀悦目的图案美，以强化的手法突出了狮子形象的艺术特征。

图 2－70　狮子标

任务三　理解商标设计思想和艺术规律

一、商标设计的要求

一个出色、完美的商标，要有与众不同的响亮、动听的牌名和优美、鲜明的图案。以设计顺序而言，先有名牌而后有设计图案，所以命名是第一步的。一个名字不仅影响今后商品在市场上的流通和传播，还决定这个设计进程的艺术效果。

商标的名称对商标设计有很大的影响，图案设计应根据名称进行创造。因此，名称和图案必须相互联系，彼此补充，相辅相成，才能产生形与意合的艺术效果。

有的名牌、老牌商标，经历十年、百年不衰，为人们所喜闻乐见，其原因是名牌顺口、动听、易记，有的只用两三个字，就表达了商品的主题内容。

拟订一个牌名，要有独创性和时代感，既要有新意，还要响亮动听，要达到“讲得出，听得进，记得住，传得开”的程度。

自改革开放以来，我国工业生产有了飞跃的发展，涌现出各种各样的新产品，随之而来的是反映新面貌的商标命名。这些商标名称反映了时代特征，体现了新气象，如果经过图案实际的再创造，就会使名称更响亮，形象更动人。

注意　商标命名的原则如下：

(1)结合商品的内容、特点，具有内在的密切联系；

(2)体现一定的思想内容和时代精神；

(3)富有生活气息，又有艺术特征；

(4)有独创性，严禁雷同。

二、商标图案及其艺术特性

商标，是产品质量的保证，是识别商品的依据和商业活动的需要。一旦消费者对商品感到满意，对其商标也就会产生感情，由经济价值逐渐转移到艺术欣赏的观念上来。商标与一般艺术品不同，在商标设计时，应把艺术的思想方法、艺术语言和审美作用统一起来加以研究。

商标的设计思想，应当侧重考虑以下三点。

1. 功能要求

商标是商品或经营业务的象征，因此，商标图案应清晰、夺目，具有易于识别的艺术特征。应该注意的是要区别于同类产品的商标。

2. 传达信息

商标应具有及时、达意的艺术形象，能表现出产品的内在质量、特点。商标还是沟通供销的媒介，因此商标设计应能够为产品建立信誉创造条件。

3. 个性特征

商标图案是产生吸引力的主要艺术语言，因此，商标应具有市场竞争的强烈表现力，为产品的美化和宣传发挥重要作用。

对商标实际的具体要求是印象深，形象美，具有独创性和高度象征性。为此必须做到：

(1)以小见大，以少胜多。商标图案以单纯、简洁为特征，像信号一样鲜明、强烈，使人一目了然。商标形象比其他的艺术形式更集中、更强烈、更有代表性，艺术形象概括更典型。只有如此，才能使主题思想深化，从而达到以少胜多、以小见大的艺术效果。

商标在设计意象上可以不着意于原始形态的真实，而是通过相联系的具体内容，加以提炼、取舍，进行组织改造，净化形象，并用浪漫笔调增进艺术气氛，以获得新鲜、活泼的形象。

(2)图案美。商标要在很小的范围内反映具体的艺术特征，给人以美感、动人的印象，就必须具有清秀、悦目的形象。

图案美是构成商标的重要组成部分，也是设计技巧中不可缺少的一种手段。所谓图案美，并不单是外在的美，还应有合理的内在意象美。我们强调图案美，并不是主张添枝加叶的填充式，而是巧于利用省略手法简单化结构，净化形象。具体说，就是强化和精简艺术处理，以产生一种特有的标志装饰趣味。

商标的艺术形象包括两个组成部分：一是意象美，由想象、意境、比喻、色彩等组合成深奥、含蓄的意象美；二是形式美，由变化、运动、对比、均衡等组合的结构的形式美。

前者以意匠(创造构思)的内核为基础，或者以形象的构成为规律，两者缺一不可。如果缺乏前者，就没有条理化的组织秩序，不能令人悠然神往；缺乏后者，就没有条理化的组织秩序，不能引人悦目舒畅。总之，意象美是内在的，具有普遍的现实意义；形式美则是形象性的，提供了形式感的具体特征。如中国铁路标志从设计意匠到表现形式，始终发挥了象征性的艺术想象，运用了形象化的艺术概括，紧紧扣住火车和铁道这个主题的密切联系，使二者有机地组合成具体的艺术形象。图案显示了基本性格的单纯和谐美，表达了非常确切、鲜明的内在含义，给人以钢铁般的浑厚、坚实的感受，一看便可辨识出这是人民铁道的标志。

这个标志还成功地适应各种条件和使用场合，无论是行驶的火车和铁路各种设施，还是车站建筑和员工服饰等，都具有瞬间的高度辨识性。

总之商标的特征可归纳为下面几点：

(1)形象鲜明简洁，有强烈的刺激特性；

(2)丰富的内涵与商品或业务有内在的联系；

(3)具有独创的象征意义，与其他商标不雷同；

(4)体现时代精神，具有民族风格。

三、商标图案的艺术形象

世界各国的语言何止千万，这不是一般人能完全掌握的。但是，一个好的商标却能以它本身特有的艺术语言，传遍世界各地。为了使商标不受语言、文字的隔阂，而为世界各种身份的人所理解、赏识，商标必须在有限的范围和形体中，具有易于理解、辨认、记忆和别具一格的特点，有竞争力，长盛不衰。为此，商标的艺术形象和艺术处理要充分考虑以下四个方面。

1. 贵在传神

商标——惜墨如金的笔调构成形象，而形象特性的关键是传神，传神是商标的艺术精髓。商标不可能像绘画那样绘形绘色强求形似，而是以图案化的组织处理，抓住对象的精神气质，强化形象的形态特征，简化结构，从而取得和谐的图案美，形成一种单纯、明亮的可视特征来体现所表达的具体内容。

2. 化无形为有形

对于非形象性的事物或反映不具形的含义，要把无形的思想转化为感性的具形态，即化无形为真实可感的具体形象。为此，可借助现成的符号、标志和徽号等形式，也可以利用已为人们共识的象征性或模拟性的形象，构成一个具有代表性的和图案，以被人们理解其含义的所在。

3. 不能雷同，别具一格

商标必须通过商标管理部门的审批、注册，才能进入市场和人们见面。因此，首先要求与同类商品的商标不能雷同；其次要求别具一格，具有独创的与众不同的新环境、新形式和时代气息。归根结底还是一个“创新”的问题，即闯出前人所没有过的，市场上所未见过的商标图案，这样才能打动人、感染人，才能产生深远的社会效应。

4. 想象、虚构、幻想、夸张

艺术创造不能没有想象和幻想，实现丰富的艺术想象，必然赋予一定意义的虚构和夸张。这是为了反映事物的本质特征，把形象表达的更为明快有力，更有激情和说服力。

(1)想象与虚构。丰富的想象力是建立在现实生活基础上的，唯此，才能巧妙地虚构出所想象的活动形式，才有可能创造出富有表现力的艺术形象。善于发挥的艺术家，总是恰当地借助于各种来自生活中的知识和启示，运用自己的专业素养和技巧，组成较素材更完整、更新鲜，也更有吸力的艺术形象。

(2)幻想与夸张。艺术幻想是以现实生活中的客观发展为基础的。艺术家并不满足固定的自然现象，而是力求将创作素材提高到新的发展境界，并以艺术夸张来加强形象气质特征。这样所描绘的艺术形象，不仅具有浪漫色彩，还具备理想的代表性。因此，给人以新鲜、强烈的感受，是一种更有说服力的艺术形式。

四、商标图案的艺术构思

艺术形象思维，实质上是艺术构思的过程。艺术构思本身又是一个认识不断提高的过程。商标主题是商标艺术的灵魂，明确商标主题之后，就需对生活素材进行取舍、集中、概括和加工，以创造出富有典型意义的艺术形象。而艺术形象又是艺术作品的生命。

商标设计是服从于商业活动的需要进行构思的，因此，它需要准确地反映商品的内容、特点和质量。另外，商标设计还必须结合商业美的特点，构思出符合商标要求的新颖图案。

注意　商标图案的具体要求如下：

(1)深刻的主题思想。

(2)典型的艺术形象。商标的设计过程就是形象的逐渐演变过程。设计者经过对客观形象的概括、取舍和提炼，把事物的本质转化为理想的艺术形象，也称为典型的艺术形象。

(3)独创性。商标设计不仅需要理解生产厂家的意图和要求，而且需要考虑商业效果和艺术形式。以艺术构思而论，首先应抓住实质性的重点及其相适应的形象，把一个复杂的概念转化为可视的鲜明形象；其次要研究同类商品商标的区别性、竞争性，创造出易于识别和区别的独具一格的典型形象。此外，还要预见到人们的反应和长期效果如何。

艺术构思离不开具体感性形象，而自然形态并不等于艺术形象。对自然形态进行概括、集中和提炼，使之适应于艺术形象的自身逻辑的发展，并显示出与众不同的创意，才能体现出独创性。这种独创性的目的是为了获得理想的形象和动人的表现力。

任务四　感受标志设计的形式美

标志(包括商标)设计要取得完美的艺术效果，必须符合形式美法则的基本要求，并掌握平面构成的基本方法。在具体设计时，还要注意标志自身的形式特点，以及图案与功能特点的内在联系等问题。

标志设计常采用以下艺术表现形式。

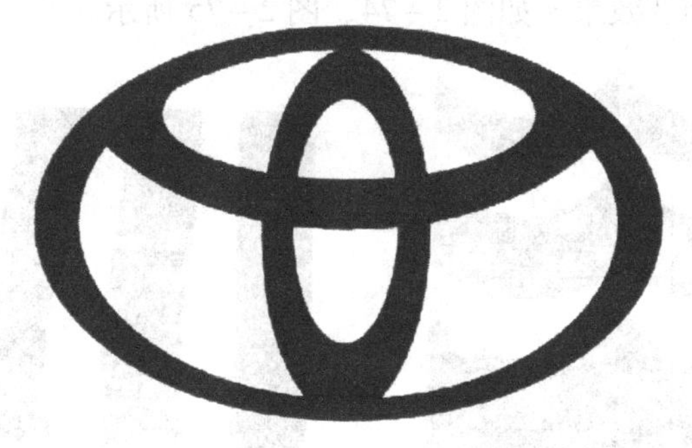

图2－71　丰田车标

一、对称

对称是人们熟悉并习惯的艺术表现形式。将对称形式用于标志设计上，可获得庄重、稳定的效果，但处理不当会产生呆板感。

对称的标志，一般多用在自身动感较强或要求动中求静的产品上。如丰田汽车公司等的标志均采用对称的艺术表达形式。如图2－71所示。

二、重复

重复形式的标志，是将所表现的“形”纳入重复骨骼内，并在色彩、肌理等方面做适当变化所进行的一种艺术处理。这种重复形式整齐、规则、稳重，除具有节奏和韵律美感之外，还有强调和突出的作用。如图 2－72、图 2－73 所示。

图 2－72 银行标

图 2－73 箭头标

三、渐变

渐变形式的标志是把形态、大小、位置、方向、色彩、肌理等基本构成要素，在渐变骨骼的控制下做有规律的变化所创造出的丰富图案。它不仅可以创造出平面的渐变效果，而且呈现立体的渐变效果。如图 2－74、图 2－75 所示。

图 2－74 渐变图标 1

图 2－75 渐变图标 2

四、发射

发射形式的标志，是利用发射骨骼构图的艺术表现手法。发射是一种较强烈的表现形式，具有较强的引人注目的效果。如图 2－76、图 2－77 所示。

图 2-76　发射型图标 1

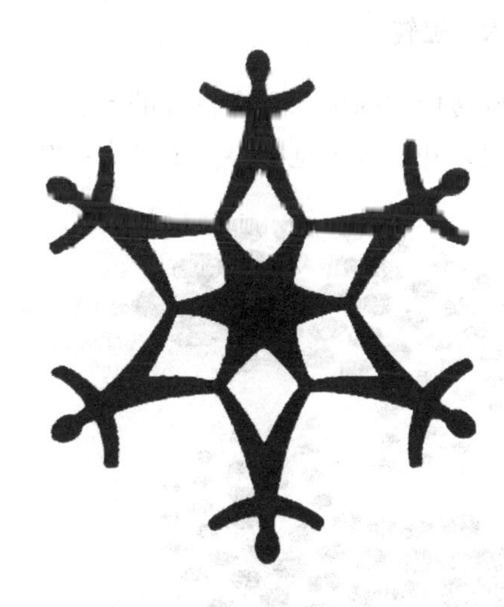

图 2-77　发射型图标 2

五、变异

变异是打破规律性的一种比较自由的构成形式。它是由重复、渐变、发射等构成形式变化而来。变异程度可大可小，但必须与整个标志的其他部分相适应；程度过小显不出特点，程度过大又难以协调。具有变异形式的标志，能使人的视线产生流动的效果。如图 2-78、图 2-79 所示。

图 2-78　变异图标 1

图 2-79　变异图标 2

六、旋转

旋转形式的标志具有较强的动态，能给人一种循环不止的心理感受，它能吸引人的注意力，并形成视觉中心。如图 2－80、图 2－81 所示。

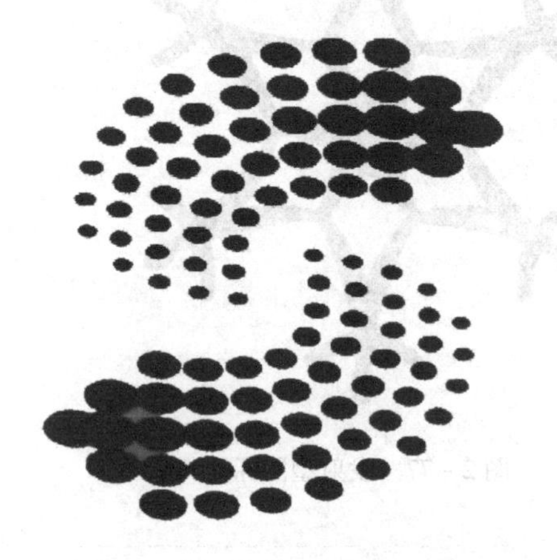

图 2－80 旋转式图标 1

图 2－81 旋转式图标 2

七、交叉

交叉形式的标志，其主要特点是在平面图案上创造出三维空间的视错觉，使人们对图案产生层次感。因此，可以获得比较活泼并具有一定审美趣味性的效果。如图 2－82、图 2－83 所示。

图 2－82 交叉式图标 1

图 2－83 交叉式图标 2

八、对比

对比形式的标志具有强烈、生动、醒目的特点，但要注意对比中的调和，否则易造成凌乱感。

如图 2－84、图 2－85 所示，整个图案因采用黑白对比的关系而显得生动、醒目。

图 2－84 对比式图标 1

图 2－85 对比式图标 2

九、简练

简练是将主题通过抽象、概括、提炼、升华的一种艺术表现手法。它的主要特点是通过极少的笔墨，生动地把主题表现出来。如图 2－86、图 2－87 所示。

图 2－86 简练式图标 1

图 2－87 简练式图标 2

十、夸张

在标志设计中，夸张是常采用的一种艺术表现形式。夸张要合乎情理，不要使人感到荒谬，应通过对表现对象个性特征的强调，使其更突出、更鲜明，以产生更强的艺术感染力。如图 2－88、图 2－89 所示。

图 2－88 夸张型图标 1

图 2－89 夸张型图标 2

第三篇 工业产品造型与人机工程学关系

模块七 人机工程设计基础

工业产品造型设计的现代化，其内容不能仅局限于造型的新颖、美观、大方，色彩符合现代人们的欣赏习惯，新材料、新工艺、新结构的恰如其分的应用等，还应包括产品的造型设计必须符合人机工程学的科学要求。

一切产品设计的优劣，都要以人的接受程度和使用效能来衡量，从这个意义上讲“人是衡量产品的尺度”。

人机工程学(简称人机学)，是一门研究由人-机器-环境所组成的系统的新兴学科。具体说，人机学是研究工程技术设计和造型设计如何与人体的各种要求相适应，从而使人机系统(操作机器的人与被操作的机器所组成的整个系统)工作效率达到最高程度。因此，可定义，人机学是运用生理学、心理学和其他有关学科知识，使人与机器相适应，创造舒适和安全的环境条件，从而提高工作效率的一门科学。

任务一 初识人机工程学

一、人机学研究目的

人机学的研究目的：

(1)设计机器或设备时，必须考虑到人的各种因素——生理的和心理的因素；

(2)产品设计应使操作者操作简便、省力而又准确无误；

(3)使工作环境舒适、安全，无损健康；

(4)充分提高工作效率。

二、人机学研究内容

人机学的研究内容主要包括三个方面。

(1)研究人和机器的合理分工以及互相适应的问题。

这个问题包括两方面内容：一是对人和机器的特点进行分析比较，将只能在人与机器之间做合理的分工与配合，并研究人的动作准确性、动作速度和范围的大小，以便确定人机系统的最优结构方案；二是机器设备的设计如何适应人的特点，在保证最小的精神和体力负担下，产生最高的工作效率。

造型设计的人机学，实质上是重点讨论上述问题的第二个内容，即机器设备中直接由人操作和使用的装置如何适合人的使用。这里所说的直接由人操作或使用的部件，主要指的是显示器（如仪表、信号灯、显示屏、标记、符号、刻度盘等）、控制器（如操纵杆、把手、手轮、驾驶盘、开关、足蹬、按钮、摇把等）和机具（如工具、工作台、夹具、量具等）。

（2）研究被控对象的状态、信息如何输入及人的操纵活动的信息如何输出的问题。

这里主要是研究人的生理特点和心理过程的规律性，详见本章第二节。

（3）建立“人－机－环境”系统的原则。

这个问题主要是确立环境控制和生命保证系统的设计要求。

科技的进步，生产的发展，使人类向各个领域进行更深入的探索，包括向宇宙空间、海洋深处探索。这样，就遇到了在缺氧、高温、低温、失重、噪声、污染、辐射、振动等特殊条件下，如何保证人体安全并正常进行工作的问题，就需要设计出各种装备、生命保障系统和安全防护措施。

综上所述，在工业造型设计中，设计者要充分考虑人的生理、心理特点和操纵系统的结合，从人的各项功能特点出发确定产品的工作条件、人机间信息传递方式和操纵机构的结构、位置、形状的设计。一个成功的造型设计，不仅在外观上给操作者提供视觉、触觉、听觉等各种知觉的美感因素，而且在造型上又能为操作者提供操纵方便和轻巧、安全感，减少精神负担和体力疲劳，从而实现高效率、高可靠性、高准确性的工作，体现造型设计者对社会的责任心和对操作者的关怀。

任务二　认识人机系统

一、人机系统概述

在由人操纵的现代生产过程中，总是将生产设备的原始数据作为信息，输入到控制设备中去，并由显示装置反映出来，通过人的感觉器官（视觉或听觉）传到大脑。大脑经过分析判断，做出决定，由手和脚给控制设备上的控制元件以操纵动作。最后，控制设备产生控制信号再输入到机器（生产设备）中去，使机器按人的要求进行工作。整个循环的工作流程如图3－1所示。

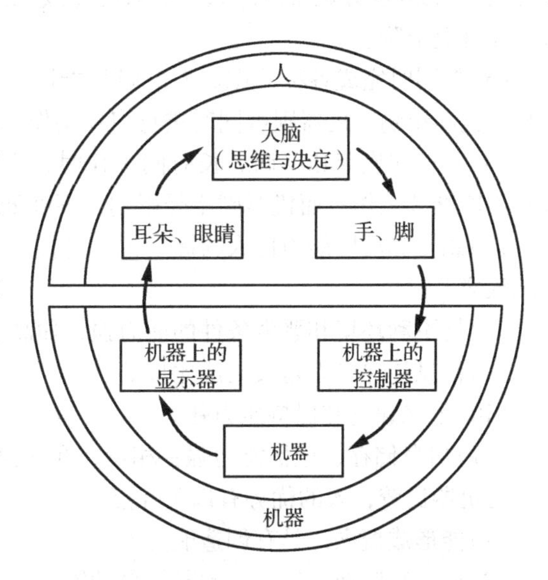

图3－1　人机信息图

由图可知，人的视觉和听觉接受显示装置显示出的信号，通过大脑的处理，然后由手和脚做出的操作动作，这些属于人的功能。而控制设备得到从机器传来的信息，并通过显示装置反映为视觉信号或听觉信号，以及人操纵控制设备上操纵元件使控制设备产生控制信息输出给机器，都属于机器的功能。

对于人来说，信息输入(即接受机器的信息输出)是靠人的感官，其中最主要的是视觉和听觉。而人的信息输出(向机器发出动作指令)是靠手和脚。这种人机信息交流又是在一定环境条件下进行的。这样，人－机器－环境所组成的系统称为“人机系统”。

人与机器是互相作用的，既互相配合，又相互制约。人机间的配合关系决定着人机系统的工作效率和人身安全，但人在其中起着主导作用。因为这个系统的设计总是以人的感知、思维和活动等为出发点的。在造型设计中的人机学所要解决的正是人对信号的准确识别能力和提高人的操作活动能力，以达到高效、迅速、高准确度的工作要求。要提高人对信号的识别能力，必须考虑信息显示和人的知觉生理与心理特点；要提高人的操作能力，就必须研究机器设备的组合及操纵机构的布局、结构设计等问题。

二、人与机器的特征机能比较

在人机系统中，哪些工作适合机器承担，哪些工作适合人来负担，是人机分工的关键。而人机特征技能比较，又是人机合理分工的基础。

目前，与人比较，机器的优势有以下几点。

(1)速度快。无论是机械动作还是电子运算，机器在速度上大大超过人。

(2)能量大。起重机、载重汽车、火车、轮船的承载或起重能力，是人无法相比的。

(3)精度高。机器的动作误差比人低，精度大大超过人。

(4)高倍放大和多阶运算。人的操作活动适宜的放大率为1:1～1:4，机器的放大倍数可达10的6次方数量级。人一般只能完成二阶内的运算，而电子计算机的运算阶数可达几百上千阶。

(5)能同时完成各种动作。人一般只能同时完成1～2项操作，且这两项操作经常互相干扰和影响。机器则可同时进行多项动作，且保持高效率、高准确度和动作协调。

(6)不存在疲劳和单调。长时间工作时，人会因疲劳、工作单调而产生动作差错，甚至不能继续工作。而机器则不受影响，不降低工作效率。

(7)感受和反应能力比人为高。机器可接受超声、辐射、微波、电磁波，并做出响应的反应。

(8)抗不利环境和恶劣条件的能力强，如高温、高压、真空等。

(9)信息传递能力是人无法比拟的。

(10)记忆速度和保持能力强。

(11)信息储存、记忆能力强；相反，在抹掉储存信息时，不留任何“记忆”。

与机器比较，人的优势有以下几点。

(1)能形成概念，具有创造能力。

(2)能进行归纳、推理、判断，自动维修能力强。

(3)学习、适应和应付突发事件的能力强。

值得强调的是，在人－机器－环境系统中，决定的因素是人。人的最重要的特点是人的情感、意识和个性，人具有能动性、创造性和人类历史遗产的继承性，以及明显的社会性。这些方面是机器所永远不能及的。机器是人设计的，是为人服务的。机器只能依据人预先安排的程序和预先存入的信息，遵照人的指令进行工作。当然，对于某些生产活动来说，如有毒、危险以及人无法生存的特殊环境，用机器（机器人）代替人的劳动是必要的。

综上所述，可以认为，笨重的、快速的、精细的、规律性的、单调的高阶运算和承担复杂的工作，适合于机器负担；而指令和程序安排，机器系统的监管、维修、设计、创新、故障处理以及应付突发事件等工作，则适于人来负担。

人与机器的特征机能比较，可归纳如表3－1所示。

表3－1　人与机器的特征机能比较

比较内容	人的特征	机器的特征
感受能力	可识别物体的大小、形状、位置和颜色等特征，并对不同音色和某些化学物质有一定的分辨信号，超过人的感受能力	接受超声、辐射、微波、电磁波等能力
控制能力	可进行各种控制，且在自由度调节和联系能力等方面优于机器。人体的生理动力和效应运动完成合为一体，能"独立自主"	操纵力、速度、精确度、操作数量等方面都超过人的能力，但不能"独立自主"，必须外加动力源才能发挥作用
工作效能	可依次完成多种功能作业，但不能进行高阶运算，不能同时完成多种操纵和在恶劣环境条件下作业	能在恶劣环境条件下工作，可进行高阶运算，可同时完成多种操纵，单调、重复的工作也不降低效率
信息处理	人的信息传递率一般约为6个/秒，接受信息的速度约20个/秒，短时间内能同时记住信息10个，每次只能处理一个信息	能迅速储存信息和取出信息，能长期储存，也能一次消除。信息传递能力、记忆速度和保持能力都比人强得多
可靠性	就人脑而言，可靠性和自动结合能力都远远超过机器。但在工作中人的技术高低、生理与心理状况等对可靠性都有影响，可处理意外紧急事态	经可靠性设计后，其可靠性高，且质量保持不变。但本身的检查和维修能力非常微薄，不能处理意外紧急事态
耐久性	容易疲劳，不能长时间连续工作，且受年龄、性别、情绪和健康情况等因素的影响	耐久性高，能长期连续工作，并大大超过人的能力

三、人机系统的可靠度及使用效能

人机系统的可靠度主要是研究人在操作过程中的质量问题，即怎样降低误读、误记和误操作问题。

随着制造和加工水平的提高，机器、仪器、自控设备以及生产系统的可靠度已达到相当高的程度，因此，对人的要求就成为突出的问题了。据统计，近年来由于人的误操作、误判断所引起的事故，占飞机事故率的50% ~60%，占化学工业事故率的30%，占炼油工业事故率的12%左右；在汽车运输中，竟占事故率的90%以上。可见人的可靠度已成为人机系统可靠度中的突出问题。

影响人机系统可靠度的主要因素是人与机器的相互配合。为了获得人机系统的最高可靠度，除了机器本身的可靠度指标要高以外，还要要求操作者技术熟练，以及机器适合人的生理和心理要求，从而提高人的操作可靠度指标。

人机系统可靠度的表达式为

$$R = R_{人} \times R_{机}$$

式中：R——系统可靠度；

$R_{人}$——人的操作可靠度；

$R_{机}$——机器的可靠度。

人机系统使用效能表达式为

$$K = K_{人} \times K_{机} \times K_{环}$$

式中：K——系统效能；

$K_{人}$——人的效能发挥率；

$K_{机}$——机器的效能发挥率；

$K_{环}$——环境对人机系统效能发挥的影响率。

四、人工系统的工作效率分析

人工系统的工作效率，简单定义为人机系统的输入与输出之比。所谓输出，就是工作所取得的效果；所谓输入，就是工作所付出的代价。输入与输出的比例越大，工作效率越高。

一般来说，在衡量系统输入时，除了考虑工作时间外，还要考虑到人的能量消耗，紧张和用力程度、不良情绪反应等。在衡量系统输出时，不仅要考虑单位时间内的数量和质量，还要考虑人的发生的失误、浪费、事故等情况，以及由此带来的许多间接的或长远的后果等因素。这些因素归纳起来，反映出劳动者、劳动工具、劳动环境三者之间的关系。通过以上分析，人们便可从分析系统输入、输出的各个环节入手，以改进工作方法，改善工作条件，提高安全水平等手段来达到提高人机系统工作效率的目的。

现代人机系统研究的趋势，已经开始重视人的社会因素，认识到单纯研究人的身体结构、感觉、运动、思维、记忆力等是不够的，还应当重视人的高级心理活动，如人格特点、人与人的关系等，使操作者在工作中保持良好的心里还生理状态，正常的思维情绪。

五、人机间信息交往

由于人机间的信息交往能直接影响系统的总效率，因此设计好人机间的信息交往也是十分重要的。

1．机器至人的信息传递设计

人与机器之间充分的信息传递是人机系统稳定、高效运行的主要条件。

人的感觉主要有视觉、听觉、触觉、味觉和平衡感觉等，人通过这些感觉的相应器官，接受来自机器发出的刺激而获得信息。机器至人的相应的显示器有如视觉显示器、听觉显示器。由于人机间的绝大部分信息适合于视觉传递，因此设计好视觉显示器是至关重要的。

2．人至机器的传递

人接受来自机器的信息，经大脑处理决定后，再通过人的运动器官操纵机器的设计，要达到信息方便、省力、无误和有效。

3．显示器与控制器的配置设计

这是人机系统设计的关键之一。由于信息内容和操作都不一样，出现了各种相应的显示器和控制机器。它们之间合理配置的设计原则，就是适合于人的视觉、听觉的辨认特性和人的操作要求。只有如此，才能有效地进行人机联系，如表 3－2 所示。

表 3－2　不同感官所传递的信息情况

感觉器官	能适应的情况
视觉器官	1．比较复杂抽象的信息，或含有某种技术项目的信息 2．传递的信息很长，或需要延迟者 3．需用空间的方向或空间某点的位置来说明信息 4．不需要求非常急迫传递的场合 5．所处环境不适合听觉传递场合 6．适应听觉场合，但听觉负荷已饱和或过量 7．传递的信息，需要经常被同时显示监督和操作
听觉器官	1．较短或无须延迟的信息 2．简单且要求传递的速度快的信息 3．视觉信息负荷过于繁重的场合 4．所处环境不适合视觉传递的场合
触觉器官	1．经常需要用手接触器械的场合 2．内容简明，传递速度要快的信息 3．其他器官负荷较大或使用其他感官有困难的

任务三　分析人体测量参数

人体测量是对不同种族、性别、年龄的人的身体各部分大小尺寸以及活动范围做静态和动态的测量，并赋予统计比较。人机工程学在产品造型设计中的重要体现是以人体测量参数作为鉴定设计的一种重要手段，它为现代工业产品的功能性增添了科学的内容。

具体说，人体测量是借助于测量人的身体各部分比例、尺寸数据来合理地确定造型物的尺度和布置工作地点，以保证操作者合适的工作姿势，使操作舒适、省力、减少疲劳及提高效率。

表3－3列出了我国不同地区成年男子和女子人体主要结构平均尺寸参数。表内各结构尺寸定义和代号参看图3－2和图3－3。表3－4是我国不同地区人体平均高度(mm)。表3－5是各国家男子平均身高(mm)。

表3－3　不同地区人体各部分平均尺寸　mm

编号	部位	较高人体地区		中等人体地区		较矮人体地区	
		男	女	男	女	男	女
A	人体高度	1 690	1 580	1 670	1 560	1 630	1 530
B	肩宽	420	387	415	397	414	386
C	肩峰到头顶的高度	293	285	219	282	285	269
D	正立时眼的高度	1 573	1 474	1 547	1 443	1 512	1 420
E	正坐时眼的高度	1 203	1 140	1 181	1 110	1 144	1 078
F	胸部前后径	200	200	201	203	205	220
G	前臂长度	238	220	237	220	235	220
H	上臂长度	310	293	308	291	307	289
I	手长度	196	184	192	178	190	178
J	肩峰高度	1 397	1 295	1 379	1 278	1 345	1 261
K	上身高度	600	561	586	546	565	524
L	臀部宽度	307	307	309	319	311	320
M	肚脐高度	992	948	983	925	980	920
N	指尖到地面高度	633	612	616	590	606	575
O	上腿长度	415	395	409	379	403	378
P	下腿长度	397	373	392	369	391	365
Q	脚高度	68	63	68	67	67	65
R	坐高	893	846	877	825	850	793
S	腓骨头的高度	414	390	407	380	402	382
T	大腿水平长度	450	435	445	425	443	422
U	肘下尺	243	240	239	230	220	216
V	上肢展开长度	867	795	843	787	848	791

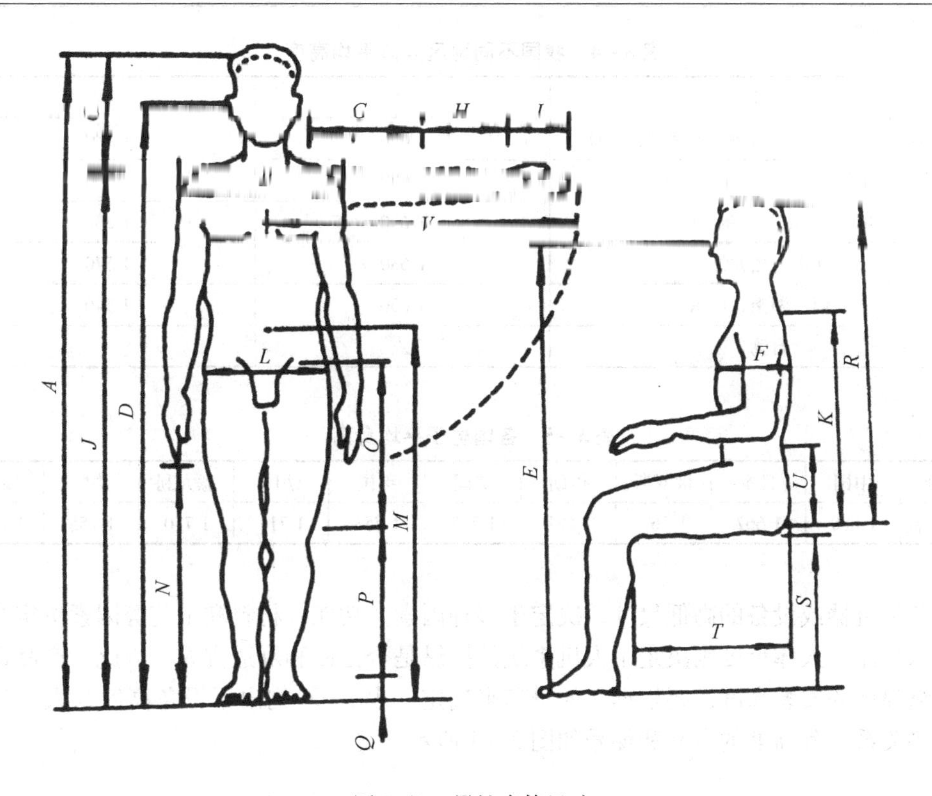

图 3－2　男性身体尺寸

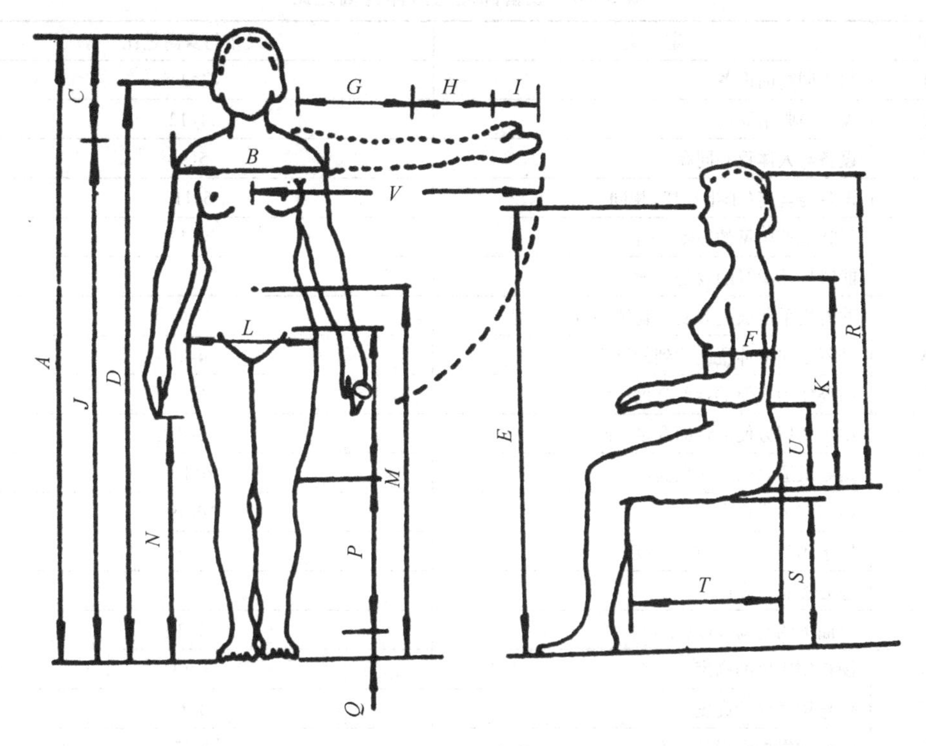

图 3－3　女性身体尺寸

表 3-4　我国不同地区人体平均高度　mm

地　区	男	女
河北、山东、辽宁、山西、内蒙古、吉林	1 690	1 580
浙江、湖北、福建、陕西、甘肃、新疆	1 670	1 560
四川、云南、贵州、广西	1 630	1 530
河南、黑龙江	1 680	1 570
江西、湖南、广东	1 650	1 540
台湾	/	/

表 3-5　各国男子平均身高　mm

国别	中国	日本	俄罗斯	伊朗	美国	英国	法国	意大利	德国	瑞典
平均身高	1 680	1 667	1 767	1 681	1 772	1 753	1 711	1 710	1 755	1 741

各类机器或设备的高低尺寸，决定于多种因素。功能、材料和工艺等因素决定机器的技术性能，人体尺度则决定了人机系统的操纵是否方便和舒适宜人。因此，产品设计中操纵部件的安装高度，要根据人的身高来确定。表 3-6 列出了设备高度与人体高度的比例关系，各高度的定义和编号如图 3-4 所示。

表 3-6　设备高度与人体身高之比

编号	定　义	设备与身高之比
1	与人同高的设备	1:1
2	设备与眼睛同高	11:12
3	设备与人体重心同高	5:9
4	设备与坐高(上半身高)相同	6:11
5	眼睛能够望见的高度(上限)	10:11
6	能够挡住视线的设备高度	33:34
7	站着用手能放进和取出物体的台面高度	7:6
8	站着手向上伸所能达到的高度	4:3
9	站姿使用方便的台面高度(上限)	6:7
10	站姿使用方便的台面高度(下限)	3:8
11	站姿最适宜的工作点高度	6:11
12	站姿用工作台高度	10:19
13	便于用最大力牵拉的高度	3:5
14	坐姿控制台高度	7:17
15	台面下的空间高度(下限)	1:3
16	操控用座椅的高度	3:13
17	休息用座椅的高度	1:6
18	座椅到操控台面的高度	3:17

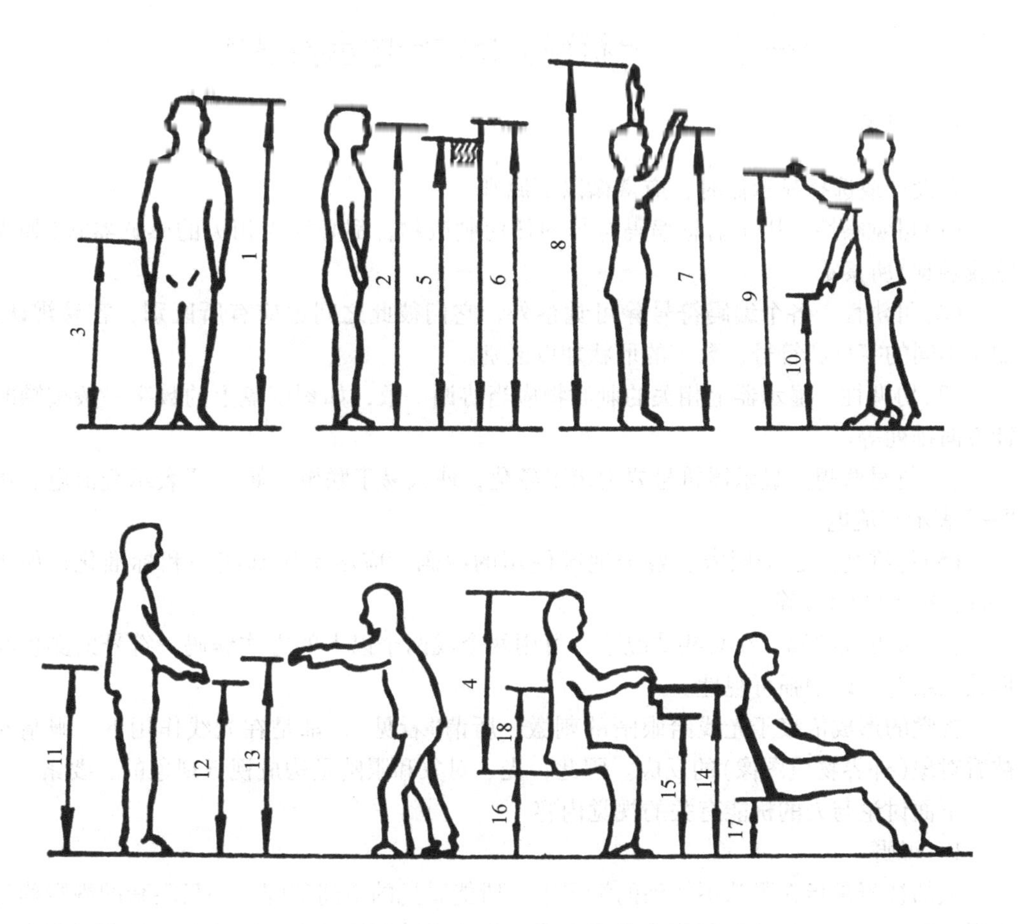

图3-4　人体常用工作姿势

模块八　感觉特性设计

在工作过程中，视觉的应用是最重要的，也是最普遍的。在认识的物质世界中，约80%的信息是由视觉得到的。因此，了解人的视觉生理特性，对于显示器的设计具有重要意义。

听觉是由声波刺激耳膜而产生的感觉。人耳能听到的声音与发声体的声波频率和声强有关。频率20~20 000 Hz的声波传入人耳，引起耳膜振动，才能使人产生声音的感觉。其中，人对500~4 000 Hz的声频最敏感。

在操作过程中，接触是人的动作基础，尤其在不能用视觉做出判断(如在黑暗中，或为盲人)的情况下，动作须以触觉为依据而进行。

任务一 分析视觉特性与显示器设计

一、概述

在设计或选择显示器时，应遵循以下原则。

(1)可觉察性。用于信息编码符号的任何刺激物，都必须为相关的感觉器官(如视觉或触觉)所察觉。

(2)可辨性。各个编码符号除可觉察外，它们彼此之间也应有所区别，容易辨认，如用不同的字母和符号、数字的形状加以区别。

(3)协调性。显示器上相关的刺激物应当协调一致，如刻度盘上的数字一般按顺时针方向排列等。

(4)符号联想。显示器符号要力求形象化，使人易于联想，如“~”表示交流电、用“—”表示直流电。

(5)标准化。各个国家、各个地区使用的编码，应尽量做到统一和标准化，如米(m)、摄氏度(℃)等。

(6)多方式编码。在某些情况下，可用两个或两个以上的方式编码。符号的颜色与形状相结合，以增强可视性。

视觉的形成依赖于光线给眼睛的刺激。所谓“看见”，都是在光线作用下，眼睛对被看对象(外界物质图像)的反应。因此，光、对象和眼睛是构成视觉现象的三要素。

下面讨论与人的机能有关的视觉内容。

1. 视野

人的视野是指在眼球不转动的情况下，所能看见的空间范围。一只眼睛的视野称为单眼视野，两只眼睛的视野称为双眼视野。头部不动而转动眼球所能看到的范围称为注视野。

单眼对于黑色背景上的白色物象的平均视野范围为：从眼球中心向外侧约为94°，向内侧约为62°；向下为70°~75°，向上为55°~60°。如图3-5a所示。

各种颜色对人眼的刺激程度不同，所以人对不同色彩的视野也不一样。白色的视野最大，其次为黄、蓝、红，绿色视野最小。

综上可知，在产品造型设计中，要考虑不同色彩的显示和控制的位置设计，使之处于人的最佳或有效的视区内。

(1)如图3-6a所示，在水平方向上，视区在10°以内为最佳视区，辨别形体最为清晰；视区在20°内为瞬息区，人可在短时间内辨清物体；视区在30°以内为有效区，人需要集中注意力才能辨清物体；视区在120°以内(头固定不动)为最大视区，处于120°边缘的物体，需要高度集中注意力才能辨认，而一般情况下形体是模糊不清的。

(2)如图3-6b所示，在垂直方向上，最佳视线是水平线下10°左右处。垂直方向最佳视区为水平线下0°~10°。

自水平线上10°至下30°范围为垂直方向的良好视区，自水平线上60°至下70°为最大视区。

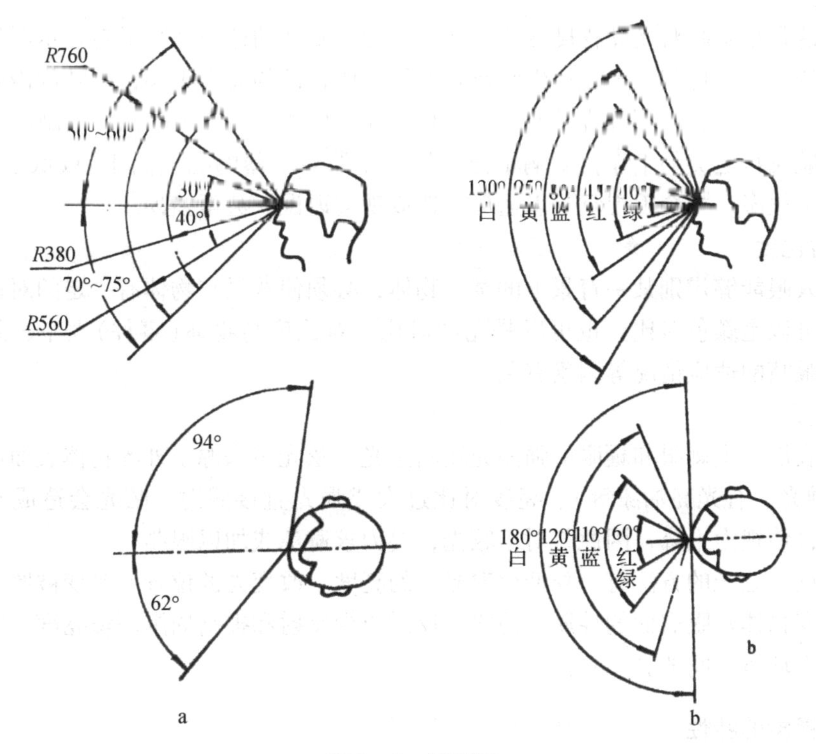

图 3－5　视野图

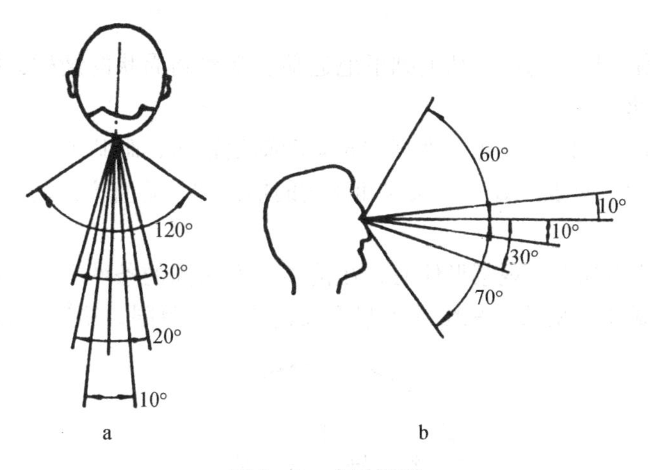

图 3－6　水平视野

2．视距

视距是指人眼观察物体时的正常观察距离。一般以 700 mm 作为最佳视距，最大视距为 760 mm，最小视距为 380 mm。

3．视错觉

详细内容见模块四中的任务四。

4．适应性

适应性是指眼睛对光亮程度变化的适应能力。眼睛的适应性特征对显示器的要求是工作板面的光亮要均匀，避免产生阴影。如果工作板面的亮度不同，眼睛则需要频繁地适应各种不同亮度，这不但容易疲劳，而且容易产生误读而造成事故。眼睛的这种适应性对于夜航飞行之类的工作，影响十分明显，如果显示器的亮度高于(或低于)显示屏以外的亮度很多，则会因视觉难以适应，造成观察迟误，甚至错误。

5．对比度

为使人眼能够辨别某一背景上的某一物体，必须使背景与物体有一定的对比度。这个对比度可以是颜色对比，也可以是亮度对比。对比度与物体(零件)大小、照度、观察距离和眼睛的适应情况等因素有关。

6．眩光

物体表面产生刺眼和耀眼的强烈光线叫眩光。眩光多来源于外界物体表面过于光亮(如电镀抛光、有光亮油漆等)、亮度对比过大或强光直接照射。眩光会造成不舒适的视觉环境，使视力下降，因此，对于眩光，要力求避免或加以限制。

减少反射眩光的方法有：降低照射光源的亮度、改变光源位置或改变被照射对象的位置、改变物体刺眼表面的性质，使之不反射或少反射和提高周围环境亮度，以减少反射物与周围环境之间的亮度对比。

二、视觉的特性

(1)眼睛沿水平方向运动比沿垂直方向运动快，因此，先看水平方向的形体，后看到垂直方向的形体。一些机器与设备被设计成横向的长方形是适应人的视觉这一特性的。

(2)视线习惯于从左到右、从上到下地运动。观察圆周状的结构，视线习惯沿顺时针方向看最为迅速。

(3)眼睛做水平方向运动比做垂直方向运动感觉轻巧，眼睛朝上下方向运动比水平方向运动容易疲劳。对水平方向的尺寸和比例的估计比对垂直方向的尺寸和比例的估计要准确得多。

(4)当眼睛偏离视中心观察形体时，在偏离距离相同的条件下，人眼对第一象限的观察率优于第二象限，对第二象限的观察率又优于第三象限，第四象限的观察率最差。如图3－7所示。

图3－7　象限图

(5)眼睛对直线的感受比对曲线的感受更容易。

二、视觉显示器的选择与设计

在人与机器间的信息传递中，视觉显示是最主要的。

工作过程就是操作者对产生中的信息进行传递和处理的过程。因此，信息传递与处理的速度、质量直接影响工作效率。由于显示器的设计优劣直接决定着信息传递的速度和准确度，所以现代生产必须重视显示器的设计质量。

1. 视觉显示器的种类

按指示方式分，视觉显示器有以下几种。

(1)指针式：这种显示器最普通，通过各种形式的指针指示有关的参数或状态。

(2)数字式：这种显示器直接用数码显示有关的参数或状态。常见的有条带式数字显示器、荧光显示器、数码管或液晶呈现数码等。

(3)图形式：这种显示器用形象化图形指示机器的工作状态，具有直观、明显特点。它适用于在短时间内立即做出判断并进行操作的场合，如飞机上的一些呈现飞行状态的仪表。

一般工业产品多用的是指针式和数字式的显示器。数字式显示器的判断过程比较简单，只需辨认数字即一目了然，判读速度快，准确度高。指针式显示器可使人清楚地了解所显示的数值在全范围内所处的位置。对于偏差值不但可以指示出数字，还可以表示出偏差值处于定值的哪一侧(正或负)。

2. 指针式显示器类型及误读率

指针式显示器按照刻度盘的形式可分为：圆形(包括半圆形)、直线型和其他型(如千分尺在圆柱表面上刻度)等。

由于刻度盘的形式不同，其读数误差也不同。曾就垂直型、水平型、半圆形、圆形和开窗型五种刻度盘的误读率做过调查、测试和统计，其结果如图3－8所示。开窗型误率最低，垂直型则最高。

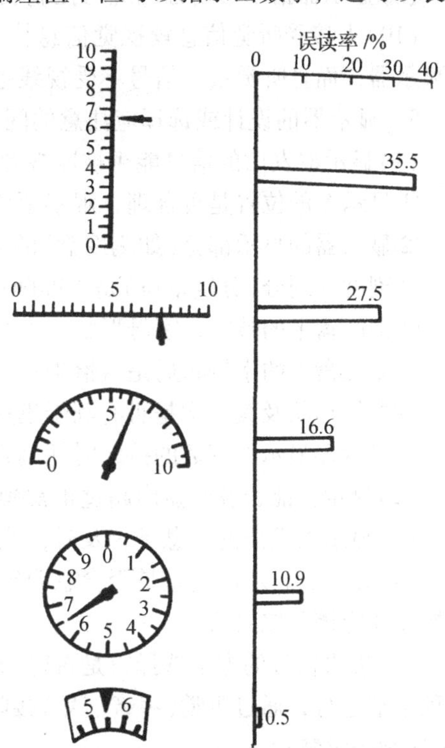

图3－8　指针式显示器

3. 显示器的选择原则

(1)所显示的精确程度应符合要求。若显示的精确度超过需求，反而判读困难，增加误差。

(2)信息要以最简单的方式传递给操作者。

(3)信息必须易于了解和换算，而且换算系数要简单。

(4)分度单位只能表示相当1，2或5的数值。

(5)只在大的刻度线上标数字。

(6)标记符号大小必须适合预计的最大阅读距离。最大阅读距离为 a。

4. 显示器信息传递的基本原则

(1)信息传递不宜过多，应集中传递主要参数。如果次要参数罗列过多，则会增加工作人员的精神负担。

(2)若无特殊原因，同样参数应尽量采用一种方法传递。

(3)同时显示的信息数不得超过观察力的生理可能性。据研究，一般人在最佳工作状态下，同时可接受七个信息。

(4)注意各种感觉系统(视觉、听觉、触觉)的接受能力和适宜信息。一种感觉系统负担过重时，应考虑改用另一种感觉系统来协助传递信息。

(5)显示器所显示的信息应保证监视人员能迅速、准确地得出相应的结论。标记符号应易于辨认，数字最好不要超过三位。

(6)重要的显示器应安装在醒目的位置上，即在监视人员的最佳视线范围内。

(7)刻度盘、指针、刻度的形状力求简单，尽量避免监视人员的眼睛做过多的活动。刻度盘的大小、刻度间距、数字形状和大小以及数字与底盘颜色的对比等，均按显示器与监护人员的距离而定。

(8)应考虑照明、噪声、振动、温度及气候变化等因素对显示器信息传递的影响。

(9)显示器指示移动方向应与控制装置的移动方向和被控制的机器动作方向一致。

(10)人接受听觉信息较视觉信息快，因此，在设计或选择报警器时应优先选用听觉显示器，而且听觉报警信号不受视线范围的限制。

5. 显示器的设计或选择应注意的问题

(1)显示器发出的信息能否被监视者迅速而准确地接受，其影响因素有以下几点：

①显示器的位置是否合理，观察距离是否合适；

②显示器的显示部分(如刻度盘)的大小与观察距离是否比例适当；

③刻度的划分(分度单位)是否准确；

④刻度盘上的数字、字母形状、大小，以及与底盘颜色的对比是否便于判读；

⑤刻度盘上的字符布局是否恰当；

⑥指针形状及其结构是否有利于迅速而准确的读数；

⑦显示器显示的读数的持续时间是否足够。

(2)显示器能否及时显出超过正常操作限度的信息，并发出警告信息。

(3)显示器发出的信息是否及时，能否使操作者及时采取相应对策。

(4)显示器显示的信息是否含意明确，不易使人产生误解。显示的信息能否明确指示操作者应该采取对策。

(5)接收信号的方法选择得是否得当，是否能通过视觉(色、光、数字等)监视产生过程正常进行，通过听觉(声音信号)接收危险报警信号，通过触觉(手把、按钮、开关等)区别操纵装置。

(6)显示器的玻璃有无反光，是否影响监视者判读。

(7)显示器的性能是否适应特殊的工作环境(振动、温度、湿度等)。

6. 指针式显示器的设计

(1)刻度盘的形式。刻度盘的形状主要取决于机器或设备的精度要求和使用要求。开窗式刻度盘最好，误读率最低，只有0.5%；其次是圆形刻度盘，误读率为10.9%；半圆形刻度盘，误读率为16.6%；水平直线型刻度盘，误读率为27.5%，而竖直线刻度盘最差，误读率高达35.5%。

虽然直式刻度盘误读率最高，但用它作为飞机飞行高度显示器，其准确率和速读率又最为有效。这是因为竖直式指针显示与飞行高度相一致，符合概念统一，直观性强。所以刻度盘形式的设计要求考虑到其功能特点。

(2)刻度盘的大小。刻度盘大小与其标记数量和人的观察距离有关。

刻度盘尺寸大小影响判断速度和准确度。大的刻度盘，允许刻度、刻度线和指针、字符增大，以提高清晰度。

当刻度盘直径从25 mm开始增大时，判断速度和准确度逐渐提高，误读率下降；当直径增加到80 mm后，误读率反而上升。直径为35～70 mm的刻度盘，判读准确度没有什么差别。设计直径可根据功能和工作情况从上述范围内选择。

(3)刻度与刻度线的设计。刻度线间的距离称为刻度。人眼直接判断时，刻度最小尺寸不能小于0.6～1 mm。一般可取1～2.5 mm，最大可取4～8 mm。

刻度线代表一定的测量数值，一般分为长刻度线、中刻度线和短刻度线三种。刻度线的宽度一般取刻度的5%～15%，普通刻度线宽取(0.1±0.02) mm。当刻度线宽度为刻度的1/10时，判读误差最先。刻度线长度与观察距离的关系。

(4)文字符号。文字符号包括：数字、汉字、拉丁字母和一些常用符号。它们的形状、大小、高宽比及笔画粗细对判读效率都有很大影响。

① 字符形状。对字符形状的要求是简单明了，分辨率高。因此多用直线和尖角，并突出各字体本身特有的笔画和形的特征。不要草体和装饰。特别是在能见度较差及需要快速分辨的情况下，具有尖角的字符容易辨识。如图3－9所示，在能见度较差的情况下，图3－9c的字符形状较图3－9a、图3－9b为好。在视觉条件良好的情况下，图3－9a、图3－9b比图3－9c的分辨率高。特别是以尖角、直线结构与弧线结构相结合的形状，更为清晰，如图3－9d所示。

② 字符高宽比窄长的字符比宽平字符分辨率要高。高宽比以5∶3为宜，也可采用3∶2或1∶1的比例。

③ 字符大小。字符越大，单个字符的辨别效果越好，但占有体积也随之加大。特别是许多大字符组合在一起时，辨认效果却会降低，因此字符大小要适当。

④ 笔画宽度。字母、数字的笔画宽度与字的高度比：当字符高度大于32 mm时，一般应为1∶8；当字符高度小于32 mm时，其比值为1∶6～1∶5。

此外，当照明较强时，笔画可稍细；照明较弱时，笔画可稍宽。黑底白字或发光字符，其笔画可稍细一点。

(5)指针设计。

①形状设计。指针的形状以尾部平、头部尖、中间等宽或者呈狭长三角形为好。指针形状应尽量简单、明确，不宜有装饰。这不仅适合现代审美观点，而且能使用观察者

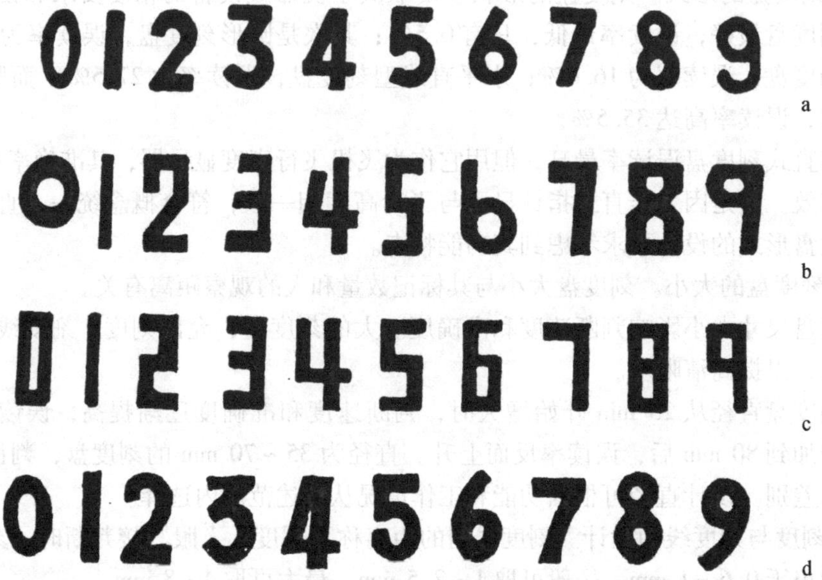

0123456789 a

0123456789 b

0123456789 c

0123456789 d

图 3－9 数字形状

的注意力集中于读书上。

圆形显示器指针的长宽比应为 8∶1 或 36∶1，指针宽厚比在 10∶1 左右。在正常照度和视距下，一般指针宽度在 0.8～2.4 mm。需要精确读数的指针应更细一些。

指针长度要合适，针尖不要覆盖刻度线，一般要离开刻度线 1.5 mm 左右。

圆形显示器指针长度不宜超过刻度盘半径。为了平衡指针的重量，可将超过半径的指针尾部漆成与显示器表面同样颜色，以避免误读。

②指针："零位"设计。根据人的生理特点和习惯，追踪用显示器的"零位"，通常设计在始终的 12 点或 9 点处较合适。

当多个显示器排列在一起时，一定要使每个显示器指针的"零位"处于同一方向。

③指针转向设计。人们习惯把指针的顺时针方向当作量值增加，在设计指针转向时，必须遵循这一原则，否则就会产生"逆向"误读。

④指针色彩设计。指针的颜色与刻度盘颜色应有较明显的对比，而且指针与刻度线、字符的颜色尽量相同，这种判读因素的色彩统一符合人的心理习惯。

(6)刻度线与显示器表面的色彩设计。通常，显示器表面为白色，刻度线和指针为黑色，以形成明显的对比。对于夜间显示器，在暗适应条件下，显示器表面为黑色，刻度线和指针采用白色为宜，以提高判读正确性。

7. 数字式显示器中的数字设计

这种显示器的数字设计，主要应符合人的阅读习惯和视觉辨别能力。如数字的高宽比以 1∶1(即正方形)为好，而且数字间隔适当，以利判读。

数字的变换速度应有所限制，因为看清一个数组至少需要 0.2 s 的时间。

8. 信号灯的设计

信号灯是用光信号产生信息的发光装置。它的设计必须符合视觉通道的要求，以保证信息传递的速度和质量。与视觉密切相关的是信号灯的亮度，若要吸引观察者的注意力，其亮度至少要2倍于背景的亮度，而且背景以灰暗无光为好。

作为警戒、禁止、停顿或指示不安全情况的信号灯，通常使用红色；提示请注意的信号灯宜用黄色；表示正常运行的信号灯则用绿色。

表3－7列出了我国电工成套装置中的指示灯色彩。

表3－7　指示灯色彩及其含义

颜色	含义	说　明	举　例
红	危险或告急	有危险或必须立即采取行动	1. 润滑系统施压 2. 温升已超过安全极限 3. 有触电危险
黄	注意	情况有变化或即将发生变化	1. 温升(或压力)异常 2. 发生仅能承受的短期过载
绿	安全	正常或允许运行	1. 冷却通风正常 2. 自动控制运行正常 3. 机器准备启动
蓝	按需要指定用意	除红、黄、绿三色之外的任何指定用意	1. 控制指示 2. 选择开关在“准备”位置
白	无特定用意	任何用意	表示正在“执行”

四、显示面板总体设计

显示面板的总体设计，主要涉及两个内容：一是板面上各个显示器的排列；二是显示面板与操作者的相应位置。

1. 显示器排列

(1)常用的主要的显示器应尽量配置在视野中心3°范围内，因为在这一视野范围内，人的视觉最佳，也最能引起人的注意力。80°以外的视野范围，视觉效率很低，一般不放置显示器。总之，所有视觉显示器位置的原则是不转动头部和移动身体，即能观察到仪表。

(2)显示器的排列顺序，应当与它们在实际工作中的使用顺序一致，以避免操作过程中产生不必要的差错。彼此有联系的显示器应当靠近，其排列顺序应注意到它们逻辑上的联系。

(3)当有较多的显示器组合时，为了便于区别，突出重点及准确而迅速地判读，应按照功能的不同加以区分。区分效果应当明显，如用不同的色彩、不同的亮度及分割线条来区分。

(4)显示器的排列尽量紧凑，以缩小搜索视野的范围。

(5)人眼水平运动比垂直运动要快，因此显示器的水平排列范围可以宽于垂直范围，以符合人的视觉特点。

(6)人的视野习惯是从左至右，从上至下和顺时针方向圆周运动，因此，显示器排列顺序及方向也应遵循这一规律，这给操作者开、停设备或处理进度及情况提供了方便。

(7)在偏离视觉中心等距离的范围内，人眼观察效率以左上方位为最优，右下方位最差，仪表排列也应该注意到这一点。

(8)显示器的位置还应照顾到与相应的控制器的关系，如显示器与控制它的开关、旋钮应当安放在一起，两者距离要近，以形成逻辑上的联系。

2. 显示面板的布置

图3-10为显示面板布置的一个示意图。图中的编号区域所适应布置的显示器见表3-8。

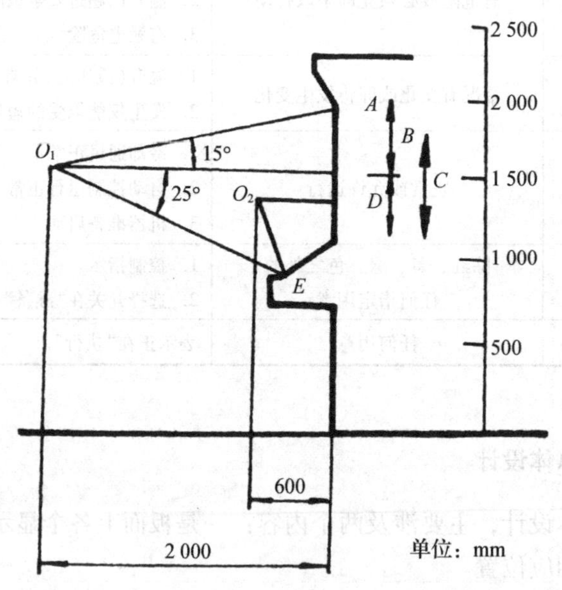

图3-10 显示面板布置示意图

表3-8 显示板各区域适宜布置的显示器

编号	适宜布置的显示器
A	可布置反映企业、工厂或全局性的，对生产过程有指导意义的管理仪表；位置应在人身高以上较醒目的地方
B	可布置反映整个生产过程运行情况的仪表和反映主要设备和机器运转情况的仪表
C	可布置操纵者经常观察的各类指示仪表和记录仪
D	可布置指示调节器和记录仪及有关操纵部件
E	可布置电源开关、显示转换开关(键)和电话等辅助装置

3．视野范围与认读时间

根据实验，在眼睛离显示面板 80 cm 的条件下，若眼球不动，水平视野范围 20°为最佳认读范围，其正确认读（无错误判读）时间为 1 s 左右。当水平视野超过 24°以后，正确认读时间开始急剧增加，因此 24°为最大认读范围。

如图 3－11 所示，图 3－11a 中的 O 点为视觉中心；带有斜线的范围Ⅰ为 24°最大认读区；不带斜线的范围Ⅱ为 24°以外的认读区。

图 3－11b 中的 1 为显示板左侧显示器认读时间曲线；2 为显示板右侧显示器认读时间曲线。当视野范围在 24°以内时，显示板Ⅱ区左右两侧的认读时间大致相等。而视野超过 24°以后，显示板Ⅱ区左侧正确认读时间比右侧要多。

从图 3－11a 可知，Ⅰ区和Ⅱ区，视水平线以上部分小于视水平线以下部分，这是因为垂直视野在视水平线以上部分小于视水平线以下部分的缘故。

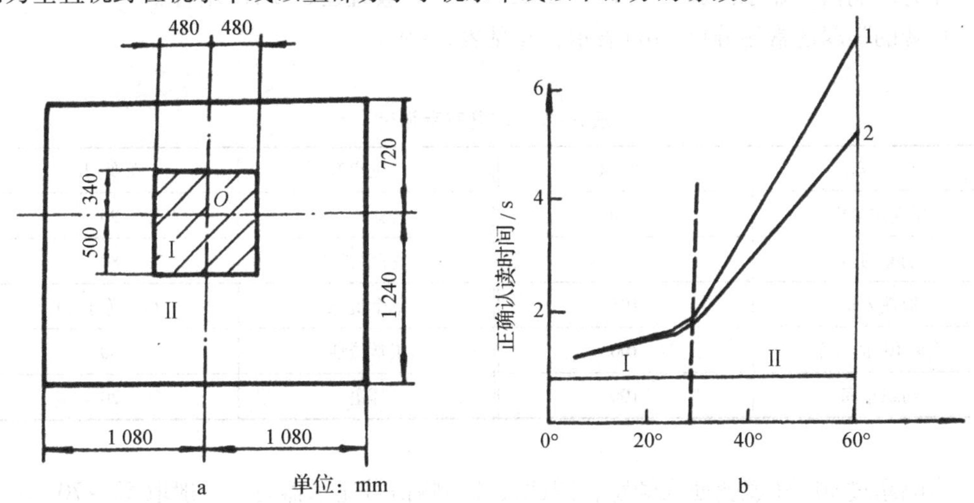

图 3－11　视觉中心

4．显示面板的空间位置

显示面板应与视线垂直，以保证判读的准确性及视觉的工作效率。在正常坐姿条件下，显示面板的后仰角度一般以 15°～30°为佳，如图 3－12 所示。显示面板高度，以坐

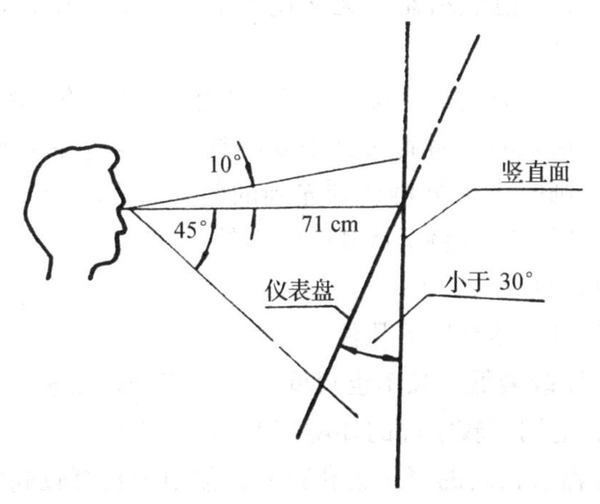

图 3－12　坐姿视觉

姿眼高为基准，高于眼睛不得超过10°，低于眼睛不得超过45°。显示面板与眼睛的距离最好是71 cm。

当显示板面很大时，为保证显示板面上下左右对人眼的距离大体一致，可采用弧形板面。

任务二　分析听觉、触觉及其他感觉通道显示

一、听觉特征与听觉显示器

1. 听觉特征

作为声响信号显示的频率在100～1 500 Hz，一般宜在500 Hz左右。

声音的强弱通常用分贝(dB)表示，参见表3－9。

表3－9　常见声音强度

常见声音	强度/dB	常见声音	强度/dB
喷气式飞机	120	公共汽车	90
响亮的雷	115	打字机	80
地铁火车	105	单个机床	小于等于80
载重10t的火车	100	正常谈话	60
纺织车间	100	耳语	20

声响超过90 dB就会使人烦躁，因此设计声响信号显示器时，一般取50～70 dB。

听觉的一个显著特点是可以接受语言信息，而语言又是人们传递信息最有效的工具。因此，在设计听觉显示器时，必须考虑语言联系这一重要手段。例如，在机器上用一段"语言录音"来代替文字符号，在出现故障时，扩音器向操作者反复报告："××部件发生故障"。其效果是其他显示器所无法比拟的。在操作中，也可以用语言信号指挥，其效果更直接、准确。

实验证明，人耳对左右方向的声源易辨认，对前后方向的声源辨认较差。当强度相等的两个听觉信息同时输入时，听者对其中要听到一个信息的觉察力将降低50%。若两个听觉信息有先后，则听者可能辨认到先到的信息。当两个听觉信息强调明显不等时，不管它们出现的顺序，听者将辨认其中较强的一个。

2. 听觉显示器的类型

工业上常用的听觉显示器有以下几种。

(1)蜂音器：它声压级最低，频率也较低。它的特点是柔和地呼唤人们注意，一般不会使人紧张或惊恐，适用于较宁静的环境(50～60 dB)中。

(2)铃：它比蜂音器有较高的声压级和频率，常用于具有较高强度噪声的环境中。

(3)音笛：有吼声(声压级90～100 dB、低频)和尖叫声(高声强、高频)两种音笛。

常用于高噪声环境中。

(4)汽笛：声频及声强都很高，适用于紧急事态音响报警装置。

(5)报警器：声音强度大，频率由低到高变化，发出的音调有升降，不受其他噪声干扰。

实验研究表明，听觉反应正确率为91%，视觉反应正确率为89%；两者同时输入时，反应正确率为95%。

二、触觉特征及触觉显示器

(1)触觉敏感度因触摸对象而异，并与温度感觉、疼痛感觉有关，因此触觉判断是综合性的。

(2)触觉适应迅速快。当手(或身体其他部位)接触物体时，能根据判断马上转为操作(或身体其他部位的动作)。

(3)触觉有立体感。触觉显示是根据物体表面的不同形状和肌理，并与视觉和听觉配合而形成的一种综合性显示。因此，它是人机系统信息交换中不缺少的一环。例如，飞机上各种形状操纵杆的功用就是利用触觉显示而使驾驶员感知的；再如盲文，就是利用一些凸凹的点子进行组合而成的，盲人通过触摸感知信息，进行“阅读”。

由于功能不同，各种开关、按钮、旋钮、手柄、操纵杆的结构形状也不同，操作者通过对不同形状的触觉，而感知它们的不同用途。

因受生理条件限制，利用触觉显示传递信息，其信息传递量远不如视觉及听觉那么多。因此在工业产品显示器设计中，触觉显示器只能作为辅助和补充的手段。

三、其他感觉通道显示

1. 平衡感觉通道显示

人在运动时，通过人体肌肉、关节活动，使人可以准确地判断身体所处的位置和姿势变化。人在提取物体时，根据所需的力量，可感知物体轻重。这些信息可以通过感应器官与中枢神经系统的反馈联系而参与姿势和运动或用力地自动调节。例如，人骑自行车就是依靠人体的平衡感觉来不断调节，使其平衡行驶。

2. 嗅觉通道显示

气味也可以当作信息传递的手段。例如，石油液化罐中装有气味添加剂。当发生泄漏时，人嗅到异常气味，便会立即采取措施，以保人身安全。再如井下作业，工作时向井下输送清新的空气，确保工人安全无事。当矿井内某处发生塌方、冒顶等紧急事故，在通信设备无法达到的其他工作面或通信设备遭到破坏的情况下，便可以通过通风设备施放一种气味特殊的物质，向未发生事故的工作面报警，并采取紧急抢救措施。带有气味传感器(俗称“电鼻子”)的排烟罩，可以根据厨房中的烟气浓度自动启动电机进行排烟，也是嗅觉通道传递信息的典型例子。

模块九　设计操控系统

人在操纵机器设备时，所需要的活动空间及机器、设备、工具等所需空间的总和称为操作空间。

就大的范围来讲，操作空间的设计就是如何把机器、设备、工具等按照人的操作要求进行空间布局，使它们功能之间联系合理，操作方便。对于小的范围，如一台设备而言，操作空间设计则是指如何合理安排在设备上的操纵器、显示器等的位置问题。人的操纵控制动作都是为一定目的服务的。目的不同，作用对象不同，操作的方式也不同。

任务一　设计操纵系统及空间

一、操作方式的选择

1. 立位操作

采用立位操作是出于下列原因：

(1)在工作过程中，需要经常改变体位才能进行正确操作，如机床操作者；

(2)常用的控制器数量较多，且分布区域较大，需要身体位移或手足做大幅度的活动才能进行操作，如动力站及大型轮船的操纵控制台；

(3)机器设备的操作部位没有(或不允许留有)容膝空间，坐着操作不舒服；

(4)需要用力较大的操作，站立时易于用力；

(5)作业单调，容易引起心理疲劳，而立位操作可以适当走动，减少心理疲劳感；

(6)工作中需要随时监视加工情况，如纺织女工的立位操作；

(7)一人操纵多台设备时，往往是立位操作。

立位操作的缺点是不易进行精确、细致的工作，身体也容易疲劳。

2. 坐位操作

采用坐位操作是出于下列原因：

(1)需要连续的时间较长的操作，如轧钢机控制台上的操作；

(2)需要精确、细致的操作，如电视机装配线上的操作；

(3)需要手足并用的操作，如汽车司机。

坐位操作的缺点是不易改变作业体位，用力受到限制，工作范围有一定局限性。

二、作业范围

人的作业范围有最大可及工作范围、正常工作范围和最佳工作范围。如图 3－13a 所示的是操作者坐在工作台前，在水平台面上运动手臂所形成的运动轨迹。虚线表示人手的最大工作范围，粗实线表示较佳工作范围，细实线表示一般活动范围。图 3－13b 中：A——工作台高度为 700 mm；B——工作台高度为 750 mm；C——工作台高度为 800 mm。

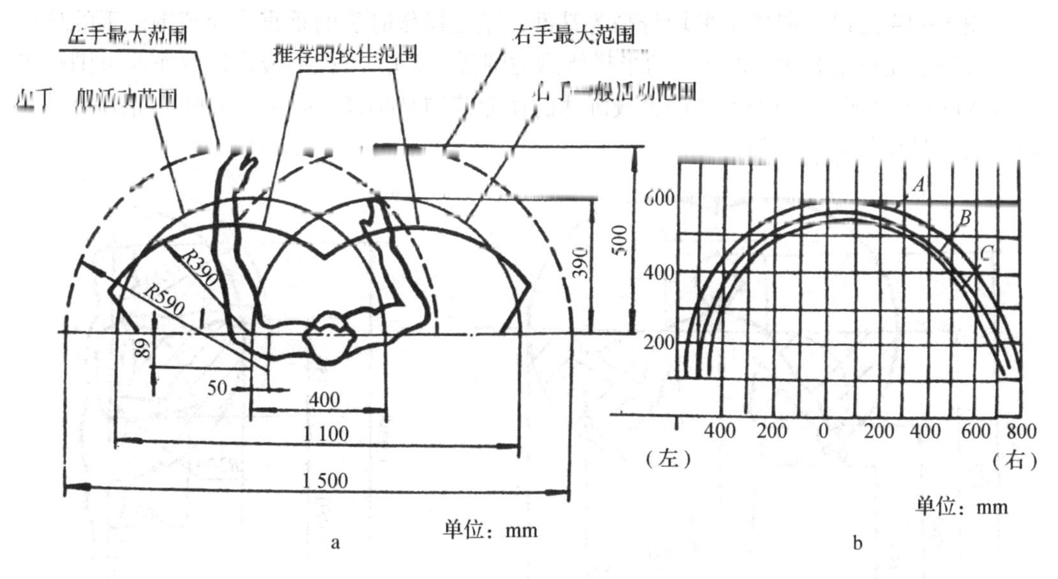

图 3－13　手操作范围

手的运动范围与运动方向也有关系。图 3－13b 为青年男子右臂伸展做水平运动时，在不同角度下所能触及的最大距离。人的正前方为 0°，向右(外)为正、向左(内)为负，手臂伸出角度与伸展最大距离见表 3－10。

表 3－10　青年男子右手水平伸展最大距离

手臂角度/(°)	离座椅面 50 cm 高处			离座椅面 50.8 cm 高处		
	最小值/cm	最大值/cm	平均值/cm	最小值/cm	最大值/cm	平均值/cm
120	71.07	84.28	77.67	77.47	90.17	83.82
105	70.61	86.89	78.64	80.65	90.81	85.09
90	69.27	91.72	80.49	81.92	91.44	86.30
75	69.80	92.66	81.23	81.92	92.71	86.36
60	70.18	93.85	82.02	81.28	92.08	85.73
45	68.69	96.57	82.78	78.74	92.08	85.09
30	64.57	97.41	82.25	76.20	90.81	81.28
15	61.62	93.14	77.29	71.12	86.36	77.47
0	60.55	89.35	73.69	64.77	80.65	73.03
−15	56.77	82.12	69.42	59.69	75.57	62.95
−30	46.35	76.61	60.68	54.61	71.76	62.87
−45	35.48	70.82	51.10	49.53	67.95	57.79

图3－14是以亚洲男子平均身高为基准，站立操作时手的垂直作业范围。手的最大可触及范围是以最长为720 mm的半径所画的圆弧(细实线)；手最大抓取作业范围是半径为600 mm的圆弧(粗实线)；手最舒适的作业范围是半径300 mm的圆弧(虚线)。阴影区表示最佳的抓握范围。

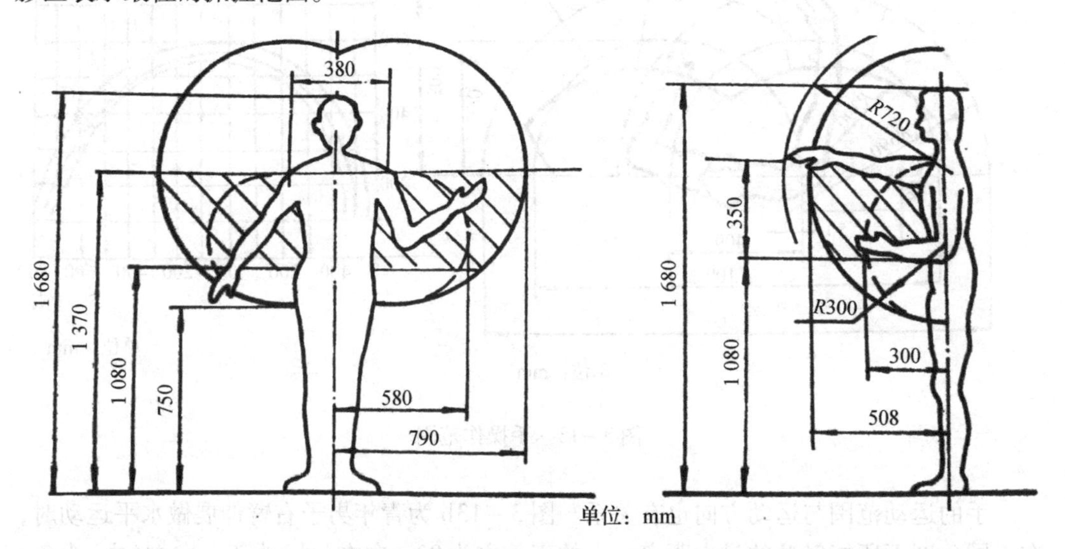

图3－14 以亚洲男子平均身高为基准的站立操作时手的垂直作业范围

三、操作空间布局

1．操作空间布局原则

操作空间布局的目的是使人机系统达到最有效、最合理的协调关系，其原则如下。

(1)按控制装置的使用频率和操作顺序进行布局设计。使用频率高的装置要布置在操作最佳范围内，并按操作顺序进行组合，形成一条流畅的操作线路和程序。不要出现空运转和倒流现象。

(2)按设备的功能进行布局设计。功能相同的或互相有联系的部件或设备组合在一起。

(3)根据人体生理力学、解剖学和运动学的特征来布置机器设备、控制器和显示器等。

(4)根据设备、控制器、显示器的重要程度进行布置。重要的部分布置在最佳作业范围及最佳视野范围内。

(5)在环境设计时，要注意安全及人流、货流的交通组织。

上述原则，难以全部照顾到，设计时要根据具体情况进行综合分析，全盘考虑。通常应照顾到使用频率和操作顺序的原则，同时兼顾按重要程度布置的原则。

2．操作空间布局

表3－11给出垂直操作面内的布置内容和立位作业特征。

表 3 - 11　垂直操作面内布置内容与立位作业特征

作业范围（以地面为起点）	布置的装置	立位作业特征
0 ~ 50 cm	脚踏板、杠杆及其他不重要的装置	这是手操作最不利的区域，操作需要弯腰，费力气，准确性差，身体处于不舒服状态，但宜于布置脚控装置
50 ~ 90 cm	工作平台、控制台平面，转型手柄、手轮、非重要控制器、指示器、台架及材料箱	这一区域是手脚操作都不甚方便的地方，操作费力，效率低
90 ~ 160 cm	各种操纵控制器、显示器、操作控制台，精密作业平台、电子设备的机箱、机柜	这是手操作的最好作业区域，操作方便，效率高，尤其在 90 ~ 140 cm 范围内为最佳
160 ~ 180 cm	一般显示装置、非重要控制器、电子设备的机箱机柜	这是很不方便的作业区域，视觉条件一般，操作较困难，操作效果也较差
180 cm 以上	报警信号装置，全局性指示仪表、非重要显示装置	这为很差操作区，作业需要伸颈、仰头、踮脚，作业费力，所用报警装置也多用声信号

图 3 - 15a 为立位作业操作面内的布置范围。图中 *A* 为从地面到操纵台台面的距离，其具有利的尺寸为 1 000 mm，允许尺寸范围为 950 ~ 1 120 mm；*B* 为从地面到操纵机构布置的最下限距离，其允许尺寸为 850 mm；*C* 为从地面到显示装置的最上距离，其允许尺寸为 2 000 mm。

图 3 - 15b 是坐位作业时操纵台的一般布置方案。图中 *A* 是从地面到操纵台台面的距离，其最有利尺寸为 750 mm，允许尺寸范围为 700 ~ 800 mm；*B* 是从地面到操纵机构布置的下限距离，其允许尺寸是 600 mm；*C* 是从地面到显示装置的上限距离，其允许尺寸为 1 650 mm；*D* 为座椅高度，其最佳尺寸为 450 mm，允许尺寸范围为 300 ~ 400 mm。图 3 - 15c 所示的是坐位作业时一种典型的操纵台布置方案。

某些操纵台既可坐位作业，又可立位作业，这类操纵台的设计，需要同时考虑两种工作姿势的尺度结构。通常是以立位为主，再把座位设计成一定的高度，即可基本上与立位操作的尺度结构相协调。

图 3 - 16a 为立位、坐位工作操纵台的布置范围。图中 *A* 是从地面到操纵台台面的距离，其最佳尺寸为 1 000 mm，允许尺寸范围为 950 ~ 1 120 mm；*B* 是从地面到操纵机构布置的最下限距离，允许尺寸为 850 mm；*C* 是从地面到显示器布置的最上限距离，

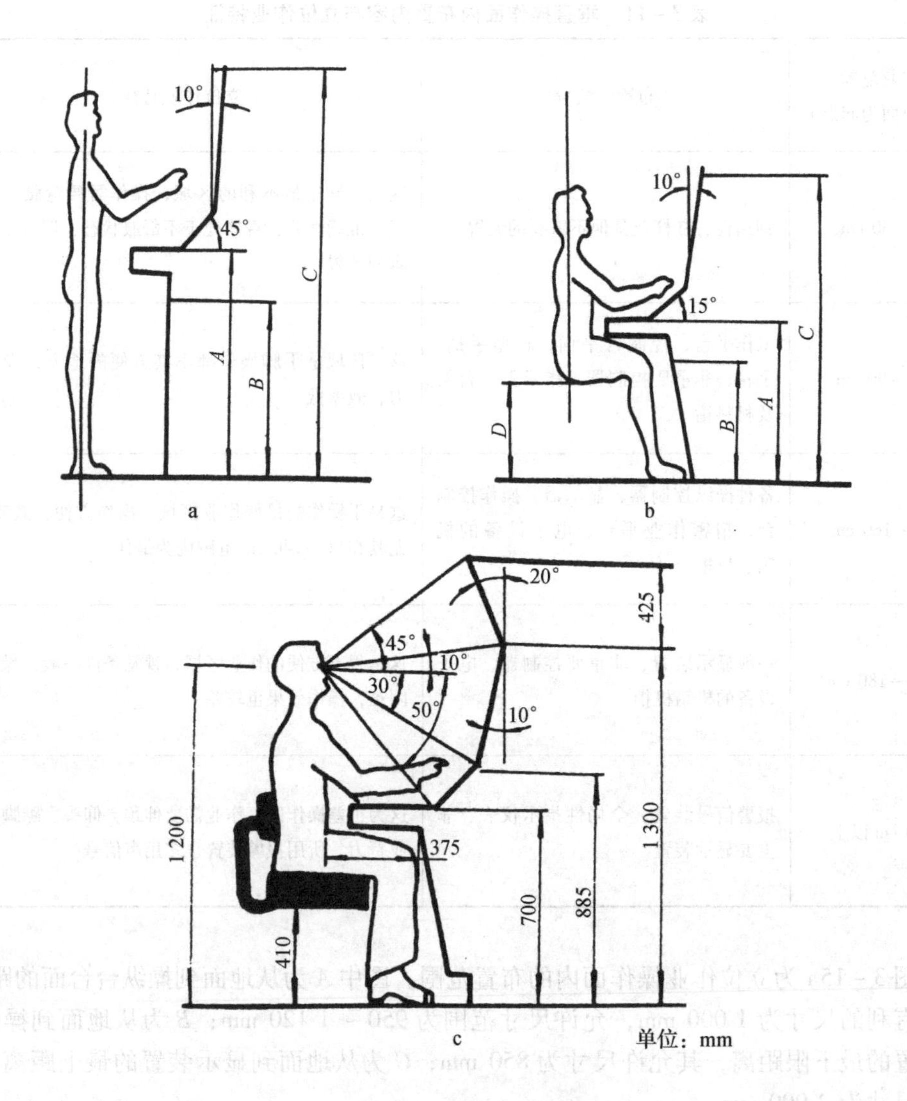

图 3－15　立位、坐位操作

a. 立位操作面内的布置范围；b. c. 坐位操纵台的布置方案

其允许尺寸为 2 000 mm；*D* 是座椅高度，最佳尺寸为 800 mm，允许尺寸范围为 750～850 mm；*E* 是脚垫起高度，最佳尺寸为 300 mm，允许尺寸范围为 250～360 mm。图 3－16b 为立位、坐位工作时的一种典型的操纵台布置方案。

四、操纵控制台与座椅的设计

操纵控制台的形式确定之后，操作面板上的显示器、操纵控制器的合理布局就是关键主体。这里不仅要考虑板面布局的分割构成，更主要的是要考虑到不同视区的划分和工作视区的选择，以便合理地安排显示器的操纵控制器的位置，以显示人机信息交换的快速和准确的要求。

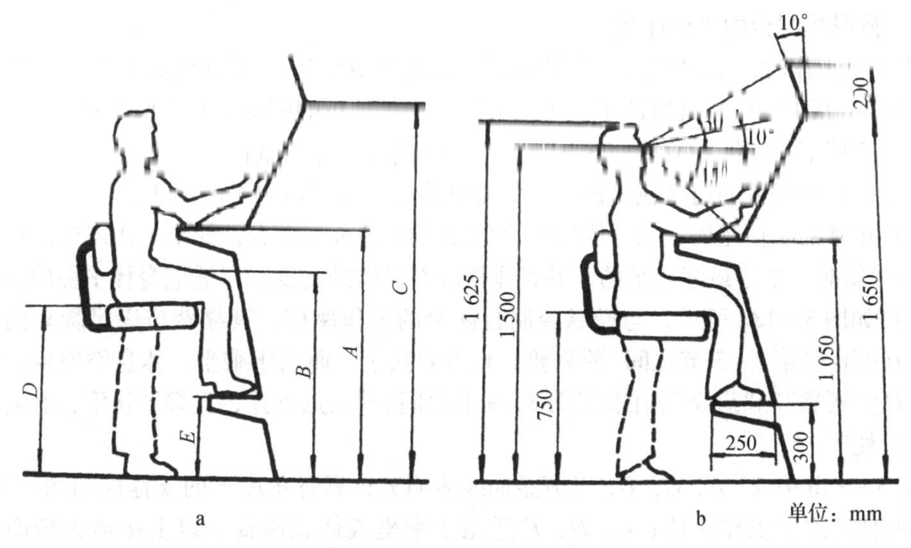

图 3－16　坐位工作操纵台布置范围及方案

1．操纵控制台工作视区的选择

工作视区是按人的视觉辨认目标清晰度和视神经疲劳程度来划分的。根据这一视域划分原则和操纵装置的使用要求，可确定合理的工作区域。图 3－17 为坐位作业时，操纵控制面板上控制区域的划分。如果是立位作业，则立位作业时人的腰部位置线要与图中各方框的最下边的水平线重合，而腰部位置线以上的尺寸仍按该图所示来确定。

图 3－17 中，*A* 区域——布置最常用的控制装置。该区域的下限高度恰好位于人的腰部，频繁操作也不易疲劳。但不宜布置精度高和认读频繁的显示器；*B* 区域——视觉和手操作的最佳区域。可布置应急操作及需要精确调整、认读的显示装置；*C* 区域——辅助区域，可布置辅助操纵和显示装置；*D* 区域——最大区域，可布置次要的辅助操纵和显示装置。

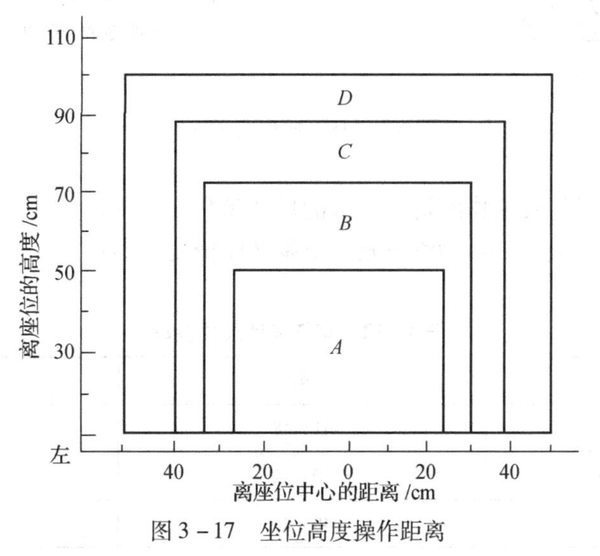

图 3－17　坐位高度操作距离

2. 操纵控制台的工作座椅

当坐位工作时，工作座椅、操纵控制台和脚操纵装置三者就构成了人机系统中的“子系统”，其中，座椅是协调子系统的关键。一张理想的座椅应具有以下特点。

(1)座椅高度能够调节，使操作者的两脚落地或放在脚踏板上。

(2)坐垫和靠背的边缘应该圆滑，具有舒适感，且不妨碍血液流通。

(3)正常的工作座椅，前边缘应不后边缘高出25 mm左右，如果工作需要操作者经常向前倾斜时，坐垫最好是平的，并且座椅应有足够的宽度，以适应身体平衡的需要。

(4)如图3－18a所示，与操纵控制台配套的工作座椅，其靠背应满足腰靠的一点支撑(在腰椎骨第2，3节之间)的需要，且不要扶手。而用于乘坐、休息类座椅，其靠背应满足“腰靠”和“肩靠”(在胸椎第8，9节之间)的两点支撑，且多置扶手，必要时需设置“头枕”。

图3－18b中*A*，*B*，*C*，*D*，*E*五条曲线表明五种靠背角度下的支撑面结构。其中，*A*，*B*两种适用于工作座椅；*C*，*D*，*E*适用于乘坐或休息座椅。以上座椅为椅面距地380～400 mm情况下的结构。

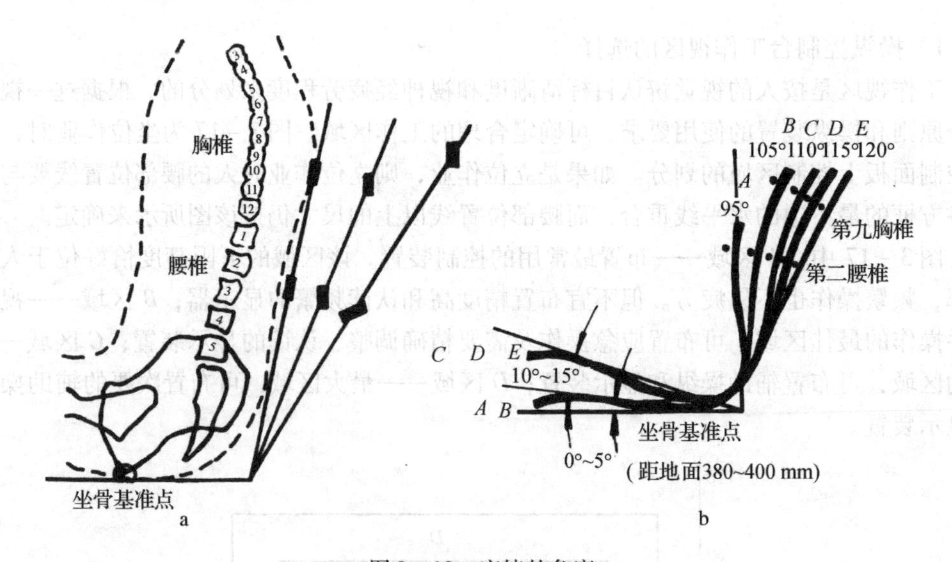

图3－18 座椅的角度

表3－12列出了男女工作座椅各部分的尺寸参数，供设计参考。表3－13为汽车司机座椅的设计参数。表3－14为汽车及飞机乘客座椅设计参数。

表3－12 座椅设计尺寸参数

参数部位	男	女
座位高度/cm	41～48	39～41
座位深度/cm	40～42	38～40
座位前幅/cm	40～42	40～40

续表

参数部位	男	女
座位后幅/cm	38～40	38～40
靠背高度/cm	41～42	39～40
靠背宽度/cm	40～42	40～42
座靠背夹角/(°)	98～102	98～102

表3－13　汽车司机座椅设计参数

类别	座靠背夹角/(°)	坐垫后倾角/(°)	座高/cm	座宽/cm	座深/cm	靠背/cm
小轿车	100～110	12	30～35	48～52	40～42	45～50
轻型载重汽车	98	10	38～40	48～52	40～42	45～50
中型载重汽车	98	9	40～47	48～52	40～42	45～50
重型载重汽车	92	7	43～50	48～52	40～42	45～50

表3－14　汽车及飞机乘客座椅设计参数

参数部位	汽车乘客座椅	飞机乘客座椅
座　高/cm	48－45－44	38.1
座　宽/cm	45－48－53	50.8
座　深/cm	42－45	43.2
靠 背 高/cm	53－56	96.5
靠 背 宽/cm	与座宽相同	55.9
扶 手 高/cm	23－24	20.3
座靠背夹角/(°)	105－110－115	115
坐垫倾斜角	6°～7	7

注：有两组数字的，分别指短途、中途汽车；有三组数字的，分别指短途、中途、长途汽车。

任务二　设计控制器

控制器是操作者用以改变机器状态的装置或部件，包括受控按钮、开关、操作手柄、驾驶盘，以及脚踏的蹬板等。它们均可把操作者的信号转换成机器的输入信号，因此，设计控制器要充分考虑操作者的输入特点。

人类的输出通道是四肢活动和声音，但是潜在人际交流中，声音的作用还是有限的，操作者与机器的交流更多的是通过四肢活动。人体输出的主要是力和动作，但由于力的控制难以做到精确，因此，实际上使用最多的是位移控制器。位置控制主要是由控制器的位移距离和角度来改变机器的状态。

工业产品的设计，不仅要考虑机器的功能、精度、耐用、能耗和外观等问题，还应研究人的操作动作和完成这些动作的能力和限度，所设计出的控制器操作者能准确、迅速、安全地连续操作。具体地说，在产品设计中，首先要考虑操作者的体型和能力，使机器中与人体有关的部位适合人体生理结构特征。如一切控制应当设计在肢体活动人的能达到的范围之内；控制器及机器的高低位置，必须与人体各个响应部位的高低相适应；控制器的用力范围，应在适应范围之内；控制器还应设计在操作方便、反应灵活的空间范围之内；等等。例如，接头是纺织工人的主要操作动作，一个工作班内接头多达1 500～3 000次。目前，由于纱锭梁位置偏低，在接断头时不得不弯腰，造成了纺纱工人长期处于强迫弯腰体位，这是老纺织工人腰酸背痛的重要原因之一。

一、控制器的类型及选择

(一)控制器的类型

1. 按操控方式分类

(1)手控控制器：如开关、按钮、旋钮、选择器、曲柄、杠杆及机轮等；

(2)脚控控制器：如脚踏板、脚踏钮等；

(3)其他：如声控、光控等，它们是利用声、光敏感软件来实现启动或关闭机件。

2. 按控制器机构分类

(1)开关控制器——启动或停，如按钮、踏板、手柄等；

(2)转换控制器——一种工作状态转换到另一种工作状态，如手柄、按键、选择开关、选择按钮、操纵键盘等；

(3)调整控制器——可使系统的工作参数稳定地增加或减少，如手柄、旋钮等。

(二)控制器的选择

控制器的选择与操作要求、环境和经济因素有关，但主要还是从功能和操作要求出发进行选择。

正确选择控制器的类型，对于安全生产、提高工作效率极为重要。通常，其选择的原则如下。

(1)快速而精确地操作，主要采用手控或指控装置；有力度的操作则采用手与臂及下肢控制。

(2)手控装置(按钮)的间距应以15 mm为宜，各手控装置的间距以50 mm为宜。

(3)手控装置应安排在肘、肩高度之间，使之容易接触，并易于看到。

(4)手动按钮、肘节开关或旋钮用于费力小、移动幅度不大及高精度的阶梯式或连续式调节。

(5)长臂杠杆、曲柄、手轮及踏板则适用于费力、幅度大和低精度的操作。

二、控制器设计的基本要求

控制器的设计直接影响到整个系统的运行质量，生产中由于操作错误造成的事故，往往是控制装置的设计没有充分考虑到人的因素所导致的。

由于操作错误所引起的事故，在所有事故中占有很大的比例，汽车运输事故中占90%，在飞机中占50%～60%，在化工生产中占30%，在炼油工业中占12%。据国外统计，58%～78%的事故是由于对人机系统中人的因素考虑不周而造成的。因此，重视"人"的因素是提高工效、保证安全生产的关键。

1. 操作差错的主要表现

(1)置接差错。当功能不同的控制器设计在一起时，由于控制位置设置不当或不设表示控制功能的标记符号，使操作者误操纵其他控制器而造成的错误。

(2)调节错误。调错控制器位置或挡次，引起系统运行过慢或超速。

(3)逆转错误。当控制器的转动方向不和人的操作习惯、控制器的转向与显示器或系统的运转方向缺乏逻辑上的联系时，就会产生操作方向与实际需要方向相反的错误。

(4)无意间的操作错误。如控制器本身缺少复位位置或报警信号系统；旋钮阻力不够，造成手感力度不强，因而无法感受操纵量的大小；控制器配置或操纵力超过了人的操作能力时，就会产生控制器没有复位或准确定位、操作时间不准、操作粗心误动等无意的错误。

为避免和减少操作差错，必须注意上述控制器设计的一些问题。

2. 控制器设计的基本需求

(1)任何形式的控制器都必须适合人体各部位的生理特征，如控制器的安装位置、排列顺序、操纵速度和操纵力的设计都要符合人体各部位的生理特征，使绝大多数人能舒适、省力的操作。

(2) 控制器的运动安排设计必须注意与显示器指针或设备的运动方向相一致或相适合，使它们运动方向之间的关系符合人的习惯。

(3)不同功能的控制器在形状、色彩、肌理上都要有一定的区别，以便于辨认。

(4)控制器的造型设计必须注意外形尺寸大小适当，造型美观大方、简洁、实用。

(5)合理地设计出多功能控制器。如把控制功能和显示功能组合在一起并带有指示灯按钮即为其中一种。

三、控制器的编码

给予每个控制器以自己的特征和代号，以便在操作时不致相互混淆，这就称为控制器编码。控制器编码能减少误操作，尤其是在控制器数量多、种类杂的情况下，编码具有重要意义。

控制器编码方法有以下几种。

1. 形状编码

对控制器进行形状编码，能使具有不同功能的控制器具备各自的形状特征，便于人的视觉或触觉辨认和记忆，因此，是一种效果较好的编码方法。

(1)控制器的各种形状设计要尽量反映其功能特征，或者使形状与它的功能有某种逻辑上的联系，使操作者在外观上就能明确控制器的功能。

(2)控制器的形状设计应尽量达到使操作者戴上手套也能分辨清楚，并操纵方便。

特别在照明条件不好甚至黑暗情况下，这一点很重要。

图3－19是常用的旋钮编码的一个例子。图3－19a用于控制范围超过360°的场合；图3－19b用于控制范围小于360°的场合；当旋钮的转角位置具有重要信息意义时，采用图3－19d的带指示方向的长形旋钮要比图3－19c的圆形旋钮为好。

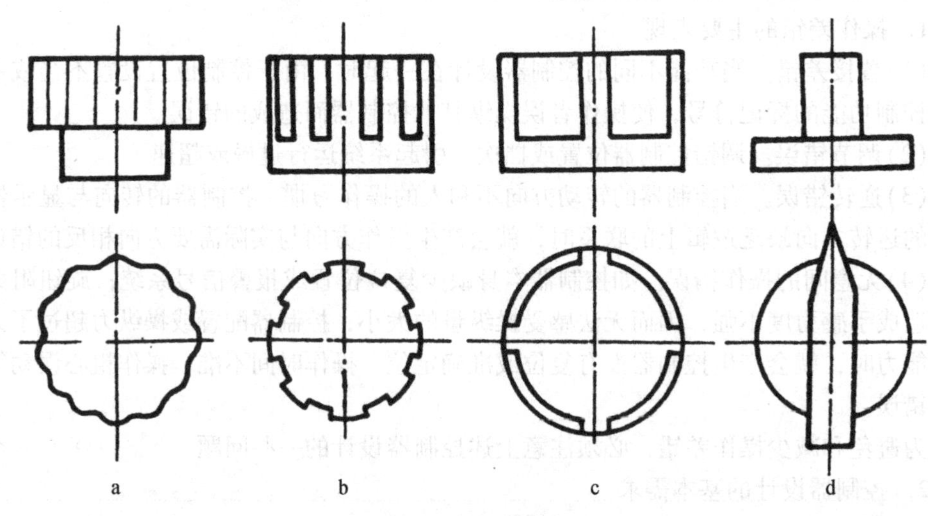

图3－19 圆形旋钮

2. 大小编码

利用控制器的大小，使操作者在视觉和触觉上能分辨出它们之间的区别，称为大小编码。人的省力实验表明，只有当小控制器的大小为大控制器的83%以下时，人才能识别出大小。由于手动控制器的大小首先必须适应手的结构，因此，利用大小进行编码其种类是有限的，不能过小或过大，如旋钮一般只分为大、中、小三挡。

3. 位置编码

利用安装位置的不同来区分控制器，称为位置编码。如将控制器的安装位置实现标准化，（某个位置便是系统的某种功能），十分有利于操作者进行准确无误的操作。通常，将控制器设计在操作者前面齐肩高的位置，这是最佳操纵判断位置。在这个位置上，控制器在垂直面上比设在水平面上更容易正确判断。

4. 色彩编码

利用不同色彩来区分控制器称为色彩编码。不过，单依靠色彩不能达到有效区分的目的，一是由于视觉只有在照明条件较好的情况下，才能有效地辨别色彩；二是色彩种类多了，难以辨清，甚至出错。因此，色彩编码的使用范围也受到一定限制，一般只局限于红、橙、黄、绿、蓝五种颜色，多用的是红、绿两色。

5. 符号编码

用文字符号来区分控制器，称为控制器的符号编码。当控制器较多，形状又难区分时，可在控制器上标适当符号，或在控制器旁侧标文字符号加以区分。这些符号要力求简单、达意。

注意　当用文字符号来说明控制器的控制内容时，应注意以下问题：

(1)说明文字符号应写在最接近控制器的地方；

(2)说明字符应简单、明了，尽可能采用大家都能理解的、通用的缩写；

(3)说明字符应清楚表明该控制器的控制内容；

(4)说明字符要通俗易懂，专业术语要标准；

(5)说明字符中的文字和数字应采用清晰字体；

(6)说明字符的部位应具有良好的照明条件。

但是，用符号来区分控制器的性质总不如用形状区别来得准确。因此，符号编码只能在不得已的情况下使用，或用于形状区别之外的一种辅助标记。

四、控制器的设计

控制器的操纵以手动操作占绝大多数，因此，研究手的运动规律对于手动控制器的设计具有重要意义。

1．手的运动规律

(1)在垂直面内，手的运动速度比左右运动要快，且准确度高；

(2)手从上往下运动比从下往上运动要快；

(3)在水平面上，手的前后运动比左右运动要快；

(4)绝大多数人的右手运动比左手快，且右手往右运动比往左运动快；

(5)手向身体方向运动比向离开身体方向的运动快，但是后者的运动准确度较前者高；

(6)单手运动及双手运动的最佳方向如图3－20所示，图3－20 a为单手动作的最佳方向(60°)，图3－20 b是双手运动时的最佳方向(分别为30°)，图3－20 c表示双手准确、轻松的动作方向(轴线方向)；

(7)右手顺时针方向运动比逆时针方向运动要快，左手则相反；

(8)单手操作比双手同时操作的准确度要高，速度要快；

(9)手的运动速度与准确度成正比。

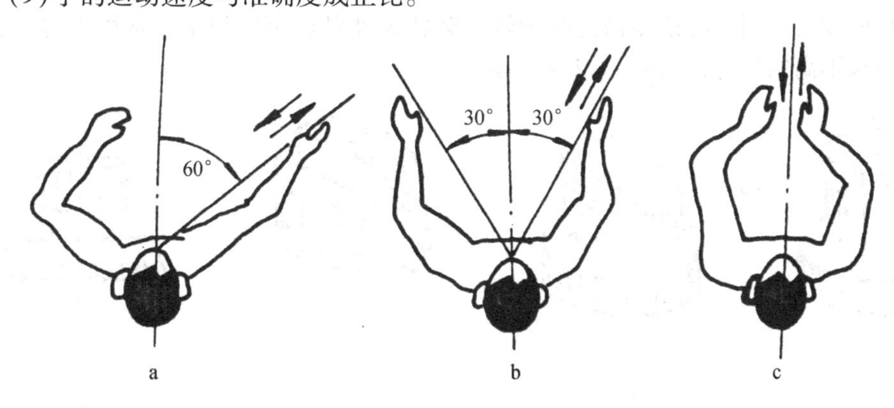

图3－20　单手运动及双手运动的最佳方向

2. 手动控制器的设计

(1)按钮设计。

根据作用方式，按钮的类型有：

① 按下时启动，放松时关闭，如电铃按钮、打字机键盘等；

②第一次按启动，第二次按下关闭，如电视机开关等；

③按下启动并保持不变，再按并列在一起的按钮，关闭或改变控制量级、内容等，如琴键式按钮。

按钮的外形因用途不同而异。经常使用的按钮，以四角钝圆的四方形最为方便，如计算机键盘上的按钮；不常使用的可采用圆形。

按钮表面应呈凹陷或稍粗糙，以防手指滑脱；以手掌施压的按钮表面应呈蘑菇状，以利于手掌用力均匀。

按钮的尺寸一般考虑成人手指端的尺寸和使用要求。圆形按钮，其直径为 8 ~ 18 mm；方形按钮的尺寸为 8 ~ 20 mm；紧急情况下使用按钮或以大拇指施压的按钮，直径可为 18 ~ 19 mm 或 30 ~ 40 mm。

按钮压下时的移动距离应为 3 ~ 6 mm，最多达 10 mm。指控按钮的阻力不应小于 2 N，以便产生一定的手感；也不得大于 20 N，以免操作时引起疲劳。

按钮的色彩设计主要根据功能确定。

①表示“启动”“电源接通”等含义的应使用绿色，如不能用绿色，允许采用白、灰或黑色；

②表示“停止”“断开电源”或发生事故等含义，应该使用红色；

③连续施压以改变工作状态的按钮，其色彩不能用红色或绿色，要用白、黑或灰色；

④按下为“停”的按钮，应先考虑黑色，禁止用红色。

按钮的功能可用不同的颜色、注字或符号来表示。如果不能从按钮本身所处的位置判定是“开”还是“停”，则需要按钮配备专用的指示灯，以显示按钮所处的状态。

(2)旋钮设计。

①圆形旋钮。圆形旋钮能做连续旋转，旋转角度可达 360°以上，常用于对旋转定位精度要求不高的场合，如图 3－21a 所示。

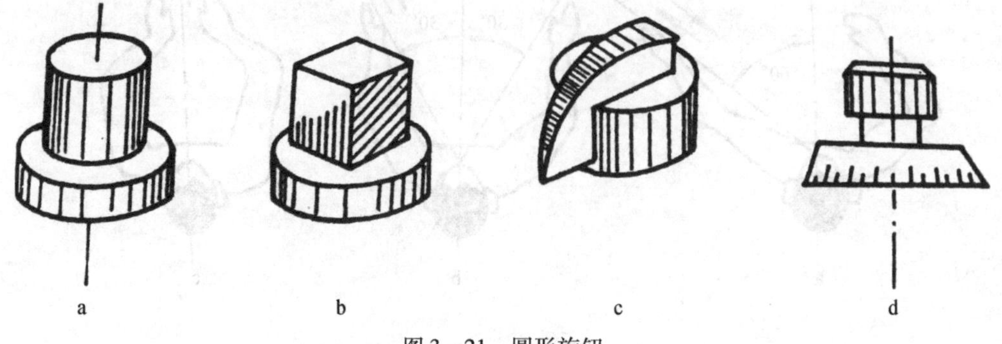

图 3－21 圆形旋钮

为了增加手触按钮的摩擦力，使操纵不打滑，常在圆形按钮周边加工出刻痕。

②多边形旋钮。多边形旋钮用于不需要连续旋转的场合。旋转调节范围小于360°，旋转定位精度不高，如图3－21b所示。

③指针式旋钮。当旋转带有指针的旋钮时，指针指示出旋钮的位置和数值，因此可进行较为精确的调节，如图3－21c所示。

④转盘式旋钮。旋钮的转盘上刻有刻度线，当旋钮同转盘一起转动时，可以较精确地显示出其位置和数值，如图3－21d所示。

⑤扳动开关。这是一种操作迅速的控制器，这种控制器只有“开”及“关”两个功能位置，有时也有中间过渡位置。扳动开关使用几个控制器排列较近的情况，但“开”及“关”应有明显的标志，以方便操作。

一般情况下，电源开关均为扳动开关，使用习惯时向上接通，向下切断，并且它要安置在操作最方便的地方。因为发生事故时，要立即切断电源，按人的本能，手向下动作比向上动作速度要快，以保证安全、可靠。

⑥重叠旋钮。有时为了节省位置，方便操作，可把两个或三个不同直径的圆形旋钮同轴叠加，组成可控制多个指示器的重叠旋钮。但在设计这种旋钮时，要充分考虑多层旋钮各自的直径和高度，使之各层组合后的操作满足互不影响的要求。

如图3－22a所示，由于设计不周，在操作重叠旋钮中的一个旋钮时，手可能会无意接触并带动另一层旋钮，因而产生误操作。

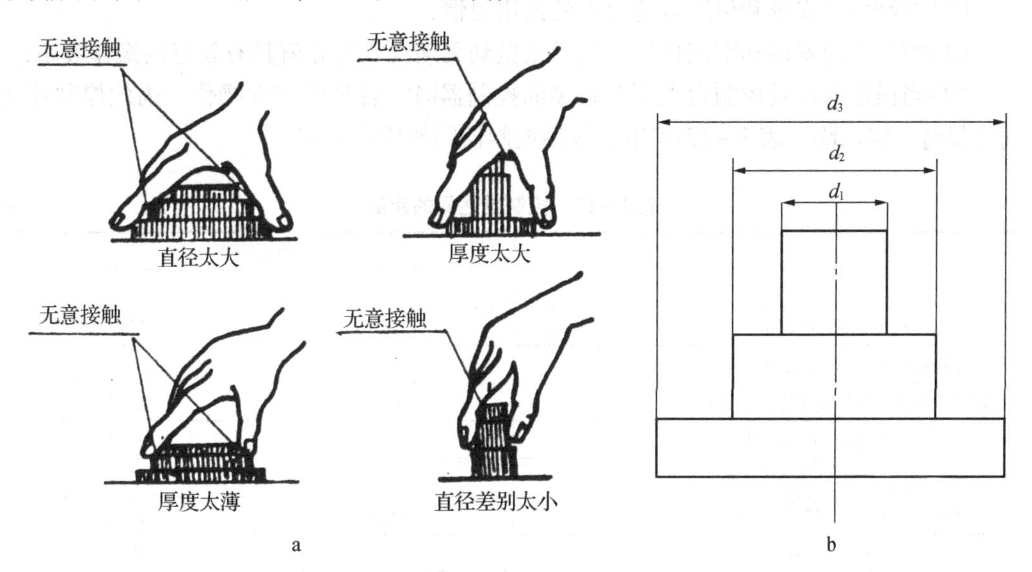

图3－22　重叠按钮

实践证明，重叠旋钮以两层为宜；如果需要三层结构，其有关尺寸如图3－22b所示为好。通常中级旋钮的直径为38.1～63.5 mm为宜，上层及中层旋钮厚度应在19.2 mm以上，下层厚度应为大于6.4 mm。其设计原则是各旋钮单独操作时，不干涉其余两个旋钮。

五、控制器的排列和空间位置

控制器的排列实际对操作者的工作影响很大。好的排列可使人感到条理清楚，操作准确、及时；不好的排列使人感到紊乱无序，操作迟缓，易出差错，甚至酿成事故。

（一）控制器排列原则

(1)控制器应以其所在位置的不同来作为主要区别条件，而它们的形状、标记只能作辅助性的区别因素；

(2)控制器应按照它们的操作程序和逻辑关系排列，为了减少误操作，在操作程序固定的情况下，可以按照操作程序设置互锁装置；

(3)控制器首先要设计在人手(或脚)活动最灵敏、辨别力最好、反应最快、用力最强的空间范围内及合适的方位上，当上述空间范围布置不下时，则应按照控制器的重要性和使用次数，依次设计在较好的位置上；

(4)当控制器较多时，可按照它们的功能分区，各区域之间用不同的位置、色彩、图案或形状进行区分，也可以用分割线分割各区；

(5)联系较多的控制器应尽量互相靠近；

(6)控制器应尽量与它相应的信号灯设在相邻的位置上，或者二者形成对应的空间(位置)关系；

(7)控制器的安排和位置应适合人的使用习惯；

(8)控制器的安排和空间位置，应尽量做到无须视觉指导就具有较好的操作效率；

(9)当操作面板及控制台上配置较多的控制器时，容易引起误操作，因此控制器之间应保持一定间隔，表3－15列出了各种控制器间的应有距离。

表3－15 控制器之间的距离 mm

控制器操纵情况	相互距离	
	最小	最大
一个手指操作(随机)的按钮	12.7	50.8
一个手指操作(顺序)的按钮	6.4	25.4
不同手指操作(随机或顺序)的按钮	6.4	12.7
一个手指操作(随机)的按钮开关	19.2	50.8
一个手指操作(顺序)的按钮开关	12.7	25.4
不同手指操作(随机或顺序)按钮开关	15.5	19.2
一只手操作的(随机)旋钮	25.4	50.8
两只手同时操作的旋钮	76.2	127
周期使用的选择性旋钮之间的边距	50	
交错排列的连续使用的按钮之间的边距	15	
连续使用的转换开关(或扳动开关)柄之间的距离	25	
周期使用的转换开关(或扳动开关)柄之间的距离	50	
许多人同时用手操作转换开关两邻边的最小距离	75	

（二）空间排列

根据上述原则，下面就控制板、控制器、显示器的空间排列进行讨论。

1　控制面板（控制台，控制盘）的方位

垂直或稍向后倾斜的控制板比水平安置较为合理，因为垂直（或向后倾斜）控制板不仅可以避免手的操作无意的触动其他控制器，而且便于视觉对整个操纵系统的观察。

当控制器的种类和数量较多时，可采用多块式控制板。图 3－23a 是由左、中、右控制板组成的控制台；图 3－23b 是由上、中、下三块控制板组成的控制板。

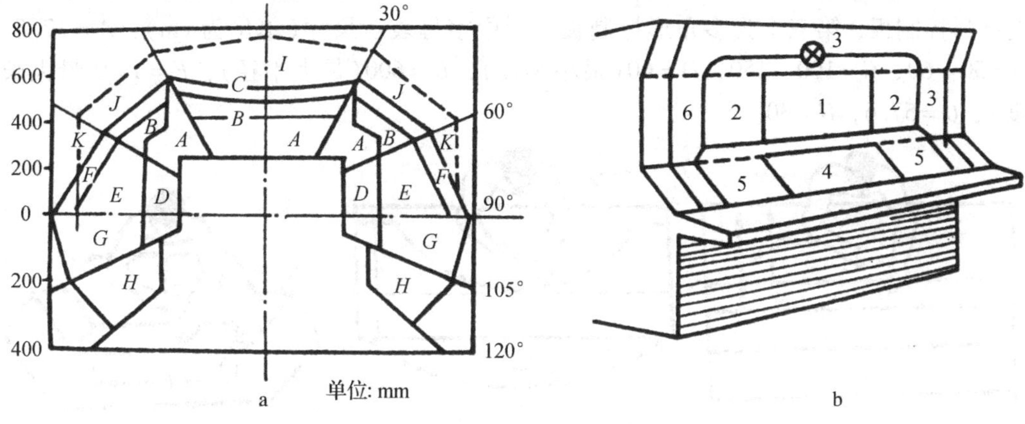

图 3－23　左、中、右控制板组成的控制台

当采用左、中、右三块控制板时，控制板之间的夹角以 105°～115°为宜；如果是双人操作，其夹角可取 125°～135°。

表 3－16 列出了多块式控制板的空间位置和各个区域上适宜安排的控制器。

表 3－16　控制器显示器分布区域

	控制器、显示器特征	建议分布区域（字母与图 3－23a 相对应）
使用情况	常用	4，*A*，*D*
	次常用	5，*B*，*E*
	不常用	6，*C*，*F*，*G*，*H*，*I*，*J*，*K*
	按显示器进行操作（不向外观察）	*A*，*B*，*C*
	要求精度较高	*A*，*B*，*C*，*I*，*J*
	视敏度要求较小	*D*，*E*，*F*，*G*，*H*，*K*
操作情况	按钮	*B*，*C*，*F*，*H*，*I*，*J*，*K*
	操纵杆	操纵点前方 300 mm 区域
	手指操作	操纵点前方 50～80 mm 区域
	手腕操作	*A*，*B*，*E*，*G*
	操纵动作长	*A*，*B*
	操纵动作因动作不同而有差别	*C*，*D*，*E*，*F*，*G*，*H*
	手部用力大于 120 N	*A*，*B*，*E*，*G*

续表

	控制器、显示器特征	建议分布区域(字母与图3－23b相对应)
显示器	最常用、最重要者	1
	第二级	2
	较少用、较次用	3

图3－24给出了三种不同的控制板的建议尺寸：第一个为前方平面控制板；第二个为弧形控制板；第三个为多角形控制板。图中字母表示尺寸(单位为cm)：$A=37.5$，$B=50\sim60$，$C=100\sim150$，$D=60$(最小半径)，$E=600$(最大半径)，$F=100$(最大长度)，$G=57.6$，$H=30$。

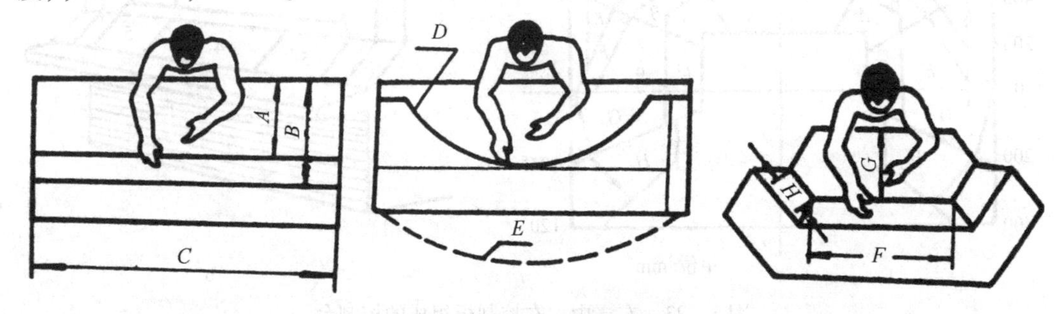

图3－24　三种不同的控制板

2. 控制钮的位置

(1)控制钮设在中央前方区域中，其工作效率较高，但越靠边缘，效率越低。在人体躯干不动的情况下，控制钮的适宜区域应设在以肩为圆心的半径为60 cm的球形区域内；如果允许躯干运动，则圆球半径可增大到76 cm。

(2)最常用的按钮应设计在以肘为圆心，半径为35.6 cm的圆球区域内；如允许肘运动，则球半径可增加到40.6 cm。

(3)控制钮以外的手动控制器应设计在肩与腰之间的高度范围内。

(4)对于要求精确操作的控制钮，最好设计在肩水平上下的区域中，且垂直纵行排列，各钮之间距离以12.7 cm为宜。控制钮垂直排列比水平排列易于正确分辨。

(5)当水平排列控制钮的间距小于20 cm时，钮的定位操作误差随间距减小而增大。当间距大于20 cm时，钮的定位操作误差变化不大。

(6)垂直排列的钮，其临界间距为12.7 cm，水平排列的钮为20 cm，因此，前者比后者节省空间。

(7)控制钮的调节位置以0°，90°及180°处的调节误差为最小。

六、显示－控制的相合与习惯性

在设计各类产品的显示器和控制器时，不仅要考虑它们各自的适应性，还必须考虑到它们彼此的配合。这种配合指的是一种显示方式必须有与之相适应的控制方式。有了这种相宜的配合，才能发挥较高的操作效率。

1　显示－控制(反应)相合的影响因素

(1)人的机体特性。人的机体特性决定了人对简单的操作较为适应，而不习惯于复杂的操作。例如，用两个旋钮对仪表指针做连续跟踪操作，不如用一个旋钮的连续旋转对仪表指针连续跟踪来得方便和简单。

(2)信息加工的复杂性。用口头读数的方式对数字显示做出反应，效率较高，也无须进行复杂的信息加工；如果对数字显示的反应采用一定位置上的按钮来表示，则需要人把数字翻译成按钮的空间位置编码这一道信息加工程序，因此，响应速度慢，容易增加差错。

(3)遵循人的习惯。通常，仪表指针方向转动表示数值增大，逆时针转动则表示数值减小，这就是一般人的习惯。如果把这种关系反过来，将使人在操作时的反应时间延长，且容易产生差错。这种定型模式是人的习惯所制，年龄越大，习惯定型表现得越明显。违反人们习惯定型的设计，操作人员虽然可以通过训练和实践能够适应，但一遇到紧急意外情况，就会还原到原有的习惯定式，产生误操作。

2. 显示－控制(反应)的编码和编排相合

显示－控制(反应)编码和编排相合的目的，主要是减少信息加工的复杂性，从而提高工作效率。这里最主要的原则是显示的编码尽可能与反应的编码相一致。

(1)信号灯与反应钮的编码。在有较多信号灯和反应钮的控制台的操作中，最好的方案是将灯和钮设计成一体，使灯光的反应直接产生在按钮上，这时，无须信息加工即可采取操作方式。也可采用灯和钮分开，但二者距离十分相近的编码方式。还有一种编码方式是将反应钮设计在操作盘上，信号灯设计在显示板上，并用字符标出二者的对应关系。这种方式比前面两种方式的操作效率要低，但这种方案可节省空间，适于信号灯及反应钮较多的情况。

(2)仪表显示器与控制钮的编排。当具有较多仪表及其对应的旋转时，两者的编排方式影响着工作效率。图3－25a中显示器与控制钮相对应，其效果要比图3－25b的编排好。

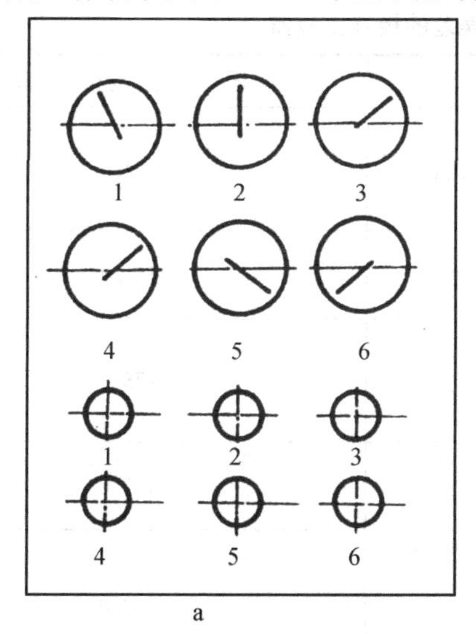

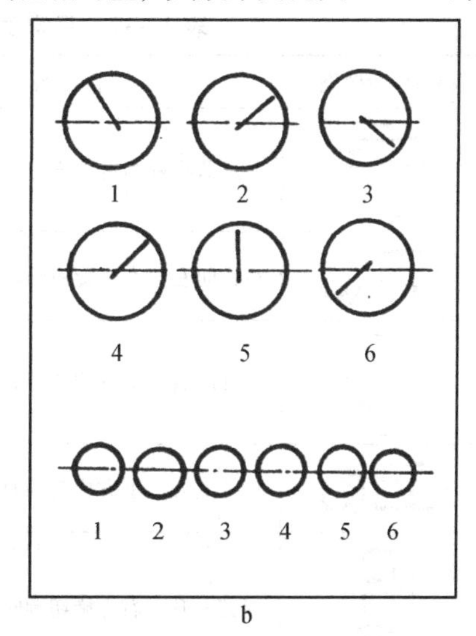

图3－25　显示器与控制钮位置

(3)信号与控制器的编码。信号与控制器的编码最好与人们的功能或含义相联系。通过形状、色彩、符号等反映出它们的功能或含义，从而可使操作人员减少或避免误操作，杜绝事故的发生。

3. 显示 - 控制(反应)的运动方向相合

显示器的指针(或荧光屏上的光点)运动方向与控制器的运动(反应)方向应当相互适合，才能达到提高操作效率的目的。

由于显示器和控制器的样式较多，各自的运动方向也多种多样，而且二者也不一定位于同一平面上，因此，二者的方向相合问题也比较复杂。但是，不论在何种情况下，总有一个较为合适的方案，使操作者感到自然、习惯。

(1)直线运动显示器与直线运动控制器的方向相合。如图 3 - 26 所示，水平面上的箭头表示操纵杆可做的运动方向，垂直面上圆中的箭头表示显示器指针的运动方向。不难看出，图 3 - 26b 的方向相合关系最好，图 3 - 26c 最差，图 3 - 26a 居中。

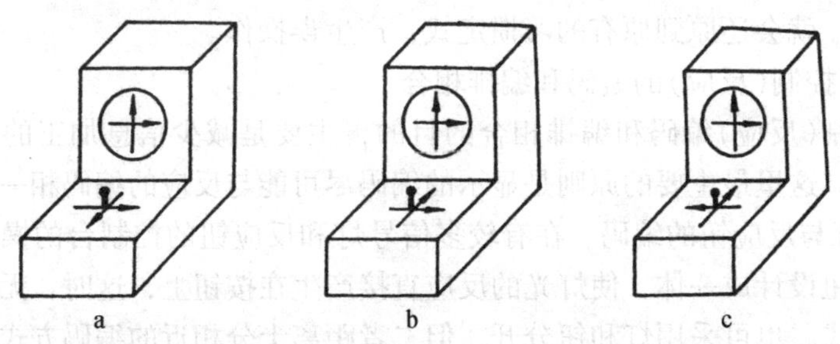

图 3 - 26　直线运动显示器与直线运动控制器的方向

(2)直线运动显示器与旋转运动控制器的方向相合。位于同一平面的直线运动显示器与旋转运动控制器的相对位置不同和运动方向不同，操作者的平均读数误差也不同。上述各种相对应的平均读数误差的相互比较值如表 3 - 17 所示。

表 3 - 17　平均读数误差的相互比较值

方案	相对位置图例	说　明	平均读数误差的相互比较值
a	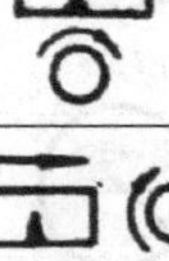	显示器指标向右，下方旋钮顺时针	154. 0
b	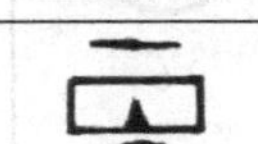	指针向右，右边旋钮顺时针	153. 9
c	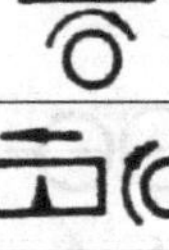	指针向右，下方旋钮顺时针	178. 3
d		指针上升，下方旋钮顺时针	172. 0
e	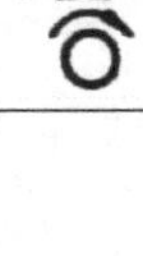	指针上升，右方旋钮顺时针	163. 0

续表

方案	相对位置图例	说　明	平均读数误差的相互比较值
f		指针下降，下方旋钮顺时针	155.6
g		指针下降，下方旋钮顺时针	174.1
h		指针下降，右方旋钮顺时针	180.9

从表 3－17 不难看出，b 方案误差最小，h 方案误差最大。

(3) 圆形显示器与旋转运动控制器的方向相合。这种情况的最佳设计方案是显示器指针运动方向与控制器旋转运动方向相一致。如控制器顺时针转动，引起显示器指针也顺时针转动，且表示数据的增加。

如图 3－27 所示，当选用三层复合控制旋钮与三个圆形显示仪表时，除了应将两者的运动方向设计成一致外，还应有如下的对应关系：上层旋钮与左侧显示器对应，中层旋钮与中间显示器对应，下层旋钮与右侧显示器相对应。

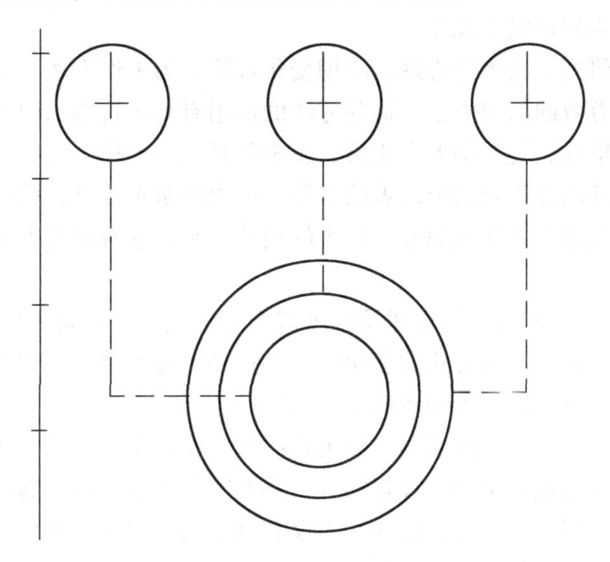

图 3－27　三层复合控制旋钮与三个圆形显示仪表

注意　控制器设计要点小结：

(1) 控制器的位置要便于操作，便于迅速正确判断开关，控制器外形要符合操作者的心理状态，控制器的结构要有利于操作者避免或减少不必要的多余动作。

(2) 控制器的功能、任务、使用频率等应与操作者用力大小相适应。

(3) 控制器与显示器的位置设计要恰当，文字颜色要便于识别，二者的运动方向要结合。

(4)在有多个控制器的情况下，其形状、大小、色彩、结构与任务要便于操作者识别，以避免误操作。

模块十　劳动心理学简述

在工业劳动造型设计中，还要体现劳动心理学所涉及的因素。劳动心理学是研究劳动者在劳动过程和劳动组织中的心理活动的一门科学。

劳动心理学的基本任务，包括以下内容。

(1)研究劳动者掌握和改进生产技术的心理活动规律，帮助劳动者运用新技术，增强劳动熟练程度，促进生产技术及劳动组织革新，提高生产效率。

(2)研究劳动者在各种工作环境中的心理活动及其对工作效率的影响，例如，研究在照明、色调、声音、温度等对于人的心理活动和工作效率的影响。

(3)研究如何合理安排工作及休息时间使之既能充分利用机器设备，又能使劳动者得到良好的休息及有效地消除疲劳。

(4)研究提高劳动生产率与精神需要、物质利益的有机结合，充分发挥劳动者的积极性。学习和研究劳动心理学，对企业劳动者素质的提高、技术水平及管理质量等都具有重要意义，具体表现在以下几点。

①劳动心理学研究劳动者的心理、心理变化规律，为工作方法、工作环境的设计提供科学依据和行之有效的测定方法。这些方法的运用有利于管理部门制定和实施安全技术规程、劳动保护措施，使劳动者在正常、安全的环境中工作，保证身心健康。

②研究不同职务的性质及其劳动者的素质、能力的基本要求，探索如何对不同职务的人员进行培训，使之尽快达到职务所要求的技能水平，这对开发人力资源、挖掘人的才智具有重要意义。

③ 研究人－人系统中的个体心理及群体需要等问题，来探索影响职工生产积极性的一些因素，这对于提高奖励方式的强化作用，提高劳动者对工作本身的内在满意感都有重要意义，十分有利于提高劳动者的生产积极性。

④研究人－人，人－机－环境的相互关系的对工作效率的影响，使管理部门对职工的要求、建议、意见能进行全面、客观的分析并及时采用相应的措施加以改善，使生产不断发展。管理者对职工的关心、指导，不仅有利于提高职工的工作满意感，而且有利于协调上下级关系，建立融洽的组织气氛。

第四篇 工业产品造型的设计理念与技法

模块十一 形成产品造型设计理念

本模块初步介绍了工业产品造型的基础知识，包括工业产品形态的变化、工业产品造型因素以及工业产品的时尚性。

本模块重点讲解了现代造型设计的新理念，尤其是分析了后现代主义给工业造型设计理念带来的影响，使得产品更加具备时代特色。

任务一 了解产品造型基础知识

一、产品形态的演变

自从人类社会产生以来，人类所需要的各种用具的形态随着生产力的不断发展而不断变化着。在这漫长的演变过程中，人类所创造的产品可分为四种形态造型。

1. 原始形态造型

原始形态是人类初期各种用具的造型。由于当时生产力低下，加上人类对事物认识肤浅，其用具造型只是简单地达到功能目的，毫无装饰成分。

2. 模仿自然形态的造型

随着生产力的发展，人们对自然界认识的深化，再加上生产工艺的进展及变现手法的丰富，简单的原始形态已不能满足人们使用和欣赏的需要。因此，人们在不断改进用具的物质功能的前提下，用各种手段将自然界中种种美的形象装饰在器物上，或者直接模仿自然界中的花、草、鸟、兽等形态做成器具。这些产品，不仅具有较以前更完善的物质功能，而且拥有原始形态所缺少的精神功能。这一种形态的造型，目前在日用品中尚能见到，如猫壶、虎帽、竹节瓶等。

这类形态的产品，由于其物质功能、使用功能与造型形式无法很好地统一，往往使产品的形式与内容脱节，失去内容与形式的统一美。此外，这类形态的产品，大多造型琐碎、凌乱，缺少现代人审美所需要的简洁、大方和明朗特征，使人产生陈旧感和落后感。这类产品还因造型烦琐，不能适应现代化工业生产的要求。

3. 概括自然形态的造型

经过漫长的历史进程，在对事物本质理解的基础上，人类有了一定的概括能力。人们的思维已不能满足只停留在事物的表面形态上，要进一步向纵深发展，并引起更广泛的联想。在造型艺术上，就出现了对自然形态加以概括的造型。

这种形态的造型，在抓住事物本质的基础上，既保留了自然形态中的优美部分，又使人的思维摆脱了具体的自然形态的束缚。具有这种形态造型的产品，如灯具、花瓶等日用品，它们基本上是以自然形态为基础，对烦琐及次要部位进行了概括，使造型趋向简洁，适应了现代工业生产特点。但是，由于造型仍未完全摆脱自然形态的束缚，使产品的内容与形式的结合不甚紧密，削弱了内容与形式的统一美。

4. 抽象几何形态的造型

抽象的几何形态是在基本几何形体(如长方形、球、棱锥、棱柱、圆柱、圆锥等)的基础上进行组合或切割所产生的。

基本几何形体具有肯定性，因此组成的立体形态就具有简洁、准确、肯定的特点。又因为简单的容易辨认的几何形体都具有一种必然的统一性，所以组成后的立体形态在整体上就易取得统一和协调。此外，几何形态还具有含蓄的、难以用语言描述的情感与含义，因而能较好地达到内容与形式的统一。

形态的简洁、明朗和有力，不仅可迅速表达产品的特征和物质功能，而且完全适合现代工业生产的高效、批量、保证质量的特点。

具有一定审美意义的几何形体的造型，与原始形态的造型有点雷同。但实际上，二者有着本质的不同。现代产品的抽象形态，在制作材料、质感和加工工艺上都有了根本的变革。更主要的是，现代几何形态的产品造型，在比例与尺度、统一与变化、调和与对比、主从与重点、比拟与联想等都达到了原始形态无法比拟的境界。

产品形态的发展，是在做螺旋式前进。因为形态的发展与科学技术、人的审美观念有着密切的关系。科学技术与人的审美观念的前进与变化，既不是割断历史的跳跃，也不是绕圈子的运动。因此，形态的发展是哲学中“否定之否定”规律在造型艺术上的一个具体体现。

二、产品造型因素

一件工业产品的造型是总体布局、结构、电气、金属工艺等与造型设计之间创造性劳动的完美结合。它需要多工种、多工艺的共同协作，并通过各种造型手法，归结为一个完美的外观造型。影响造型的因素很多，这里仅就其主要因素简介如下。

1. 体量

产品的物质功能是形成产品体量大小的根本依据，如重型载重汽车与轻型轿车的体量差别是由各自的功能所决定的。在造型上，体量的分布与组合会直接影响产品的基本形态和风格，是造型设计的关键。

结构对称的产品，多为对称的造型。对称的形体具有端正、庄重、稳定的性格。但过分强调对称，又会使造型显得呆板。因此，在对称产品造型设计时，要注意变化因素，以求得在整体对称结构的前提下产生局部变化，达到丰富、活跃的生动效果。

结构不对称的产品，在进行体量组合时，首先要考虑符合实际均衡的要求，以保证造型的稳定感。

体量的组合要避免单调及紊乱。大体积的单调组合或小体积的多体量杂乱拼凑，都是违反形式美法则的。

在具体造型设计时，要注意体量大小的对比、虚实的对比及韵律、主从的安排，使之有主有从，又不失统一和协调。

2. 形态

构成产品外观的点、线、面、体等形态要素具有不同的形状，如方圆、扁厚、高低、宽窄、粗细、几何形与非几何形等。形态的变化与统一，就是通过上述形态要素将繁杂的造型物转化为高度的统一，形成简洁的外观。

获得形态的统一感主要有两个方法：一是将所有部分去陪衬某一主要部分；二是同一产品的各组成部分在形状和局部上保持相互协调。在造型设计中，整体与局部或局部与局部采用同一种基本形体，或者采用有变化而变化不明显的形体，都能取得形体协调的效果。以电视机为例，其立面整体、屏幕及其控制按钮面板均采用矩形，尽管在长宽比例上有差异，但整个形体显得协调。

为了避免造型单调，可运用对比手法来表现其形体的差异性。例如，以直线为主的构图中，在某一部位运用曲线，可获得活泼的效果。

3. 线型

造型物的线型包括视向线和实在线两大类。

视向线指的是造型物的轮廓线。由于观察者的位置不同，观察物体的视线方向也不是固定不变的，因而造型物的轮廓线随着视线方向的变化而变化。因此，用视向线称谓随观察角度不同而变化的轮廓线是合理的。

实在线指的是装饰线、割线、压条线、亮线等。因为这些都是客观存在的线。

线型是产品造型艺术能够富有表现力的一种因素，线型设计直接影响造型物的艺术效果。因此，无论是建筑物还是工业产品，都十分重视线型的处理。

(1)线型的选择。不同的线型决定着造型物形态的不同基本性格，线型还能体现出造型物的形式美，它也与人的心理反应有着密切的联系。

线型的选择与下列因素有关。

①线型的选择应与产品的物质功能相适应。如交通工具的线型选择应保证其运行的阻力为最小，因此，汽车、飞机的线型多选用“流线型”；机器设备的线型必须考虑机体的稳定和操作方便，因而多采用直线型。

②线型的选择应考虑各种线型的特征，使之与人的心理需求相适应。以直线为主的基本几何形体，给人以静穆、浑厚、庄重、工整、均齐和严肃的感觉。以曲线构成的形体，则给人以奔放、活泼、轻快、生动和多变的感觉。

由于功能不同，产品在人们心目中的形象特征也不同，而线型的选择不与人们的这种心理相一致。否则，就削弱了产品的个性，影响人们对产品的理解。以直线表现机床的稳重感及以曲线(或曲线与直线组合)表现台式仪器的轻巧感的用心就在于此。

③线型的选择要考虑整个产品的形式美。形式美要求在变化中求统一，在统一中求变化。线型选择既要注意产品整体风格的统一，也要考虑整体统一的局部变化，做到静中有动、动中有静，即曲中有直、直中有曲。

(2)线型的组织。由于造型物的线型组织至少在两个方向(水平及垂直)上进行，因此在线型的组织过程中，必须突出某一个方向的线型，以产生线型“主调”，使造型物具备鲜明的性格特征。

线型的组织应根据造型物的功能和造型物在人们心目中存在的心理形象来组织。也就是说，造型物的线型“主调”不但与造型物的物质功能有关，而且还与造型物的动势有关。动势是造型物具有生命力的体现，对于由基本几何形体组成的工业产品，这个动态体现为造型物的典型性格。根据这些因素所确定的线型组织和造型物的线型“主调”，不仅能使造型物的内在功能与外观形态取得统一、协调、完整的效果，而且还使造型物具有典型性格。

如机床的造型，采用水平、垂直两个方向的线型，使整个造型物呈现方正、稳定、简洁的视觉效果。线型主调是水平线，强调了机床的稳定感；而且该线型主调与机床部件(工作台)的水平方面运动相一致，则加强了机床的动势，体现了机床的典型性格。

再如楔形轿车，采用水平线和斜线的组合，水平线为主调，强调了汽车的运动趋势，使人感受到水平运动的速度感。车身向前倾斜的线形(楔形)，强调了行驶阻力的减少和高速行驶的稳定性。

线型在造型设计中是最富有情感和表现力的基本要素。这不仅体现在方向根本不同的线型上，还体现在线型的直与曲上。

如图 4-1 所示的两种轿车的造型，由于都是交通工具，它们都采用了水平方向作为线型的主调，强调了汽车的运动感。但是，两者水平方向线型的稍有差别就能使人们产生心理感受的较大差异。图 4-1a 的造型，汽车头部略高于尾部，使人联想到动物奔跑的姿势。这种联想与轿车在人们内心中的心理形象是有矛盾的。动物的重心在奔跑时的运动轨迹是抛物线，抛物线运动可分解为水平方向的分运动和垂直方向的分运动。由于存在垂直分运动，其能量消耗肯定大于单纯做水平运动的能量，与图 4-1b 前低后高的楔形汽车造型相比较，速度的感受就不如后者强烈；再加上前者具有垂直方向分运动，其平稳舒适的感受也远不如后者。

因此，图 4-1b 的楔形汽车给人们的心理感受是能耗小、速度快、运动平稳舒适。空气动力试验也证明楔形轿车的行驶阻力小，高速稳定性甚佳，是现代轿车造型的典型形态。

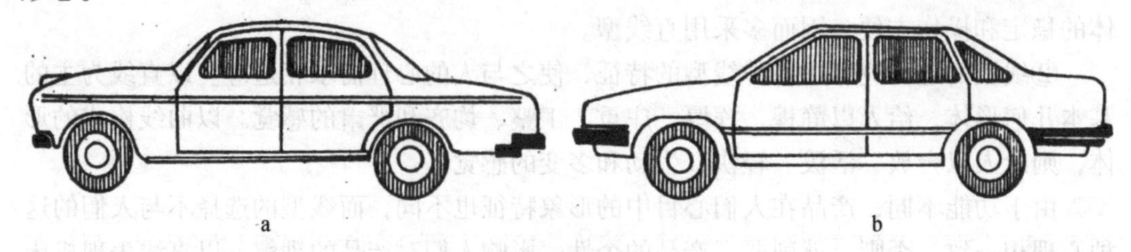

图 4-1 两种轿车造型

(3)装饰线。装饰线的选用必须从产品的整体形态出发，以加强产品动势为目的进行装饰线设计。

装饰是为了强调形态，也就是说，只要能把造型物原来美的形态强调出来，就达到了装饰的目的。装饰应尽力避免画蛇添足或虚假烦琐。装饰设计的指导思想应该是以形态本身创造美，借助装饰充分显露出形态美。装饰具有“露优”和“藏拙”的作用，在产品造型中，装饰设计也不能忽视。

①明线装饰。明线装饰是采用与造型物不同的材料、不同的色彩的立体装饰条，固定在产品的外表面上，起着装饰的作用。如轿车车身的电镀装饰线条，使汽车造型完美，削弱了汽车各部分比例不均匀的视觉现象，掩盖了车身上的接缝，增强了汽车的动感。

应该指出，装饰线的质感、色彩，以及装饰线的断面形状、尺寸，都对造型物的性格特征产生影响。装饰线的工艺应该精致、美观，给产品增添生气。

②暗线装饰。暗线装饰是在造型物表面上做出凸凹所形成的装饰线。它主要是利用凸凹的光影作用，形成亮线和暗线，从而起到装饰和分割作用。由于暗线装饰与产品的色彩一致，故所产生的视觉效果很协调、素雅，同时富有层次感。暗线装饰还起着藏拙的作用，增加了产品的精密感。

4. 方向与空间

在造型设计中，常常采用方向的对比或空间的安排等手段，以丰富产品外观形象。方向对比和空间安排，同样必须建立在对产品功能的正确理解和对材料、结构的确切表达的基础上。

方向是指形体形状的方向，即水平与垂直、陡与缓、同向与反向、敞开与紧闭等。

空间是前与后、上与下、左与右、近与远、浅与深、虚与实、平坦与凸凹等。

由于人们善于各种联想，对于上述情况常常有不同的感受，因此方向和空间对于产品造型的艺术表现力也起着重要作用。

形体的方向造型，在高速交通工具设计中尤为重要。因为形体结构必须符合空气动力学理论，使形体在高速运行时的阻力最小，这就要求形体与前进方向一致，且形体呈现“流线型”。

由于生活实践、理论引导和感觉上的习惯，视觉中对于形体方向与前进方向相一致的物体会感到一种自然的前驱感，这样的形体结构满足了人们的视觉与心理需要，会自然地感到舒服、协调。对于飞机、汽车和高速列车的机身与车体设计，不但应在形体造型上注意方向的安排，而且在机身及车体装饰上也应考虑运动的速度感和行驶安定感。如图4－2所示汽车，其车身装饰色带方向与汽车运动方向一致，体现了速度感；深色的色带安排在车身下部也体现了行驶稳定感。

图4－2　汽车车身装饰色带分布

5. 色彩

产品的色彩设计必须与产品的物质功能、使用对象、环境场所等因素统一起来，在人们的心理中产生统一、协调的感觉。

显现功能是色彩设计的首要任务，如调和使人宁静，对比使人兴奋，太亮使人疲劳，太暗使人沉闷等。

产品的色彩设计，首先要注意产品上色彩配合应有主调。要避免色相、明度、纯度的过于近似及各个色彩面积的对等。在色彩具体运用中，一般常以大面积的低纯度、高明度色调占优势地位，而在局部点缀小面积高纯度的色彩进行对比，以求得和谐、丰富、醒目的效果。

不同的形体对色彩的对比反应也是不同的。比如，用相同的色彩分别涂在体积相同的立方体、球体和圆柱体表面，不难发现球体和圆柱体表面色彩的明暗对比要比立方体强烈，而产生略有差别的色彩效果。

在色彩设计中，还要注意亮色(金属色)和透明色的运用。要尽力避免大面积的反光和过多的透明显示，以免带来较强的刺激而产生视觉疲劳和破坏产品主调的统一。

色彩设计还要与使用环境、民族风俗、地理气候条件等保持相适应的关系。尤其是外销产品，更要注意色彩设计应符合销往国人民的色彩爱憎习惯。

应该指出，色彩的欣赏习惯也是随着时代的发展而变化的，所以不能以一成不变的观点估测不同地区和国家、人民的色彩爱好。

6. 材质

产品造型是由材料、结构、工艺等物质技术条件构成的。在造型处理上，一定要体现材料本身所特有的美学因素，发挥材料本身的艺术表现力，求得产品外观造型的形、色、质的完美统一。

在造型设计中，充分发挥材料的质地美，不仅是现代工业生产工艺水平高低的体现，而且也是现代审美观念的反映。

质感指的是物质表面的质地，它体现出不同材料的材质特性，如钢材具有深厚、沉着、朴素、冷静、坚硬、挺拔的材质特性，塑料具有紧密、光滑、细腻、温润的材质特性，铝材具有华贵、轻快的材质特性，有机玻璃具有明澈、通透的材质特性，木材具有朴实无华、温暖、轻盈的材质特性。

材料质感的表现还与色彩运用互相依存。比如，心理上认为沉闷、阴暗的黑色或咖啡色，如将其表面处理成皮革纹理，则给人以亲切感；再如黑色的金丝绒织物，由于质感厚实和反光，则显得高雅和庄重。可见，材料的质感能呈现出一种特殊的艺术表现力，在处理产品质感时，应慎重而大胆。

任务二　保持造型设计的时尚性

每一件工业产品，在造型设计上或多或少都带有生产时代的烙印，我们称这种时代烙印为产品的时代性，也称为时尚性。

造型的时代性是工业产品客观地反映某一时期、某一地区的科学技术发展水平与人们审美观念所表现的特点，它具有较强的时间性、先进的科技性和审美要求。

不同时代的产品，具有不同的时尚性。商、周、朝代青铜器的威严、凝重，充满神秘感；唐代梅瓶的小口膨腹，体现出端庄、丰满的丽姿；清代宫廷用具，显得繁杂堆砌。

具有强烈时代感的工业产品，应该在功能上体现出该时代最新的科技水平，在造型上体现出现代工业的生产方式、新材料及先进工艺水平；同时，还应体现出符合该时代的人们审美观念的形态和色彩等。

社会的发展，人们物质生活和精神生活的不断提高，使得产品的时尚性对商品的生命力和竞争能力是至关重要的。

搜索产品造型的时尚性，其目的就是从理论上寻求工业产品造型发展规律，给产品的设计、制造和销售提供科学依据，以获得较大的社会效益和经济效益。

一、影响工业产品时尚性的因素

1．产品物质功能的转化

随着时代的进步，人民生活的提高，原有产品的物质功能不断转化。这种功能的转化会影响产品的造型形式，即造型形式是随着功能的主观化而变化的，特别是在人们日常生活联系比较密切的工业产品中。

手表造型形式的变化就是一个典型的例子。以前的手表，以计时为功能，针对这一功能所进行的造型设计的要求是：手表形态大小适中，刻度划分准确，指针长短要符合视觉迅速、准确地判断时间，等等。但是现代的手表除了计时功能之外，又增加了装饰功能，人们将它看成是一种艺术品或当礼品赠送。因此手表的这种造型，符合了现代人们追求单纯、新颖、精密的审美观念。

2．科学技术的发展

科学技术是工业的先导，工业产品只有在科学技术给它提供新材料、新工艺、新技术的前提下，才能得到发展，才能生产出具有新功能和新造型的产品。因此，科学技术的进步是产品造型变化的主要原因。

比如金属切削机床，由过去的天然皮带传动发展成今天的单机齿轮传动，使得机床造型由先前的凌乱、复杂演变到现在的紧凑、概括。封闭的造型及加工中心更显示出皮带机床截然不同的崭新的形态。

汽车造型的演变，更说明科学技术对汽车造型的重要影响。19 世纪末人类生产了第一辆汽车，除了以内燃机来代替马之外，车厢的造型与当时的马车相差无几，如图 4－3a所示。图4－3b 为20 世纪30 年代的汽车造型，图4－3c 为20 世纪40 年代汽车造型，图4－3d 为20 世纪50 年代汽车造型。

100 年来，随着科学技术的发展，冲压、焊接技术的进步，新材料、新工艺、新技术的采用，以及空气动力学在造型设计中的应用，使得现代汽车的造型更为简洁、明快、优美、潇洒和舒适，如图 4－3e 所示。

新工艺、新材料的出现和应用，为工业产品的新颖造型提供了物质条件，使产品体现出新颖的质感和触感效果，使产品的外观质量更精美、更宜人。

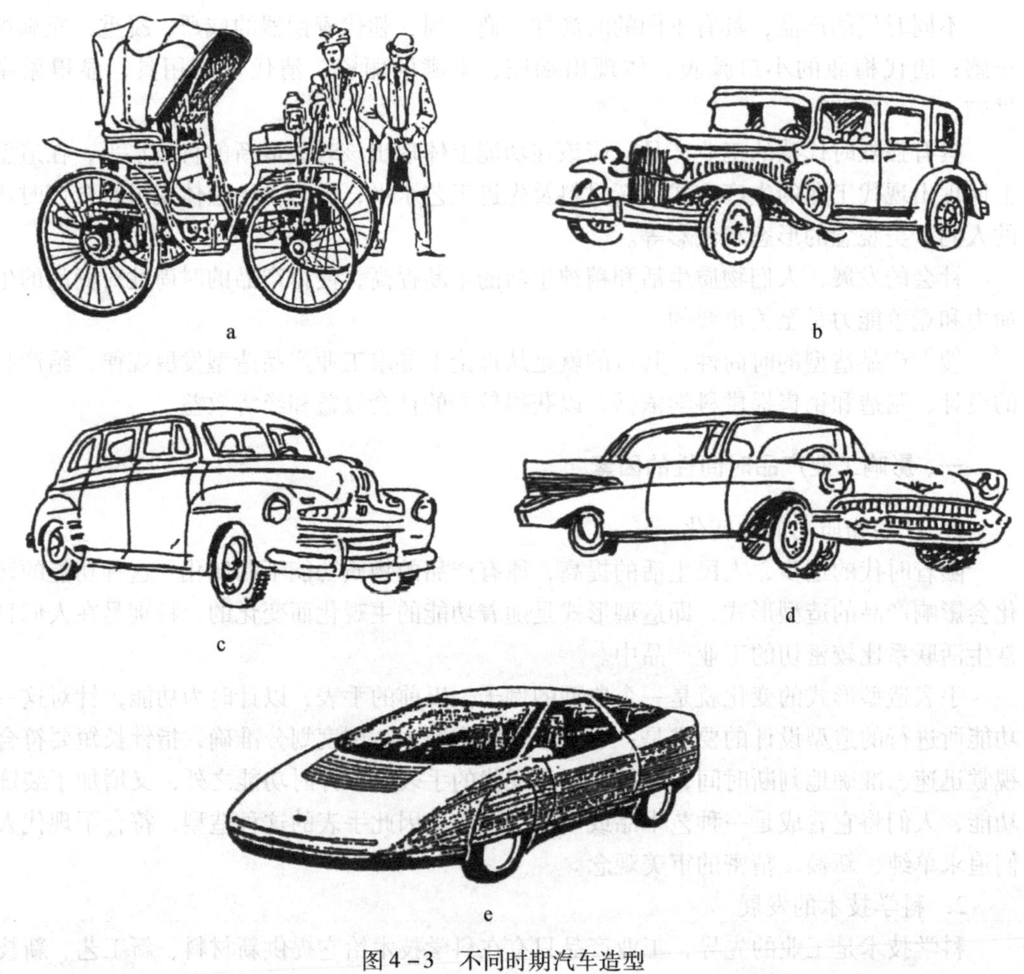

图4-3 不同时期汽车造型

新工艺的发展为工业造型创造了有利的技术条件，如铝材表面化学处理，为产品提供了丰富的色彩；塑料喷绘、塑料烫印、塑料镀铬、塑料印刷等，都为产品的外观增添了新奇的美感。

新材料的问世对产品造型具有重要的变革作用，这种造型的变革打破了人们对产品造型的传统观念。如各种性能塑料的出现，使许多产品的曲面造型成为可能，且其质量精美、准确是金属材料所无法实现的。

3. 审美观念的变化

随着科学技术、文学艺术、生活水平及文化修养的不断提高，人们的审美观念也在不断地变化。

作为一种意识和观念，人们的审美观念既受周围环境的影响，又受到自身的生理、心理规律的支配。总之，审美观念的变化是一个比较复杂的问题。

(1)科学技术的发展，在给产品提供新的更高的物质功能和结构、工艺物质条件的同时，也影响着人们的审美观念。

现在，由于航天技术的突破，微观物质结构不断被揭示，激起人们对大到宇宙，小到原子、质子、电子的物质世界的向往和追求，从而使人们产生了对轻巧、简练、精致、准确的审美追求。如商店出售的一种台灯，其灯罩采用卫星的造型，深受人们喜爱。

(2)社会状态影响人们的审美需求。农村环境广阔，农民希望农机具的色彩设计能够与绿色田野形成强烈的对比，因此不少拖拉机、收割机都涂成红色。

而在城市，由于交通拥挤，生活空间相对缩小，再加上各种视觉、听觉的刺激加重等原因，城市居民追求色彩淡雅、小巧清秀、构图明朗的产品造型。

(3)生理感受的失调与平衡。产品造型主要属于视觉艺术。人的视觉除具有其他特征以外，还具有失调和寻求新平衡的生理机能。

当产品的形态、色彩、肌理长期处于某一模式的状态下，人们就会对产品产生陈旧、单调、乏味的感觉，生理上就处于失调状态。这时，就必须寻求新的形、色、质来达到新的平衡。比如，人们若长期使用曲线型产品，则希望出现平直、挺拔的造型；长期观察灰暗的色彩，则喜欢鲜明、艳丽、对比度强的色彩；长期接触烦琐、复杂的造型，则喜欢单纯、简洁的造型。

新的平衡状态要具有新的内容和新的形式，而不是旧平衡状态内容的简单重复和再次模拟。因此，形态的繁简，线型的曲直，色彩的明暗、直露与含蓄，都遵循着螺旋式的发展规律而变化。

人生理上的这种机能特征促使人们不断追求新、奇、美的形态，对于新颖、奇特、美观的产品造型，人们总是对它们产生购买的动机和行动。在现代社会中，人们的这种特点表现得更强烈。因此，不断完善产品的物质功能、使用功能，并在造型设计中不断地推陈出新，是工业产品竞争力的所在。

(4)其他造型艺术发展的影响。产品造型的演变还受到其他艺术领域发展的影响。现代建筑造型、现代绘画(特别是抽象派)、雕塑，都使得现代产品造型趋向单纯、简洁、明快和抽象。

二、产品造型形式的现代感

设计构思所表达出来的产品形式在人们心理上的影响，是现代设计十分重要的问题。一句话，只有得到人们心理响应的设计，才能使设计的物质和精神功能深化，使精神功能和物质功能完美地结合在一起。因此，研究现代人们的形式心理，使产品具有强烈的现代感，对于现代工业产品造型设计来说，具有很大意义。形式现代感的特征包括以下几点。

1. 单纯

造型设计在表现形式上有简朴和繁丽之分。简朴中含有纯真，繁丽中洋溢着华丽，但两者都不能过分，否则便容易造成简陋和复杂。繁与简这两种设计形式所体现出来的朴素大方的美和富丽华贵的美，成为人们在造型艺术上的追求目标。但是，作为科研、生产和生活服务的工业产品，其造型设计必须向着质朴、简洁、大方、明快的方向发展。

单纯化形态特点，构成形态的要素应该少，形态结构要简单，形象要明确。比如，比较正方形与任意三角形，如果就边数和顶点数而言，似乎三角形是最简单的，但实际上正方形比任意三角形更单纯，因为正方形的四边相等，四个内角也相等，而三角形的三个边是三个方向。因此，正方形的形态结构显得更为单纯。

再如，两个不同形态，组成的形式不同，也体现出不同程度的单纯感。图 4－4 表示了圆与正方形这两个形体的三种组合形式。圆内切于正方形；圆心在正方形的一个顶点上；圆与正方形任意组合。比较这三种组合形式，其结论是 a 比 b 单纯，b 比 c 单纯。

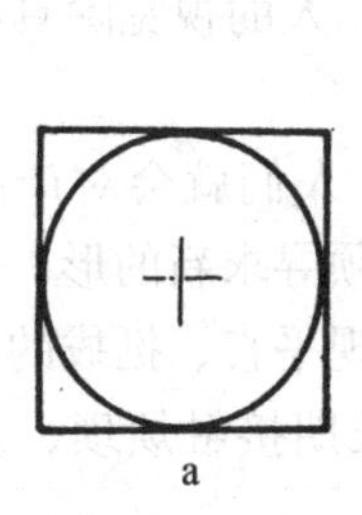

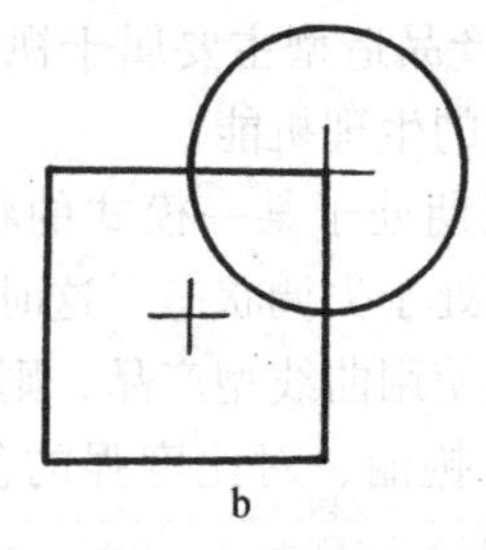

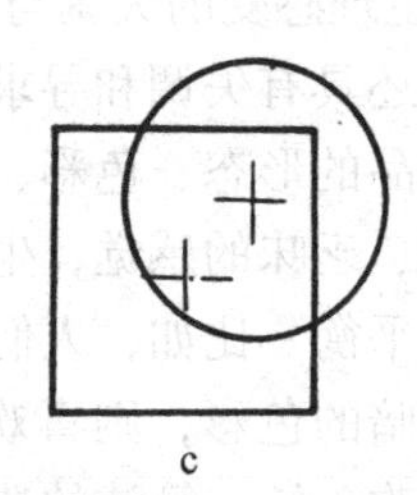

图 4－4 圆与正方形的三种组合形式

2. 抽象

在自然界中，人类生活的一切都是现实的、具体的。现代人对世界的了解是深刻的，人类的思维也发展到了更为抽象的地步，美学的抽象思维在生活中具有丰富的内容。因此，人们要求自己所接触的形体具有抽象的形式美。

抽象的方法，主要有两个规律。

(1) 简洁化的抽象。用理性归纳的方法，将自然形象进行概括、简化，舍弃一切具体的东西而构成抽象的形态。如图 4－5a 为树的抽象形态，它不表现具体的个性特征，它表现的只是一般概念的树，强调树的枝干的条理化，秩序美和节奏美等形态美感；图 4－5b 是海洋的抽象形态，它表现的是概念的海洋，也突显出了秩序美和节奏美。

图 4－5 抽象形态

有的抽象派画家，用抽象的艺术语言——线的方向、长短、疏密、粗细等来表现现代城市生活节奏，也属于这种抽象。

我国的书法艺术是典型的将具体形象进行概括、简化而构成的抽象形态。

(2)由点、线、面作基本素材，按照光学法则或者数学逻辑构成的非具体形象。绝大部分的工业产品的形态都属于几何抽象，它们都是由直线和曲线或圆与方所构成。

3．素质美

素质美不取决于材质本身的高级和贵重，而在于恰如其分地运用材料。即使在泥土、木材、石料等普通的材料中，也能找到素质美的要素。这种无须装饰的材料，以本身的形式和质感，来达到形式美的目的，也能与人们的心灵产生共鸣，而得到同一的美感。今日的工业产品，不再依靠产品的精心修饰、装点和刻意雕琢的形象来吸引人，而是以朴实无华的素质美感染着人们。这一特点在现代家具上体现得最为鲜明，如人们从木材的纹理获得美的享受。

4．秩序与条理

无论是自然形态，还是人为形态，都具有秩序。秩序就是规律。自然形态的秩序，显示出来自然生长的规律性；人为形态的秩序，便显出人对规律的追求。

比如，现代化生产的高速度、高效率，常给操作者带来精神上的紧张感。因此，在操纵控制台的设计上，必须体现出秩序、条理、明确、整齐。一方面可以减少操作者的紧张、疲劳感，另一方面可以降低误操作。

5．扩大空间与缩短时间

由于科技的高速度发展和城市人口的集中，人们总感觉自己的生活空间拥挤，因此在工业产品的造型设计中，要尽量做到是有限的形式空间，在心理上产生扩张和宽阔的感觉。

比如，轿车的内部空间较小，为了使乘客在较小的空间不感到憋闷，可以增大车窗尺寸，由于乘客开阔了视野，产生了车内空间增大的感觉。

为缩短时间，就需要提高速度。心理上的速度提高了，时间在心理上就缩短了，也就符合了现代生活节奏的规律。

6．关于流线型

“流线型”一词有两种含义：一是指自然界中的生物和制造的产品，为适应快速运动的需要所具有的形态；二是指人类在流线型的影响下所产生的产品形式美。

自然界中的鱼、鸟，工业产品的飞机、轮船和汽车，为了在空气、水中运动时所受的阻力最小，必须具有科学的形态——流线型。

现代人对流线型的理解已不仅仅局限于交通工具的运动功能上，而是把它扩展为使造型物具有平顺、光滑、柔和的线形，把琐碎的部分尽量囊括到一个整体之中。显然，这里的含义符合人们对非交通工具造型的审美要求，是被借用的流线型概念，其目的是为了改变产品呆板、坚硬、冷漠的造型效果，以产生生动的、活泼的、柔和的美感，这就是借用流线型的意义。

模块十二　学习造型设计技法

工业制造设计者除了应具备审美能力、创造能力、美学知识之外，还应具有造型设计的表达能力，即通过平面或立体的表达方式，逼真地反映出自己的设计意图和形象，以供人们评价、审定和修改。

工业产品造型设计的表达方式通常有两种：平面表达和立体表达。

平面表达是在参照工业产品的正视图、俯视图和侧视图的基础上，在图纸上画出具有立体感的三维形象——效果图。效果图一般采用透视投影图或轴侧投影图。

立体表达是在参照效果图和正、俯、侧视图的基础上，按照一定比例做出实物模型。立体表达的实物模型比平面图更能全面地反映出工业产品各部分的结构形状、尺寸比例和空间关系等。当然，模型制作的周期较长，成本也高，一般适用于大批量生产的贵重产品，比如汽车制造(特别是轿车设计)，立体表达模型是绝对不可缺少的。

在工业产品造型设计中，既可单独采用效果图，也可以单独采用立体表达，而对于像汽车这类产品必须同时使用两种表达方式。其程序是先画出若干张效果图，然后从中筛选出 1 ~2 张比较好的方案，依此制成模型，再经过严格评价、审定和修改，最后确定出最佳造型。

为了绘制效果图和制作模型，要求造型设计者必须掌握深厚的素描绘画基础。素描还是收集造型素材的重要手段，特别是在造型设计初期和修改造型阶段，素描的作用十分重要，直接关系到造型设计的水平和成败。素描是造型设计的基础，能给设计者带来灵感。一个完美的构思方案，往往是在画画改改中诞生的。

任务一　了解素描技法

一、素描概述

素描是用单色表达物体形象的绘画，它用于产品造型艺术设计构思的第一个阶段，具有确立方案的作用，一般用铅笔、钢笔和炭笔作画。

素描具有以下要求。

1. 图形尺寸及比例要正确

图形尺寸比例应适当，并能正确表达产品的结构。为此，对产品内部的各零部件的尺寸及其相对位置应该准确了解，才能描绘出比例恰当、形象生动的产品形象。

以轿车为例，其侧面最能反映汽车的比例特征。初绘汽车，可以从徒手描绘汽车侧形开始，但要十分注意汽车侧形的比例关系。图 4 -6 所示的例子是描绘轿车侧形时较容易出现的几种毛病：图 4 -6a 的前悬 K 过长，图 4 -6b 上半部 h 过高，图 4 -6c 底部 e 离地过高，而图 4 -6d 各部分比例比较适当。

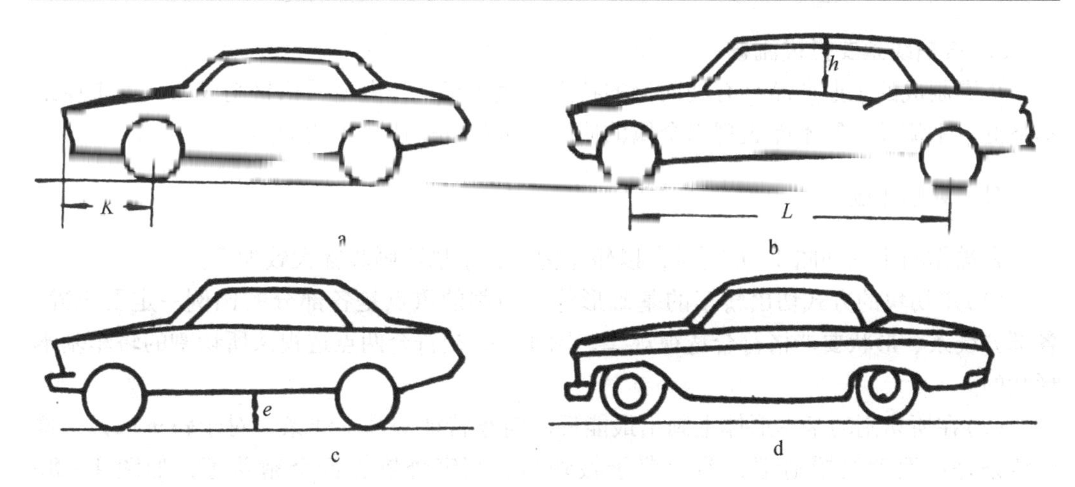

图 4－6　初绘汽车易出现的几种毛病

2. 图形要符合透视规律

图 4－7 列举了素描中常见的几种毛病：a 的轿车几条主要线条不符合透视规律，以致轿车产生严重扭曲；b 的车轮椭圆透视的长轴方向不对，使车轮显得向外撇；c 的各部分不协调，前窗玻璃位置不正确，而且四个车轮动向不一。

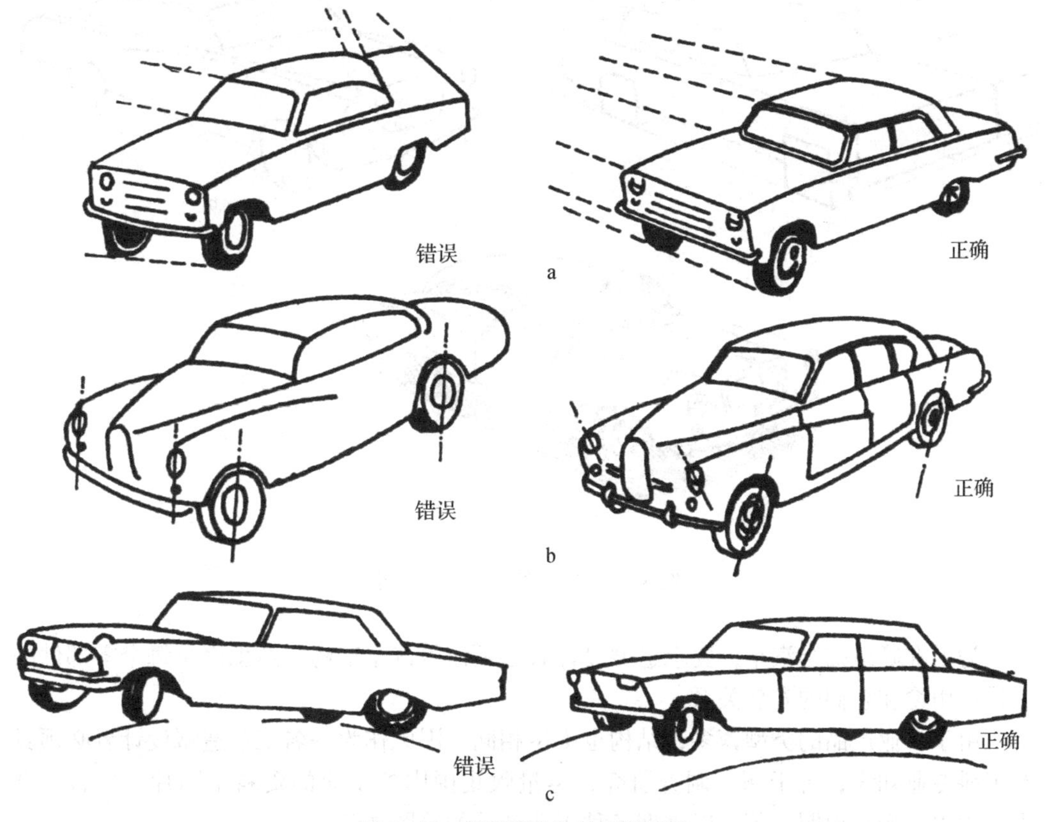

图 4－7　素描图形常见透视错误

3. 素描线条要挺拔流畅

金属制成的工业产品具有硬而挺的特点。汽车车身是由金属板材制成的，如果线条不坚挺、不流畅，则不能表现出金属的质感，也难以表达汽车的动感。

二、素描作画

素描作画步骤如图4－8所示，以轿车为例，素描绘画步骤大致如下。

(1)用切块的方式切出轿车的基础形体。切割的重点是各部分的比例一定要正确，各部分线条、形状要严格符合透视规律，图4－8a是符合两点透视法所切割的轿车基本形状的。

(2)在所切割的基本形体上画出最能反映轿车特征的基本线条。对于轿车来说，这些线条是：发动机罩前端、前后翼子板切口、侧窗外廓、行李箱盖等，如图4－8b所示。

(3)深入刻画细部。详细画出各个局部，并注意局部的结构和比例。对于细小的零部件(如门把手、雨刷片、后视镜等)也不能漏画。对细部的刻画既要细致深入，又要避免喧宾夺主，如图4－8c所示。

图4－8 轿车的素描绘画步骤

为了准确地描绘汽车，要求造型设计者必须懂得汽车结构，熟悉汽车每个零部件的名称、用途和它们的安装关系。

由于工业产品的类型繁多，结构也不尽相同，因此作为一名工业造型设计者必须具有工科专业知识，善于深入调查研究，尽量收集国内外工业的资料、图片、广告、杂志、画报、产品说明书等，以掌握各种工业产品的绘图技巧。

任务二　利用透视效果图

一、基本概念

现实生活中的景物，由于距离观察者的远近不等，反映到人的视觉器官中就会形成近大远小的效果；而且越远越小，最后消失于一点，这种现象称为透视现象。

利用投影手段，将上述透视规律在平面上表现出来的方法叫透视投影。利用透视投影画出的图样与人们日常观察物所得到的形象基本一致。透视投影图比机械制图中的轴侧投影图更富有立体感和真实感，且图像生动、直观性强，是造型设计中广为采用的一种表现方式。

1．透视投影基本原理

为了掌握透视投影图的画法，首先将透视投影的基本原理简介如下。

如图4－9所示，在观察者正前方竖立一画面 P；人的眼睛就是观察景物的视点，称为视点 S；观察者所立的水平地面为基面 G；画面与基面交线 $g-g$ 称为基线；视点 S 所在水平面 K 称为视平面，视平面与画面的交线 $h-h$ 称为视平线；视点 S 在画面上的正投影点为心点 O；视点与所观察的连线(SA，SB)称为视线；视线与画面相交，交点(AA_1，BB_1 等)的组合即为图像。

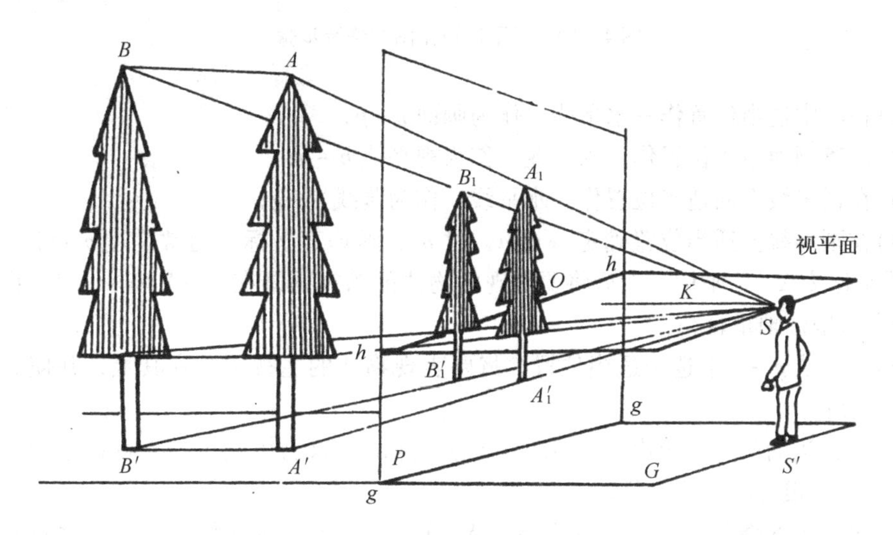

图4－9　透视投影基本原理

由图可知，同样大小而对画面距离不等的两棵树，在画面上获得的投影的大小是不等的。由此可得如下结论：距离画面远的景物，在画面上的透视变小；景物与画面重合，画面透视反映实长。高于视平线的、越远的景物，在画面上的透视越往视平线方向降低；低于视平线的、越远的景物，在画面上的透视越往视平线方向升高，而降低或提高的极限就是视平线。

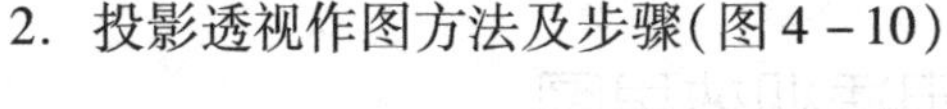

2. 投影透视作图方法及步骤(图4-10)

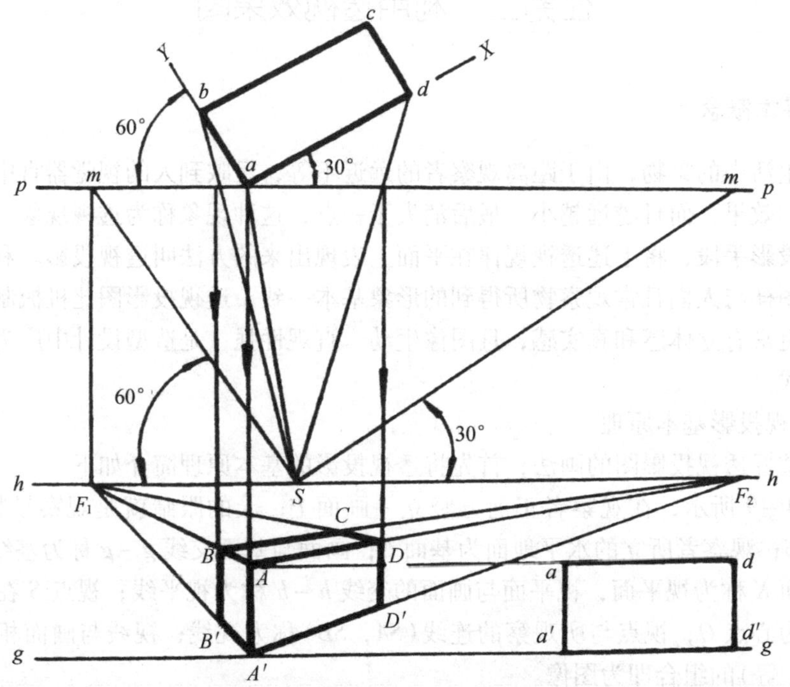

图4-10 投影透视作图方法及步骤

(1)在图中适当位置作一水平线，作为画面 $p-p$；

(2)距离画面适当位置作一水平线，作为视平线 $h-h$；

(3)在视平线下面适当位置作一水平线，作为基线 $g-g$；

(4)在画面线上适当位置确定一点 a，过 a 点画垂直坐标，通常是过 a 点作60°及30°斜线来作为 $X-Y$ 坐标，然后将要表现的物体的俯视图画在 $X-Y$ 坐标系上(物体两侧面分别与坐标轴重合)；

(5)在基线 $g-g$ 上选一适当位置，将要表现物体的主视图画在其上，并使其底边与基线重合；

(6)在适当的位置上定出视点 S，S 点的高低位置以物体大小和灭点远近的需要来决定，这里有很大的经验成分；

(7)过视点 S 做30°及60°斜线平行于 $X-Y$ 坐标，并于画面相交 m 点，过 m 点作垂线与视平线交于 F_1，F_2 两点，此即为两个灭点；

(8)自画面上的 A 点作垂线与基线相交，即得到棱线 A，再从主视图的棱高 AA' 引水平线与棱 A' 相交而得到透视图的棱线 AA'，由于物体棱线 A 靠紧画面 $p-p$，所以透视棱长 AA' 反映物体实际高度，称为“真高线”；

(9)过 A 及 A' 分别向 F_1 及 F_2 引线，在过 S 点向 a，b，c，d 连线与画面 p 相交，过各交点作垂线与 AF_1，AF_2，$A'F_1$，$A'F_2$ 相交，得到 B，B'，C，D，D' 点，最后完成物体的透视图。

一、透视图分类

根据物体与画面的相对位置，以及观察者与物体的角度不同，透视图分为：一点透视图、二点透视图和三点透视图。

1. 一点透视图

以立方体为例(图4－11)，当立方体有一组棱线($a-a'$，$a'-b'$，$c-d$，$c'-d'$和$a-d$，$a'-d'$，$b-c$，$b'-c'$)必然与画面平行，因此画出的透视图只有一个灭点，这种透视图称为一点透视图。又因为立方体有一个方向的立面与画面平行，故又称平行透视。

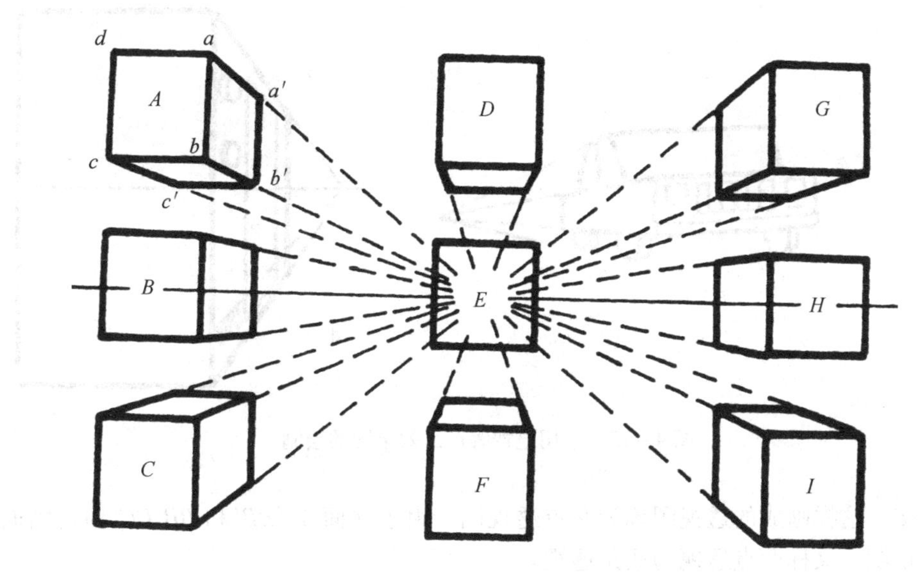

图4－11　立方体一点透视图

由于视点与立方体相对位置不同，故立方体的一点透视有九种情况。图4－11中立方体，有的能看见一个面，有的能看见两个面，最多可看到三个面。

一点透视图的特点是与画面平行的线没有透视变化，与画面垂直的线都消失在灭点。

一点透视图适于只有一个平面需要重点表现的物体，常用于仪器、家用电器等产品效果图的绘制，如图4－12a所示。如果用一点透视法绘制形体复杂的汽车效果图，便显得不全面、不丰满，如图4－12b所示，因为汽车至少应有两个面需要重点表现。

这里应该注意的是，画一点透视图时，物体距离视点不能太近，否则透视变形太大。即物体与画面的面收缩急剧，使人不仅产生紧张感，还削弱真实感，如图4－12c、图4－12d所示。

2. 两点透视图

如图4－13所示，方形体上有一组棱线($A-A'$，$B-B'$，$C-C'$，$D-D'$)与画面平行；另两组棱线($A-B$，$A'-B'$，$C-D$，$C'-D'$和$B-C$，$B'-C'$，$A-D$，$A'-D'$)与

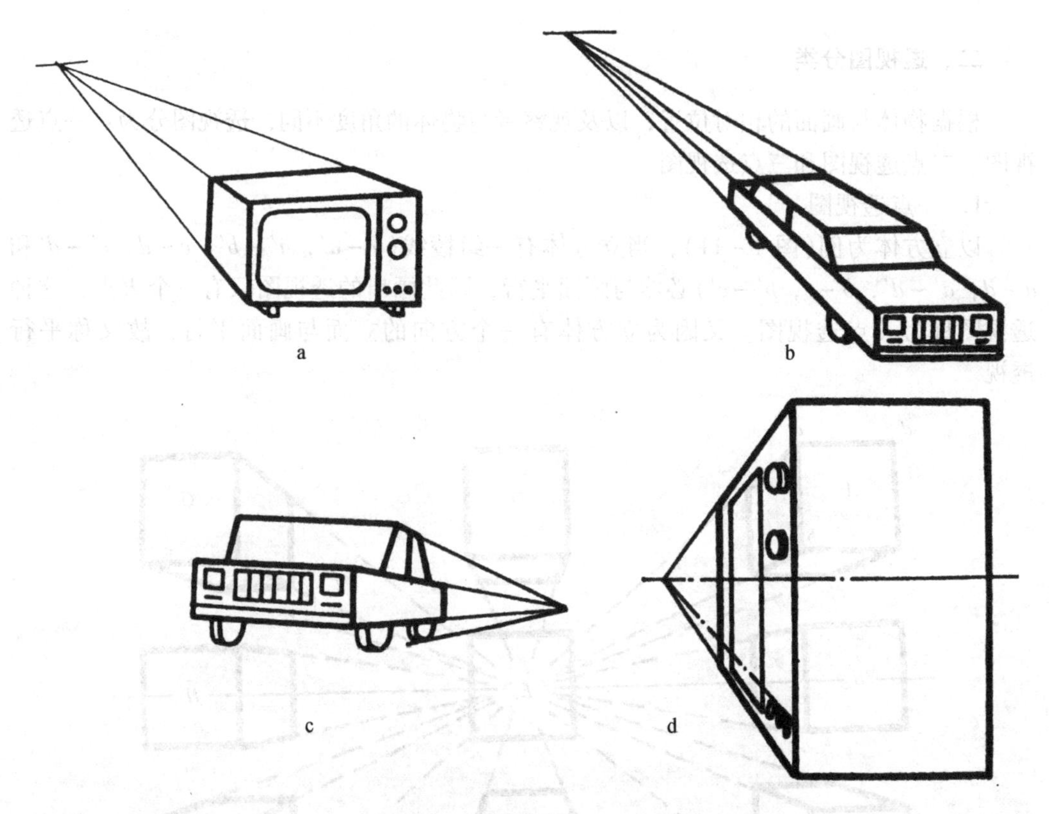

图 4－12　家用电器等产品效果图的绘制

画面斜交。这样画成的透视图称为两点透视图。由于立面 $AA'BB'$ 和 $BB'CC'$ 均与画面成一侧斜角度，又称两点透视为成角透视。

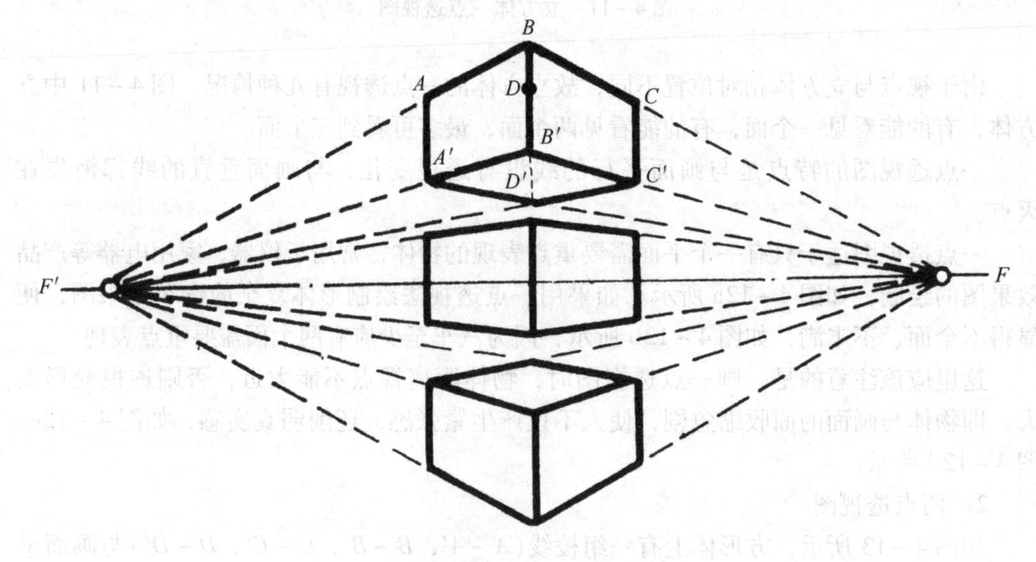

图 4－13　两点透视图

两点透视有两个灭点，灭点在视平线上的位置决定于视点与物体的距离。此外，由于视点位置不同，两点透视最少能见到物体的两个面，最多可见到三个面，而且每个面都产生符合视觉生理透视变化，因此两点透视能真实全面地表现物体形态，是汽车造型设计的常用透视。

两点透视应注意的问题是：视点与物体的距离不能太近，因为视点越近，灭点在视平线上离心点（视点 S 在画面上的正投影）也越近，引起透视变形急剧，如图 4－14a 所示。而图 4－14b 中的视点与物体的距离较为合理。

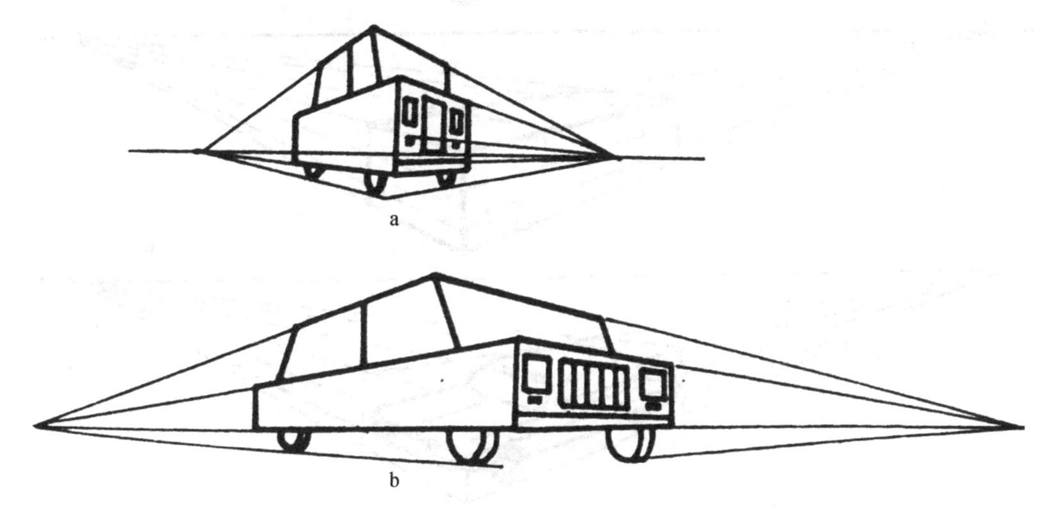

图 4－14　两点透视应注意的问题

采用两点透视表现复杂物体时，通常先将复杂物体概括归纳成大面体（如长方体），以确定物体的长、宽、高尺寸，并画出长方体的透视图，如图 4－15a 所示；其次将有透视变化的形体各部分按比例画出来，如图 4－15b 所示；最后根据物体的形体变化，画出具体形象和细部，如图 4－15c 所示。

在绘制小的形状结构的透视图时，允许徒手绘制，但是绘图人徒手绘画的基本功必须过硬。

3. 三点透视图

以方形物体为例，如果三组棱线均与画面斜交，这样画出的透视图称为三点透视。由于方形体三个相邻平面与画面倾斜，又称倾斜透视。三点透视在近代绘画作品中常常采用，而在工业造型设计中一般不用，因此本书不介绍。

以上三种透视图，如果所选择的透视条件不同，其透视效果也截然不同，其规律归纳如下：

（1）视点与画面的距离不等，透视效果也不同；

（2）视点高度不等，所看到的方形体的面数也不等，则透视效果不同；

（3）在物体的几何参数（点、线、面、体）、视点、视高不变的情况下，如果只改变画面位置（即改变视距），则透视图的形象不变，但其大小有变化。画面在物体之前，透视图缩小；画面在物体之后，则透视图放大。

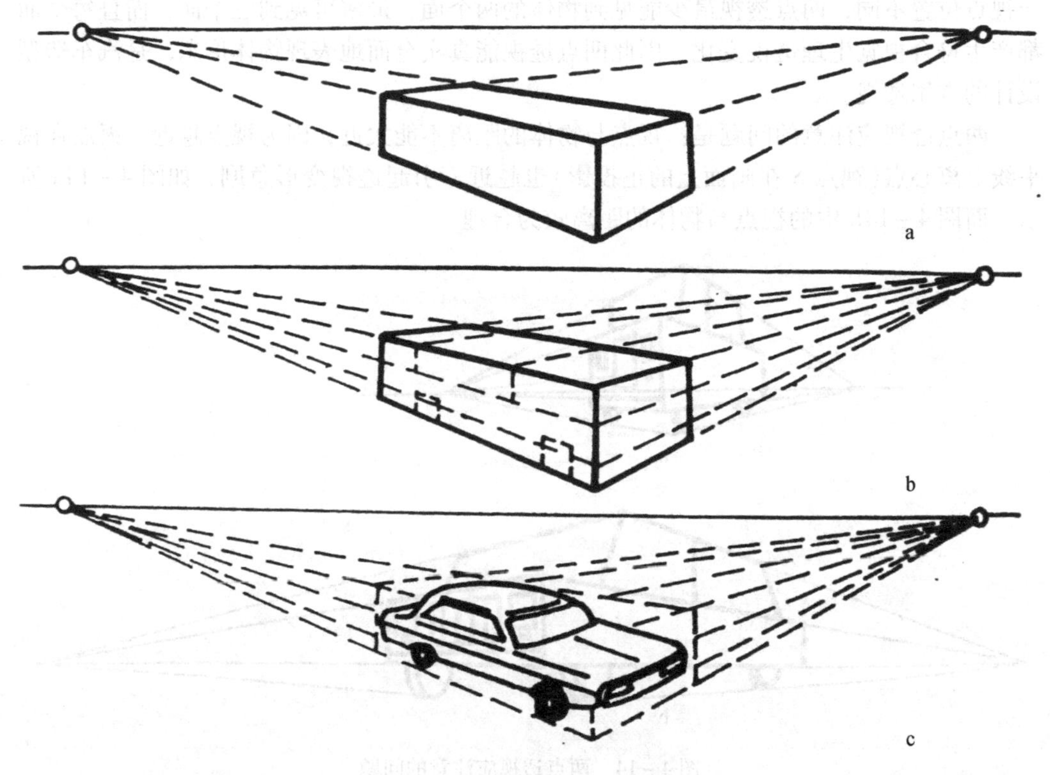

图 4－15　两点透视表现步骤

三、透视图画法

绘制造型物体的透视图，就是求作造型物体轮廓线的透视。究其实质就是确定轮廓线上各点的透视。这样由点成线，由线成面，由面成体，最后画出造型物体的立体形象。因此，透视图的基本作图方法如下。

1. 视线法

利用视线与画面的交点来确定透视线段上透视点的方法，称为视线法。

2. 量点法

利用量点来确定点的透视方法，称为量点法。

3. 距点法

利用与画面成45°的辅助线来确定直线上点的透视方法，称为距点法。

对于工业产品造型的效果图，只要能表达出设计意图，能体现产品造型的外观效果即可，无须在绘图过程中耗费大量时间与精力。因此，可以把透视图的做法简易化、程序化和规格化，以提高绘制透视图的效率，从而出现了如下透视图实用画法。

1. 45°倾角透视法

45°倾角透视法是在量点法的基础上，进行简化的一种较实用的快速作图法。具体绘图步骤如下(图4－16)。

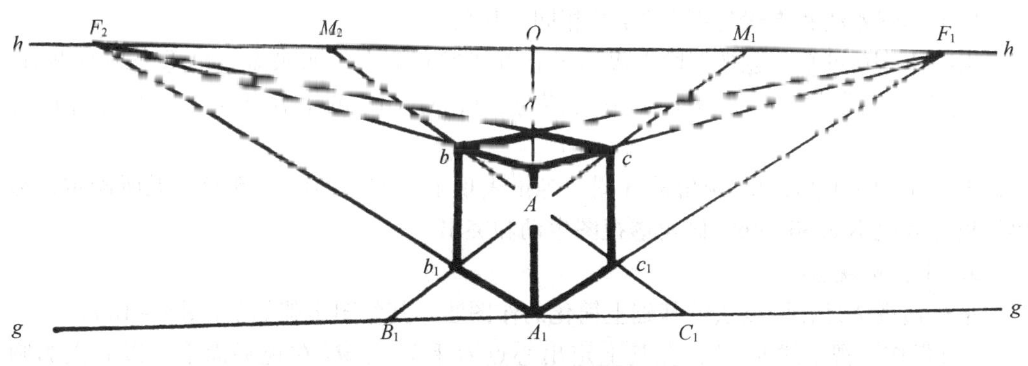

图4－16　45°倾角透视法

(1)任画一水平线作为视平线 $h-h$，在其上确定两个灭点 F_1 及 F_2；

(2)取 F_1，F_2 的中分点作为心点 O，再分别等分 OF_1 和 OF_2 得 M_1 及 M_2 两个量点；

(3)选定适当的视高，并根据视高画出基线 $g-g$，由心点 O 向下垂线与 $g-g$ 交于 A_1 点，由 A_1 点向上量取 A_1A 为立方体的实际高度，并在基线上分别量取 A_1B_1 和 A_1C_1 为立方体的实长和实宽；

(4)连 A_1F_1，AF_1，A_1F_2，AF_2 和 B_1M_1，C_1M_2，得出交点 b_1 和 c_1；

(5)由 b_1 及 c_1 向上引垂线，与 AF_2，AF_1 得交点 b 和 c。连接 bF_1 和 cF_2 得交点 d，便完成了立方体的两点透视图。

这里应注意，视高 OA_1 的选取要适当，过大或过小均易产生透视变形。

2．30°～60°倾角透视法

30°～60°倾角透视法与45°倾角透视法的画法基本相同。两者的主要区别只是在确定量点 M_1，M_2 和心点 O 的位置时有所不同(图4－17)。

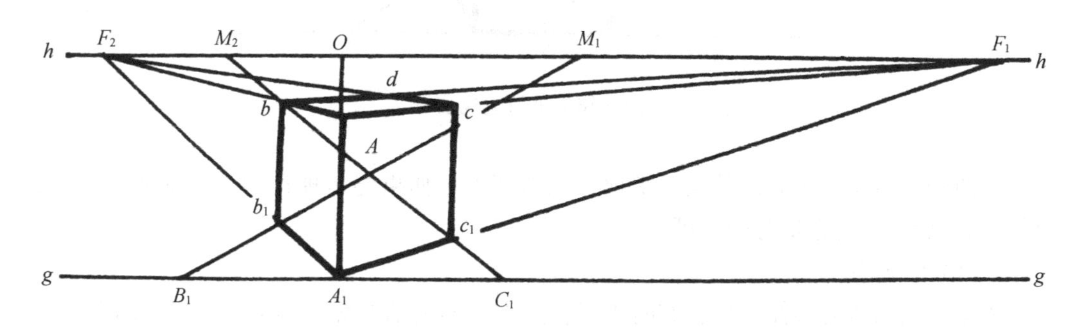

图4－17　30°～60°倾角透视法

(1)在视平线 $h-h$ 上确定两个灭点 F_1，F_2；

(2)取 F_1，F_2 的中分点作为量点 M_1，M_1F_2 的中分点作为心点 O，OF_2 的中分点作为量点 M_2；

(3)由心点 O 向下作垂线与 $g-g$ 交于 A_1，取 A_1B_1 及 A_1C_1 为立方体的实长和实宽，

A_1A 为立方体的实际高度。

以下作图方法和步骤与45°倾角法相同，从略。

由图4－16可知，透视图侧重表达了立方体的右侧面。如果需要侧重表现左侧面，可取 F_1F_2 的中分点为 M_2，M_2F_1 的中分点为心点 O，OF_1 的中分点为 M_1。以下作图方法和步骤相同。

由图4－16可知，45°倾角透视图，等量表现了立方体的两个侧面，无所侧重，显得呆板。因此不如30°～60°倾角透视图生动和突出。

3. 平行透视法

平行透视法是在距点法的基础上简化的作图法，其作图步骤如下(图4－18)：

(1)任作一视平线 $h-h$，在其上定出心点 O 和距点 M(在视平面上，以心点为圆心、心点与视点距离为半径画弧与视平线的交点)；

(2)适当选定视高，并根据视高作出基线 $g-g$，在基线上画出立方体正面的实形 $ABCD$(底边 AD 应在基线上，正立面的对称 NN' 宜在 OM 中点附近)；

(3)在基线上向右量取 AA_1 为立方体的实际宽度；

(4)由 A，B，C，D 各点分别向 O 点连线，再连 A_1M 与 AO 交于 a，由 a 向上作垂线与 BO 交于 b，过 b 点作 bc 平行线与 OC 交于 c，最后加深轮廓线，即完成平行透视图。

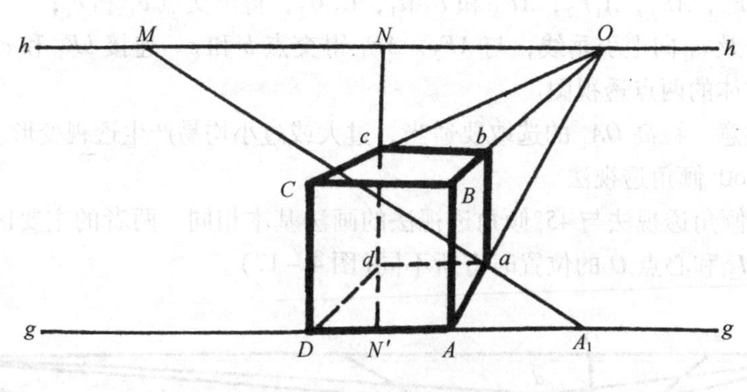

图4－18 平行透视法

该图侧重表现了正面，并兼顾了顶面和右侧面。如果要表现正面、顶面和左侧面，只需将心点 O 与距点 M 对调即可。

4. 倍增分割法

根据所画物体的形体特征，有时需要在立方体的基础上叠加半个、一个、两个或更多个同样的立方体，有时也需要把原有的立方体划分成若干个小立方体。

如图4－19所示，以立方体右侧面 AA_1B_1B 为例，介绍倍增分割法的作图步骤。

(1)分别连 AB_1 和 A_1B，得交点 O_2，过 O_2 作 AA_1 平行线得交点 N 及 N_1，取点 m 为 AA_1 的中点，连 O_2m，即将 AA_1B_1B 分为四等份；

(2)连 NO_4，交于 g_1 点，过 g_1 点作为 AA_1 的平行线，得交点 g，这样，AA_1g_1g 比 AA_1B_1B 增加了半个长度；

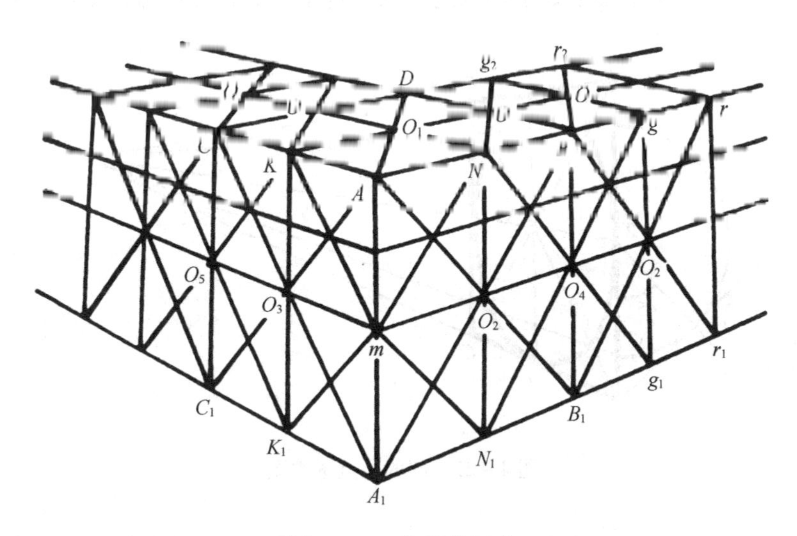

图 4－19　倍增分割法

(3)用同样的作图方法，可画出左侧面及顶面的透视倍增图，可实现立方体倍增半个、一个、一个半、两个……以满足物体的形体需要。

5．圆的透视图

画圆的透视图时，一般先把圆纳入正方形中，根据圆与方形的切点定出透视图上对应的切点，再画出圆的透视图。这种方法称为“以方求圆”法，具体画法如下：

(1)与画面平行的圆的透视图。与画面平行的圆的透视图的画法比较简单，先求出圆心位置、水平半径和垂直半径的透视位置，即可用圆规直接画出圆的透视图，如图 4－20所示。

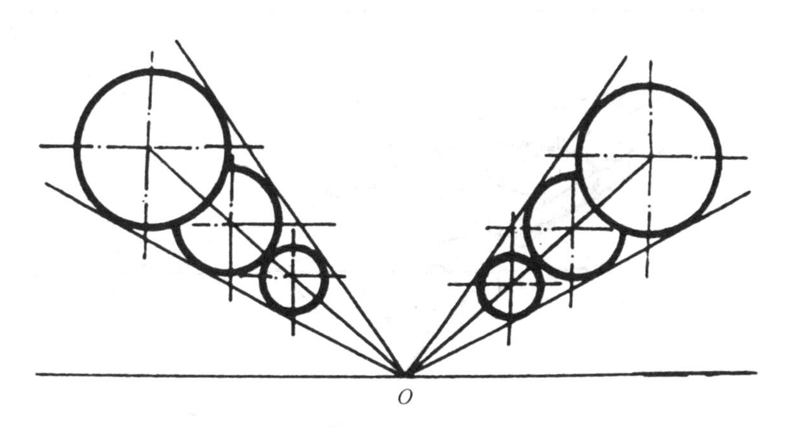

图 4－20　与画面平行的圆的透视图

(2)圆的一点透视图。除了与画面平行的圆以外，其他与画面不平行的圆，其透视图均为椭圆。这样，至少要在圆上求出八个点的透视，才能连成一个椭圆。所谓圆的一点透视是指圆只有一个中心轴处于一点透视的条件下。具体作图方法如图 4－21 所示。

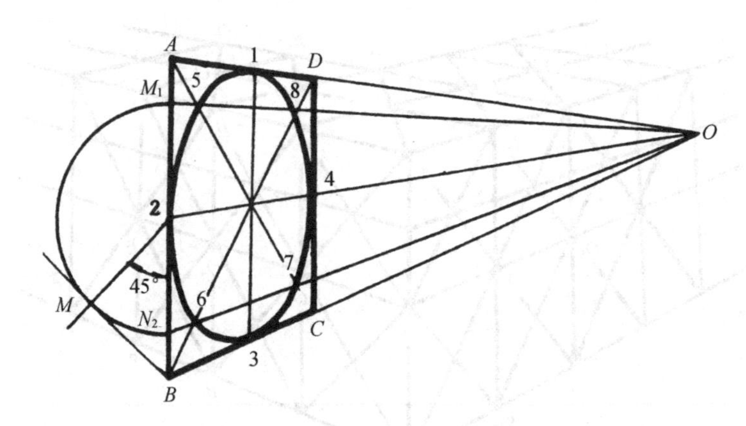

图 4－21 圆的一点透视图

①首先作出圆的外切正四边形的一点透视图 $ABCD$，其方法与倾角透视法相同。正方形与圆的切点 1，2，3，4 在透视图上仍是切点，可用倍增分割法确定出来。圆上的其余四个点按下列方法确定。

②过点 2，B 分别作 45°斜线，相交于点 M，以点 2 为圆心，$2M$ 为半径画弧与 AB 交于 N_1 及 N_2。

③连 N_1O 及 N_2O，与正方形透视图的对角线交于 5，6，7，8 四点。

④顺序连接 1，8，4，7，3，6，2，5，1，即完成了该圆的一点透视图。

(3) 圆的两点透视图。当圆的两个相互垂直的中心轴处于两点透视的条件下，其透视图的画法与圆的一点透视基本相同（图 4－22）。

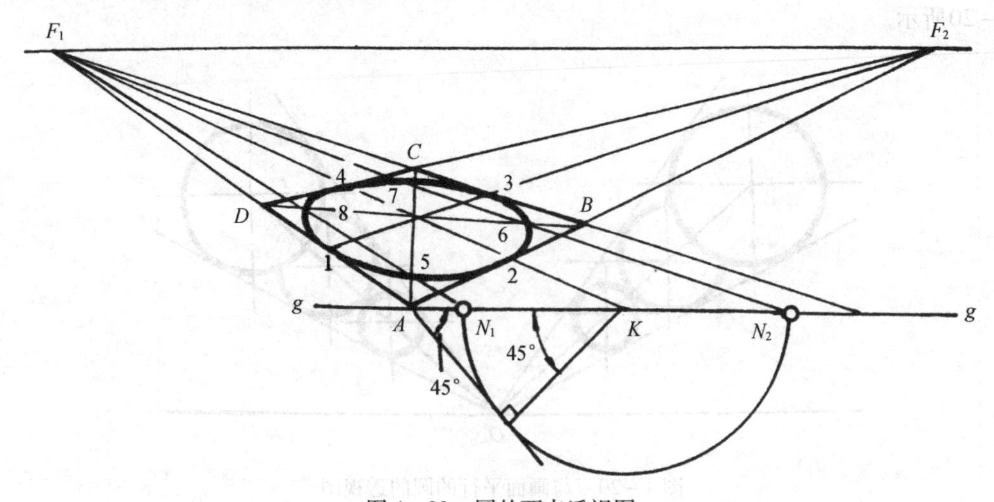

图 4－22 圆的两点透视图

①首先用倾角透视法作出圆的外切正方形的两点透视图 $ABCD$；

②再将圆的中心轴线 2，4 延长与基线 $g-g$ 交于点 K；

③按圆的一点透视法在基线上求得 N_1 及 N_2 两点，连 F_1N_1 及 F_1N_2 与正方形对角线交于5，6，7，8；

④按顺序光滑连接1，5，2，6，3，7，4，8，1，便画出圆的两点透视图。

四、立体图像的阴暗色调

1．阳、阴和影

物体在固定光源照射下，各表面有明亮及阴暗的差别。物体表面受光的明亮部分称为阳面，背光的阴暗部分称为阴面，物体阳面与阴面的分界线称为阴线。由于物体的形状关系(凸出或凹陷等)，遮挡了部分光线，在物体本身或在其他关联的物体的迎光表面上会形成落影。

造型物的明暗层次，主要由光线作用下的阳面、阴面和落影形成，如图4－23所示。它们是构成润饰图中的立体图像明暗色调的重要因素。

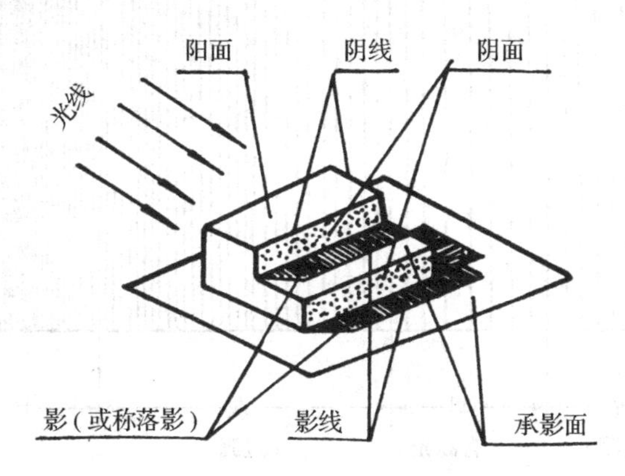

图4－23　立体图像明暗色调的重要因素

2．平面立体的三大面

平面立体在固定光源照射下，由于立体与光线的相对位置不同，立体各表面的受光情况(程度)也不同，从而形成明亮及灰暗的差别。如图4－24所示，顶面为亮面，左侧面为灰面，右侧面为暗面，这就是平面立体的三大面。

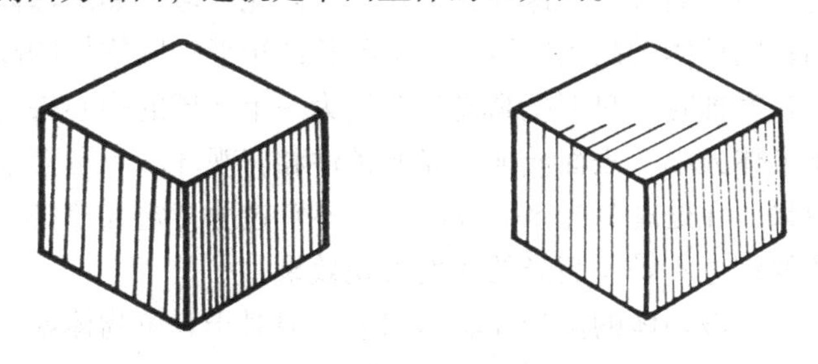
图4－24　平面立体的三大面

明、灰、暗三大面的准确表达，丰富了平面立体的色调层次，增强了立体感。

3．曲面立体的五大面

曲面可看成由无数微小的平面组成，而每一个小平面与光线的相对位置都不相同，而且相邻小平面的相对位置变化较小，因此，它们的明暗层次变化也是渐变而柔和的。通常将这种逐渐变化的明暗层次关系确定为高光、明、灰、暗和反光五种，即所谓“明暗五大调”。

图4－25为圆柱面明暗五大调的展开图。在明暗五大调中，高光和暗部阴线是最主要的，其余则属于由高光到暗部的过渡色调。高光是最亮部分，是曲面表面对于光的直接反射所呈现的色调；明部是次亮部分，是曲表面对于光的漫反射所呈现的色调；灰部是明暗过渡部分；暗部是曲表面处于阴影中所呈现的色调；反光属于反光部分，仅是被阳面反射光线照亮时所呈现的色调。物体阳面与阴面的交界线（即阴线）是最暗的狭长地带。

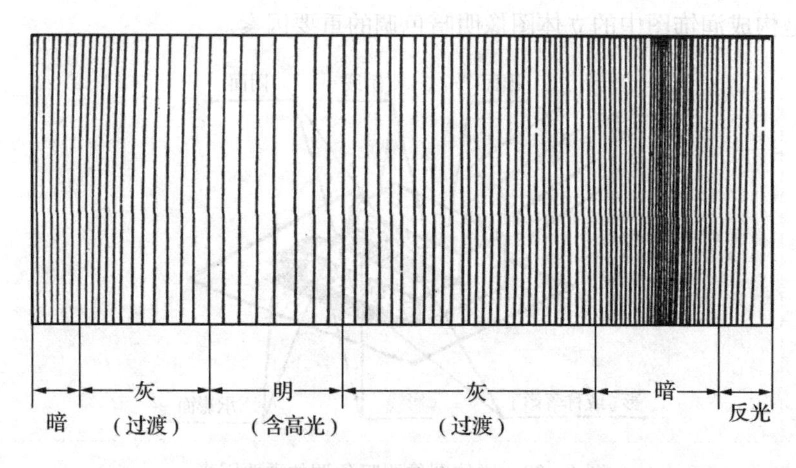

图4－25 圆柱面明暗五大调的展开图

在圆柱或圆锥体上，理论上的高光反映为一条带状，称为高光带。高光在圆球体上反映为点状，称为高光点。实际上，光线照射在物体表面后，由于曲面上反射角度是均匀变化的，所以物体表面的高光色调，并不局限于某一点或某一线，而是以某一点或某一线为最亮，均匀地向四周过渡，这样就存在一个高光区域。如圆球体的高光区域是一组发射状的同心圆；圆柱体的高光区域是一个狭长的矩形；圆锥体的高光区域是一个狭窄的扇形。因此，在润饰时，只能把高光位置作为一个区域的中心来对待。而高光区域的大小，应该根据形体大小、表面质地、光照条件和客观环境等因素来确定。为了取得比较自然的润饰效果，在处理高光区域界限时，不宜过分肯定和渲染，以免出现生硬感和破碎感，同时还要注意不妨碍高光的明度表现效果。

在白光照射下，一般物体的高光反映为白色。但对于有色物体或表面涂以色料的物体，其高光色调是不同的。如纯铜的高光色调偏紫红色，黄铜的高光色调则偏浅黄色等。此外，物体高光色调还因物体表面质感效果的不同，存在强弱的差别。如物体表面粗糙，由于折射现象，其高光色调较弱；而光滑表面，高光色调则强烈。

五、物体高光和阴线的部位

在进行效果图的润饰时，首先要确定光线的方向。所谓常用光线，是指光线互相平行且强度不变的一束光线，简称常光。通常，常光的方向应与正方体的对角线相平行，如图 4－26 所示。

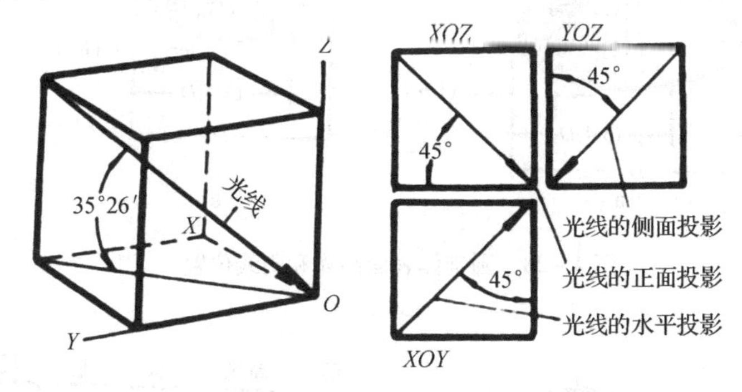

图 4－26　常光

上述常光与各个投影面所构成的体系，称为常光体系。常光体系是进行效果图润饰的基本体系。在此基础上，再考虑光源色、物体固有色和环境色对物体色调的影响。

处于常光体系中的物体，其高光和阴线的位置，可用下列方法确定。

1. 圆柱体表面的高光和阴线

如图 4－27 所示，圆柱体的高光位置可近似取在外径 D 的 $(3/4)D$ 处；圆柱体表面的阴线位置可近似取在外径 D 的 $(1/6)D$ 处（两者的起点基准点均在右边）。内圆柱面（即内孔表面）的高光位置可近似取在内径 d 的 $(3/4)d$ 处；阴线位置可取在内径 d 的 $(1/6)d$ 处（两者的起点基准均在左边）。

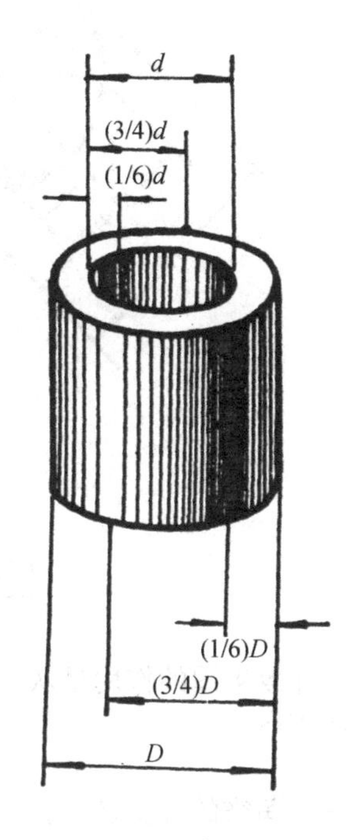

图 4－27　圆柱体的高光位置

2. 圆锥体表面的高光和阴线

如图 4－28 所示，圆锥体表面高光和阴线位置分别在底圆直径 D 的 $(3/4)D$ 和 $(1/6)D$ 处（两者的起点基准点均在右边）。同理，可确定出圆锥体的高光和阴线的位置。

3. 圆球面的高光和阴线

如图 4－29 所示，圆球面的高光点位置可近似取在与水平面成 45°球体直径 D 的 $(3/4)D$ 处；阴线位置取在球体直径 D 的 $(1/4)D$ 处，该点相当于椭圆的短径端点，阴线全长相当于椭圆的半个周长。

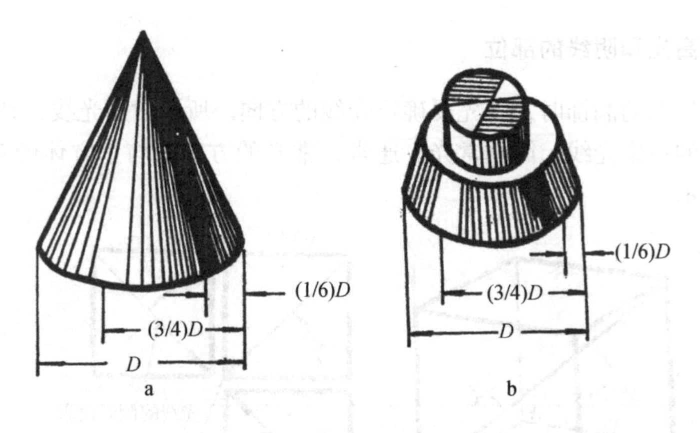

图4－28　圆锥体表面高光和阴线位置

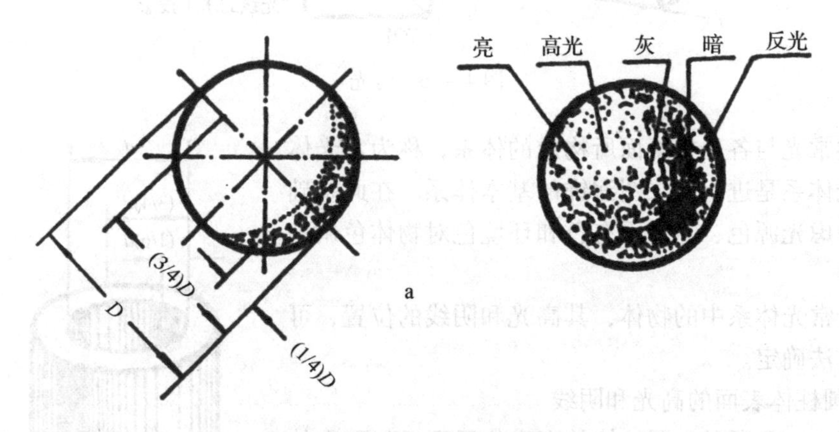

图4－29　圆球面的高光点位置

任务三　利用润饰效果图

润饰效果图的作用是从光影、明暗、色彩和质感的角度进一步刻画和渲染工业产品的立体形象。

一、润饰的分类及步骤

1．润饰的分类

(1)按投影图分。

①平面图润饰：对正投影图(包括主视图、俯视图和侧视图)进行润饰。

②立体图润饰：对透视图进行润饰。

(2)按光线分。

①有影润饰：按直线光照射的条件进行润饰。

②无影润饰：按漫射光照射条件进行润饰。

(3)按色彩分。

①单色润饰：也称黑白润饰，即以黑色的直线、弧线、点和块进行润饰。

②有色润饰：用不同色料进行润饰。

2. 润饰步骤

由于被润饰的对象不同，润饰步骤也有差别，下面仅就一般步骤介绍如下。

(1)准确拷贝出立体图样的轮廓。将已画好的透视图样拓描在绘图纸上。对于黑白润饰，要在两表面相交的圆角过渡处，或三表面相交的角顶处，不能用墨线画出棱或角。对于色彩润饰，在圆角过渡的棱或角的地方，应以较高明度区别于其他平面部位。

(2)确定高光和阴线的位置。在常光照色下，物体明、暗的确定原则是：对于平面立体，通常把顶面定为明调，侧面定为灰调和暗调。

对于曲面立体，明调跨在高光线的两侧(圆柱体及圆锥体)或在高光点的周围(球体)，暗调在阴线的两侧或周围，介于明调与暗调之间的为灰调过渡。

反光效果应根据物体的结构形状及反射强度的不同，在暗调中确定。

(3)确定落影范围。在立体图像中，落影能增加造型物体的明暗层次，使其具有立体感和真实感。但是，落影的范围和大小一定要根据常光照射方向来确定，否则会失去它的效果，弄巧成拙，得不偿失。

(4)选择适当的润饰方法。根据物体表面质地的不同，应选用最能表现它们质感的润饰方法。即使是同一物体，有的表面是镀铬抛光的(如轿车散热器罩)，有的表面是涂饰的(如轿车车身)。只有综合考虑不同的表面质地，选用相适应的润饰方法，其总体润饰效果才能得到充分的表现。

二、润饰方式

1. 黑白润饰

黑白润饰又称单色润饰。它是通过黑与白对比来表现造型物体的明暗层次而获得立体感的。

黑白润饰常用的方法如下。

(1)描线润饰：对于平面立体、圆柱体、圆锥体，宜采用描线润饰。润饰描线的方向，对于圆柱体应平行于轴线，对于圆锥体应通过锥顶。

在工业造型中，有些产品也常常采用描线润饰方法，图4－30为轿车的描线润饰。

(2)打点润饰：打点润饰可以充分表现曲面和球面的立体感。对于圆球或圆环，宜采用打点润饰。图4－31为汽车座椅的打点润饰，以增强柔软感和圆润立体感。

(3)色块润饰：色块润饰是一种写意手法，具有夸张、粗犷的特点，以突出造型物的明暗对比。这种方法在汽车造型设计中也有采用，如图4－32所示。

(4)综合润饰：有些工业产品是平面立体和曲面并存的组合形体(如汽车)，因此润饰方法也是综合的，有的部位用描线法，有的部位用打点法，有的部位用色块法。

综合润饰的效果最佳，可以最充分、最合理地表现出产品的主体形象，如图4－33所示。

润饰的步骤一般是：先曲后平，先侧后顶，先表后里，先暗后明，各个基本几何形

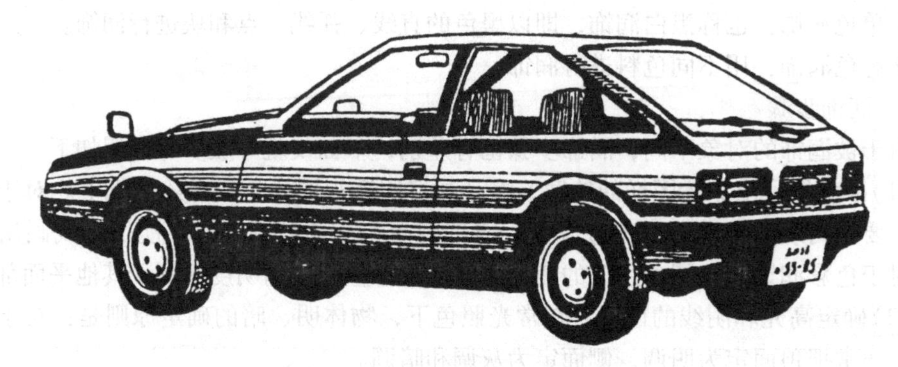
图 4－30　轿车的描线润饰

图 4－31　汽车座椅的打点润饰

图 4－32　色块润饰

图4-33　综合润饰

体的结构重合处应放在最后处理。

2. 色彩润饰

色彩润饰比黑白润饰能更全面、更生动地表现造型物体的形、色和质感效果，还能充分地表现出造型物体与使用环境的烘托关系。因此，它是效果绘制中最重要的润饰方法。对于一些重要工业产品(如汽车、机床等)，由于生产批量大，成本较高，以及时常激烈竞争等原因，必须采取色彩润饰，以全面评定它的形、色及质感效果。

工业产品效果图的色彩润饰，主要采用水粉、水彩和油彩等方式，其中以水粉润饰最为常用，而且也比较容易掌握。

下面以水粉润饰为例说明有关问题。

(1)水粉颜料的特点。水粉颜料又称广告色，属于不透明的水溶性颜料。由于它不透明，且内部含有较多的胶质体，所以它的覆盖力极强，先涂的颜色干了以后，可用较稠的颜色将前一种颜色完全遮盖，因此在润饰过程中具有较大的修改余地。

水粉颜料的浓度可用加水的方法来改变，加水越多，颜色越淡。此外，水粉颜料容易调和，掺入白色或黑色颜料，可以改变颜色的明度和纯度。

(2)水粉润饰的方法和步骤。水粉颜料润饰的基本技法有平涂、退晕等。

平涂的关键是着色均匀。为此，首先要注意色调要均匀，其次是掺水要适当，运笔必须沿一个方向往复进行。平涂大块面积时，运笔要快，运笔速度要均匀，不能中间停顿。

退晕的要点是深浅变化要均匀、自然。通常分为单色退晕和复色退晕两种。单色退晕是在原来的颜料中逐渐掺入白色，在湿润的情况下，使颜色逐渐均匀地改变其明度和纯度。复色退晕是指两种颜色的自然过渡，但不是加入白色，而是在一种颜料中逐渐掺入另一种颜料，直到完全变为另一种颜色为止。

用水粉颜料进行润饰时，应该根据产品色彩设计所确定的主体色调色，色量要足够，避免因色量不足二次调色。当主体色确定为两种颜色时，应根据其面积的大小、色调深浅来确定着色的先后顺序。一般规律是：先着大面积色，后着小面积色；明部先着浅色，后上深色；暗部先着深色，后上浅色；高光区可用白色最后画出来。

(3) 水粉润饰需要注意的问题。用水粉颜料润饰，最容易出现“脏”“灰”和“粉”现象。其主要原因是：

①在着色时，反复涂改，致使画面变脏；

②调色时不注意色彩的组合关系，三次以上的色彩调和，易产生灰的结果；

③明部色彩使用白色过多，待干透后易出现粉的现象；

④画笔不清洁，将深色与浅色、冷色和暖色混在一起，易产生灰的色调。

模块十三　分析典型工业产品造型设计

在工业产品的造型中，汽车造型设计的内容最丰富，所涉及的内容最多，有关的设计理论和实践也较复杂，设计技巧也最为典型，因此这些是本模块重点介绍的内容。

汽车不但是现代工业产品和先进的交通工具，而且已成为人们心目中的精致艺术品。它以完美的“雕塑”形体和鲜明的艺术形象给人以强烈的精神感染。因此，汽车造型艺术具有物质和精神的双重特性。

汽车造型艺术随着汽车工业的发展，由初期局部的美化工作逐渐发展成为研究整个艺术形象，研究新材料的装饰性能及其生产方式，研究汽车造型对结构、性能和工艺的影响。汽车造型还要体现出人机工程学和空气动力学的要求。在造型设计中，既要防止一味迁就功能、忽略艺术的倾向，又要防止脱离功能、损害功能的唯美主义，设计出既实用又美观的车型。因此，现在的汽车造型设计已成为整个汽车设计过程中的重要组成部分。

机床的造型也越来越受到广大用户的关注，本模块也将对机床的造型设计给予一些建议，供设计者参考。

任务一　实践汽车造型设计

一、汽车造型技巧

1. 汽车造型的比例系统

汽车造型设计必须使汽车具有匀称的比例，即以一种或几种比例为基础，使整车形成相互联系和呼应的比例系统，以获得良好的艺术效果。

汽车的基本尺寸和形状是根据汽车的使用、制造和修理等因素，在总体设计中确定的。

汽车外形的基本尺寸包括轴距、轮距、前悬长度和后悬长度，以及车身各部分的尺寸。

为了使汽车获得匀称的比例，造型设计者应与总体设计者一起，对上述基本尺寸进行研究和调整，以形成各种比例关系的相互联系，并对已做出的若干方案进行比较，最后选出最佳方案。

应当指出，不同类型的汽车，由于其性能和用途不同，汽车相应各部分的尺寸和比例也不同，而同一类汽车，其尺寸与布置却有相同或相似之处。在汽车造型中，对汽车进行比例划分时，需要对国内外同类汽车各部分的尺寸和比例进行统计分析。轴距与总长之比在1/1.618～1/1.732的范围内居多。其中，欧洲轿车的前后悬较短，上述比值较大；美国轿车头部和尾部较长，其比值较小。

汽车造型的比例统计还有：轿车总宽与总身之比、总高与总长之比、前后悬长度与轴距之比、车身各主要部分之比。

2. 汽车的动感

汽车造型设计与建筑、工艺品的造型方法有较多相似之处，但也有区别。汽车是活动的物体，而建筑则是静止不动的。“轻”与“快”是一切高速交通工具所追求的特点，因此在对汽车造型设计时，必须使汽车外形具有“动感”。

汽车造型获得动感的设计方案有以下几种。

(1)外形与动物体形相像。自然界的动物在其生命进化过程中，形成了与运动方式相适应的矫健身躯。汽车造型设计者根据“仿生学”的基本原理，设计出鱼形汽车、甲壳虫形汽车等。苏联伏尔加牌嘎斯21型轿车的造型是模仿奔跑的小鹿形体，如图4－34a所示；意大利菲亚特·熊猫牌轿车的造型是模仿熊猫的形体，如图4－34b所示。

图4－34　汽车外形与动物体形相像

(2)具有活泼流畅的线型。线型作为造型设计的表现语言之一，随着科学技术的进步而发展变化。为了满足空气动力性能的需要，现代喷气式客机形体的流线型设计，又在精神功能上给人以高速感和现代感，如图4－35所示。

图 4 – 35　喷气式客机

(3) 强调车身的水平划分线，削弱垂直划分线。车身上的水平划分线使汽车呈现矮而长的视觉感，增强汽车行驶的稳定感。尤其是水平划分线与汽车的运动方向一致，大大加强了汽车的动感。

强调水平划分线的主要方法有以下几种：

① 镶水平装饰条于车身侧面；

② 水平贯通车身的前后翼子板，使之成为一个线型流畅的整体；

③ 用上浅下深的两种颜色水平涂覆于汽车表面。

削弱垂直划分的有效方法有以下几种：

① 减少车窗支柱数目，减小支柱宽度，通常以增宽车窗尺寸来达到，此法适用于大客车；

② 将轿车侧窗柱宽度减少，取消车窗电镀框，使前后侧窗呈现一个扁长的整体。

应当指出，汽车动感的造型与提高汽车的空气动力性能的措施，是两个不同概念。前者与人的视觉感受有关，而后者则是以空气动力学为依据，这就要求造型设计者将两者有机地结合起来。

从汽车动力学观点出发，汽车头部应低矮，而尾部应肥厚，以减小升力和提高空气动力稳定性，这就是楔形车造型的设计原理。

3. 汽车的视觉规律

汽车的造型设计必须充分考虑人的视觉规律。

比如，苏联生产的小型轿车莫斯科人 407 型的造型设计，由于结构限制，该车头长尾短，车身显得短而臃肿，车轮显得过大，如图 4 – 36a 所示。

采用水平双色划分车身，从视觉上增大了车身的长度。同理，将车身装饰罩以同心圆分层划分，在视觉上车轮就显得过大了。此外，将后翼子板作为凸出车身的浮雕形式 (图 4 – 36b) 以及将后窗支柱向前折弯，利用后窗玻璃的透明性所造成的虚感，起到了增长车尾的作用 (图 4 – 36c)，从而削弱了头长尾短和臃肿的不匀称外形缺点。

4. 车身线型的组织技巧

汽车的外形不仅应具有动感，还应美观、协调和丰富多彩。车身造型的艺术效果，

图 4－36　小型轿车莫斯科人 407 型

一方面依靠合理的比例和尺寸的划分，另一方面还取决于线型组织的优劣。

(1)采用重复的线条和形样。例如，大客车通常采用一些重复的零部件，使汽车各个车窗统一协调，有一种韵律感。但这种车窗的重复是单调的重复，不仅动感较差，也缺乏色彩感。近代大客车的车窗造型克服了单调的重复，大多采用有变化的重复，车窗排列符合渐变韵律。

(2)采用有组织的线条和形样。这些线条和形样包括放射状的、相互平行、相互垂直、曲率相等的或曲率变化的同族曲线及几何形状相似的形样。

图 4－37 是线型组织技巧在轿车造型上的应用实例。汽车的前部、尾部、前后窗、侧窗、翼子板等的线型设计，运用了平行线、放射线、相互平行或垂直和同族曲线，使汽车的造型既统一协调，又有变化和趣味。当然，这些线型都要符合一定的组织关系，如果某一线条从这种协调关系中脱节，必然在视觉上破坏车身的整体形象，破坏了动感的形成。

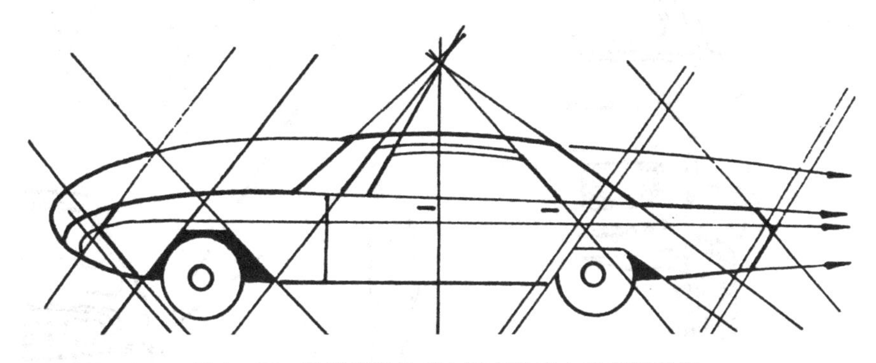

图 4－37　线型组织技巧在轿车造型上的应用实例

(3)采用比例曲线。车身造型采用比例曲线，对汽车艺术形象的增强具有重要意义。在同一零件上不仅可以体现出比例曲线(如车身装饰罩所采用的同心圆的造型)，而且在汽车的不同部位也可用比例曲线相呼应(如汽车前后翼子板切口的形状就存在着相呼应的比例关系)。

综上所述，在汽车造型设计过程中，对汽车三视图进行表面划分和先行组织时，应反复、仔细、深入推敲，并给出若干方案进行比较，以求得最佳的造型效果。

5. 车身的光学效果

研究车身造像的光学规律，不仅是为了检验车身是否平整、光滑，更重要的是赋予汽车合理的外形，获得光学艺术效果。例如，光滑平整的车身相当于平面镜，它是能如实反映外界景物，而不具备丰富多彩的反射效果。因此，当汽车转弯或从楼房的阴影中驶出来，平面车身明暗层次将随外界物象距离变化而变化，使人觉得车身好像扭曲、变形。为了避免产生这种现象，应该在造型设计时有意识地去组织车身表面的明暗层次。

比如，车身表面各区段具有不同的倾斜度或曲率，则各自承受的光照量和聚焦能力也不同。这是组织车身表面明暗层次的关键。

车身光学效果的组织方法如下。

(1)由光学原理可知，某一表面所承受的光照量与该表面和照射光线夹角的余弦成正比。如图 4-38a 所示，将车身侧面分成三种倾斜度，如果光线按图中箭头方向照射，则区段 1 上单位面积所承受的光照量最多，区段 2 上次之，区段 3 上光照量最少。当人站在车身侧面观察时，就可以看到车身被分成三条明暗不同的带状区域。如果在造型设计中使各区域的面积符合一定的比例关系，就会获得良好的光学艺术效果，使车身曲面取得水平方向的分割，既消除了车身裙部的呆板，又增加了动感。

(2)镀铬装饰条的断面形状影响其光学效果。如图 4-38b 所示，装饰条 *A* 的断面形状是正确的，它可将光线反射到人的视觉范围内，装饰条看起来光亮夺目；而装饰条 *B* 不能把光线反射到人的眼中，则电镀装饰条的光亮效果就没有显示出来。

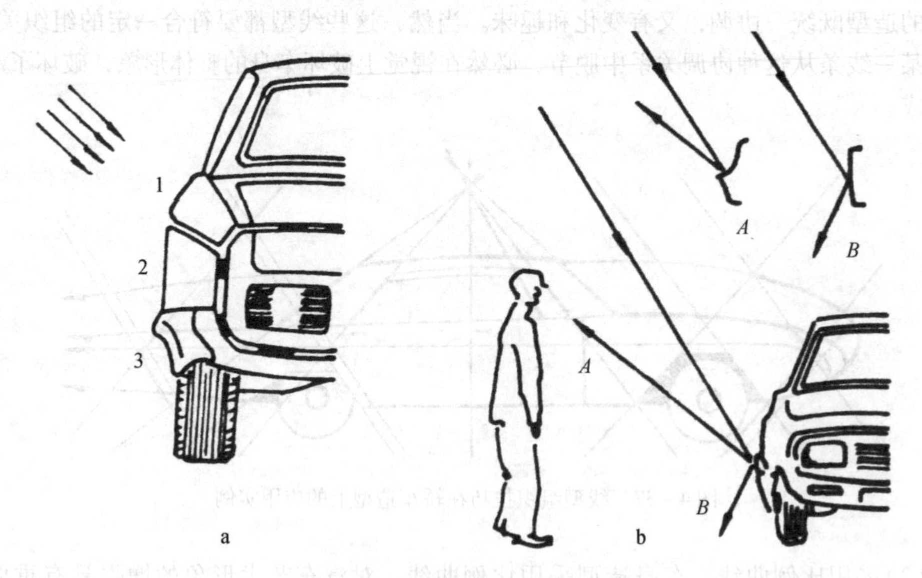

图 4-38 车身侧面分成三种倾斜度

(3)研究车身表面的球面反射规律。近代轿车车身往往无镀铬装饰条，但车身的曲面造型却能保证车腰线下部有一条“光亮线”。无论车朝任何方向行驶，这条“光亮线”始终是车身最亮的地方，因而取得悦目的分割效果。

如图4-39a所示，在车身曲线上，点1的曲率半径为R_1，其焦点F_1在R_1的中点上。同理，点2，3……的曲率半径分为R_2，R_3……这些焦点形成一条焦点线F_1，F_2，F_3……对应每一车身曲线都有一条焦点线，而对应于整个车身表面形成的焦点面。如果车身曲面是连续、光滑的，则对应的焦点面也是连续的；反之，车身曲面不光滑、不连续，则焦点面也是不连续的、中断的，甚至是紊乱的。

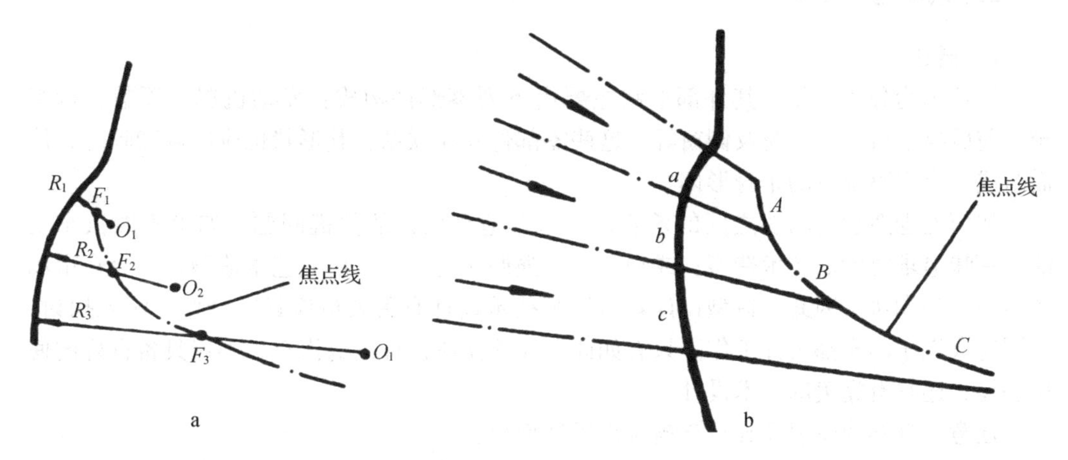

图4-39　整个车身表面形成的焦点面

车身曲面反映外界景物的规律是

$$1/f = 1/u + 1/v$$

式中：f——焦距；

u——物距；

v——象距。

由上式可知，对于车身距离为u的物体，在车身表面率大(即焦距f小)的部位，象距v较短；反之，在车身表面曲率小(即焦距f大)的部位，象距v较长。也就是说，在车身曲率大的地方，所反映的物体影像浓缩，即聚焦能力强；在车身曲率小的地方，所反映的物质景象扩散，聚焦能力弱。

在图4-39b中，如果车身表面承受均匀光线照射，区段a聚光能力强，显得最亮；区段b次之；区段c最弱。因此，在曲率大的a区段沿整个车身长度方向形成一条“光亮线”。

如果车身曲面平顺、精确，这条光亮线不仅平滑，而且宽度也不变化。在曲率大的部位光亮窄而明亮；在曲率小的部位，光亮线显得宽而亮度差；在曲率更小的部位上，光亮线便消失了。同理，在车身垂直方向，也可能形成光亮线。因此，在水平与垂直光亮线的相交处，会出现更明亮的光亮中心。

因此，在车身造型中有意识地设计几段曲率不等的曲面，使车身能形成明暗不明确的区段，显示出明亮和次亮的几条光亮线，以产生丰富的敏感层次，并有助于加强汽车的动感。为获得不同层次的光亮线，车身曲面应该有规律，并以先进的冲压工艺来保证。曲面的车身也增加了车身的刚度。

不难想象，对于表面不连续、不平滑的车身，由于其焦点面也是中断的、紊乱的，其光学效果极差；而且车身颜色越深，在光线照射下，上述缺陷还会越严重。

综上所述，在设计汽车车身时，只要正确利用车身表面的光学规律，就能使汽车外形获得很好的光学艺术效果。

二、汽车造型设计

1. 概述

以轿车为分析对象，其外部形状主要由下列零部件构成：发动机罩、顶盖、行李箱、前后翼子板、前后窗及侧窗等。这些零部件互相联系，其形状也应协调和呼应，从而组成一个完整统一的车身形体。

如何处理造型与功能之间的矛盾，是汽车造型设计的关键问题。如果不顾汽车功能，一味追求时髦的艺术造型；或相反，只强调功能，而不讲究艺术造型，都会在市场竞争中遭到淘汰。因此，造型设计者与汽车技术设计有关人员应紧密合作，深入探讨，共同完成汽车的全部设计工作。只有如此，才能使所设计出的汽车，不仅具备良好的使用功能，还具有完美的艺术设计。

注意 汽车的造型设计应正确考虑下列问题：

(1)合理的形状、简单的结构、美观的整体外形；

(2)制造工艺不复杂，便于装配，符合现代工业大批量生产的特点；

(3)汽车外形具有良好的空气动能性能；

(4)汽车表面零件应具有足够的刚度和连接强度；

(5)汽车外形应保证乘车者和司机的良好视野。

从空气动力学角度分析，水滴状汽车外形空气阻力最小，但高速行驶的稳定性差。楔形汽车外形不但空气阻力小，而且空气动力稳定性好，因此楔形是当代广泛采用的汽车造型。楔形轿车的造型特点是：

(1)汽车头部前端低矮，前窗与水平面夹角为40°左右，头部及前窗的俯视图呈半圆形；

(2)车身中部呈腰鼓形，并逐渐向后收缩；

(3)前窗上部与顶盖圆滑过渡；

(4)车身后部肥厚，行李箱高度较大，呈阶背形式或直背形式；

(5)汽车底部平坦、封闭。

2. 头部造型

从形体上分析，汽车头部包括发动机罩、散热器罩及左右翼子板、保险杠及灯具几个部分。

(1)发动机罩的造型设计。

由于大多数汽车的发动机都置于汽车前部，因此发动机的结构、尺寸和形状直接影响汽车头部的造型。例如，以前的汽车大都装有直列汽缸发动机，致使汽车头部又高又长，而近代采用了 V 型发动机，则减少了汽车头部的高度，使楔形轿车得以实现。

老式轿车由于发动机高度较高，发动机罩与左右两侧的前翼子板不平齐，致使汽车头部的流线型不完美，特别是发动机罩与翼子板的交接部位不易处理得当，常常形成空气涡流，不但增加了阻力，而且涡流扬起的灰尘污染前窗玻璃。德国皮尔吉阿罗牌轿车就属于此类，如图 4 - 40a 所示。

图 4 - 40　老式轿车、新型轿车对比

新型轿车的发动机日趋紧凑、扁平，为轿车整体造型美创造了条件，可实现发动机罩与两侧翼子板平齐的造型。这种造型可使轿车头部圆滑、平顺，减少了空气阻力，增强了车身头部整体感，如美国福特公司的 LID 牌汽车(图 4 - 40b)。

发动机罩高度降低，不仅为增大前窗和侧窗创造了条件，从而改善了乘车人员的视野；而且十分有利于汽车的整体造型美，使整体线型和各部的尺度比例更协调、匀称，也增强了动感。

(2)发动机罩的开启方式。

①向后开启(铰链在后)。这种开启方式开度较大，便于发动机维修，多用于轿车，如图 4 - 41a 所示。

②向前开启(铰链在前)。这种开启方式有较好的行驶安全性，在高速行驶时不会被迎面气流抛开。但是，这种开启的开度较小，不利于发动机检修，而且散热器加水不方便，如图 4 - 41b 所示。

③侧向开启(铰链在发动机罩上)，又称蝴蝶式开启，在老式汽车上采用较多。这种方式只是用于宽大的发动机罩，如苏联的轿车和一些载货卡车(图 4 - 41c)。

(3)散热器罩的造型设计。

散热器罩的功能是对通往散热器的空气进行导流，以保证散热效果。散热器罩是汽车前脸的重要组成和重点装饰部分，它与发动机罩、前保险杠、前灯、前翼子板等组成了汽车前部的艺术形体。

20 世纪 40 年代以前，汽车的散热器罩大多是与散热器形状相对应的长方形。

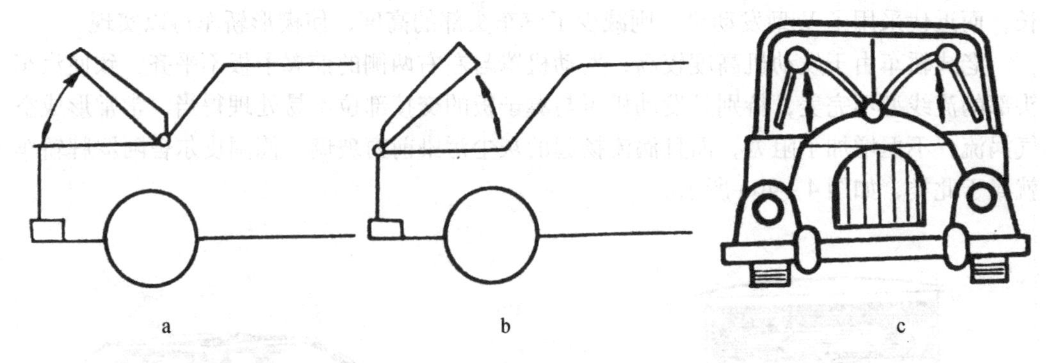

图 4－41 发动机罩的开启方式

20 世纪 50 年代以来，散热器罩的造型特点是向横向扩展，以追求汽车前脸的宽度感，散热器罩的格栅形式有横条的、竖条的和方格的。其主要根据是以汽车前脸造型应协调的因素来决定。散热器罩也有根据民族传统造型的，如我国早期的红旗轿车，散热器罩犹如展开的折扇。

散热器罩通常采用钢板冲压，并经过电镀抛光处理，也有用铝板或不锈钢板冲压并抛光而成。近年来，有些汽车开始采用塑料散热器罩，也显得朴素大方。

散热器罩的造型要点如下：

①散热器罩应与汽车前脸的造型统一、协调，并与其他部件有适当的对比；

②有助于空气流动，倒流效果好，以提高散热器的散热性能；

③与发动机罩的结构和开启方式协调；

④散热器罩的制造工艺好。

(4)保险杠造型设计。

顾名思义，保险杠的作用是保护汽车前、后部覆盖零部件免受刮碰，减轻撞击时造成的损坏。

在早期的汽车上，属于车的一部分的保险杠突出车身前脸之外，破坏了汽车的整体性，显得支离破碎。现代轿车的保险杠与车身结合一体，造型丰满，美观大方，在不失去保险功能的前提下，具有明显装饰性。轿车保险杠通常用钢板冲压制成，借助于弹簧板或橡胶垫与车架相连接。

有些轿车为了使车头体现扁而宽的造型效果，常将保险杠的位置上移，这时保险杠就有可能挡住散热器的下部。如果保险杠较宽，可在其上开通风孔；如果保险杠较窄，在其上只能布置照明，而把转向指示安装在保险杠上，上述这些特点在美国通用公司的短剑牌轿车上最为典型，如图 4－42 所示。

由于保险杠已成为车身整体的一部分，其艺术造型必须朴素、简洁，并与车身其他部分的线型形成明显的连续感，此外，前后保险杠的造型必须统一、相互呼应。

(5)汽车灯具的造型设计。

汽车灯具分照明和指示两种。

图4－42　短剑牌轿车

照明灯必须有足够的发光强度和适应的照射范围；指示灯也有适当的亮度，既能使人在阳光下看清楚，又不会在夜间使人目眩而发生事故。

在交通密度较大的市内，车辆间的距离较远，驾驶员视网膜上所获得的照度不仅与灯光发光强度成正比，还与灯的亮度成正比，因此，在设计汽车灯具时，除了从艺术造型的角度去研究灯的尺寸、形状和位置的组合外，还必须考虑发光强度、亮度和发光面积。

当两辆汽车相互接近时，随着驾驶员对灯的视角增大，发光亮度的容许值应该持续下降，才能确保司机看清楚景象。

①照明灯(灯头)。老式轿车的照明灯作为单独部件被安装在车前部的支撑架上，不仅增加了空气阻力，而且复杂和凌乱，如图4－43a所示。

从20世纪40年代开始，将照明灯安装在翼子板的包壳上，这种造型，不仅将灯头与翼子板合成一体，具有整体美感，而且也大大减少了空气阻力，如图4－43b所示。

从20世纪40年代开始，汽车照明灯与散热器罩、翼子板构成了一个完整体，使汽车脸部造型华丽、协调、美观，一直延续到今天，如图4－43c所示。

从20世纪50年代开始，美国最先在轿车上安装了并列双头灯，如图4－43d所示。并列双头灯使照明光线宽阔而均匀，照明效果更好，而且使汽车脸部造型显得华丽和丰富。

圆形照明灯曾延续使用较长的时间。近年来，轿车大多采用矩形或梯形照明灯，一是为了与以直线为主的车身线型相协调，二是矩形或梯形灯与散热器罩、翼子板更容易构成整体连续表面，使造型效果自然、大方、协调；同时，有利于气流平顺流过，大大减小了空气阻力，如图4－43e所示。

②前转向指示灯。前转向指示灯通常置于汽车头部拐角处，以便正面和侧面都能看到。现代轿车的转向灯多为矩形或梯形，以便与照明灯台拼为一体，如图4－43e所示。

随着车速提高，行驶密度的增大，为确保行车安全，指示灯的尺寸和亮度都有增大的趋势。

③尾灯包括驻车灯、制动灯、倒车灯、转向指示灯。

图 4－43　汽车灯具位置的演变

现代轿车的尾灯，大多采用整体结构造型，即将不同功能的尾灯横向排列，组合在一起，其中转弯指示灯处于最外端。这种造型布局很适合车身尾部的形态，并与汽车前脸相呼应，如图 4－44 所示。

图 4－44　现代轿车的尾灯

(6)翼子板造型设计。

翼子板造型受下列因素影响：

①发动机罩的形状与结构；

②前灯的形式及布局；

③车轮转向与跳动的极限位置。

现代轿车的前后翼子板与车身连成一个平滑的曲面，还采用了发动机罩与翼子板的造型形式。为了形成对比，冲压翼子板切口的凹凸边缘，也增加了翼子板切口的刚度。

翼子板切口的大小以车轮装拆方便为准。翼子板形状有梯形、圆形和珠形三种，如图4－45所示。对于以直线型为主的现代轿车，多采用梯形切口；对于以曲线形为主的汽车，采用后两种切口。

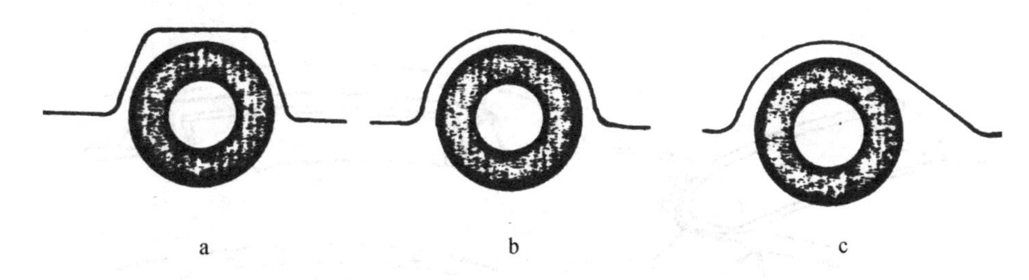

图4－45　梯形(a)、圆形(b)和珠形(c)三种形式的翼子板

3．汽车上部造型

汽车上半部结构包括顶盖、前窗、侧窗、后窗及支柱等。

(1)顶盖造型。为了降低轿车行驶阻力和提高高速行驶稳定性，减少车身高度是有效的措施。为此，适当降低车厢地板高度以及改变座椅参数，都可以实现此目的。此外，现代汽车造型都力求减小顶盖高度，以降低整车高度。

顶盖的前视图，以平滑曲线为宜，其截面有三种形式，如图4－46所示。

①平缓曲线(图4－46a)；

②凸陷曲线(图4－46b)；

③波纹曲线(图4－46c)。

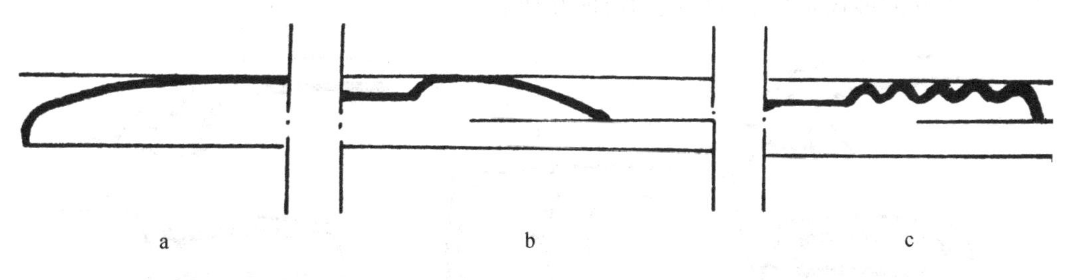

图4－46　顶盖造型

其中，平缓曲线顶盖厚度稍大，常用于轿车，凸陷波纹曲线的顶盖稍微薄一些，而且刚度较大，常用于大客车、面包车和货车驾驶室。

(2)前窗造型。前窗造型设计注意以下问题。

①前窗与水平面间的夹角以40°±2°为好，否则将影响空气动力性能；而且由于车窗玻璃的光线折射，影响驾驶员的视线。

②前窗的上下边缘曲线应平行或近似平行为好。这不仅有利于线型的协调，而且玻璃形状较规整，工艺性好。如果发动机罩后部曲线拱起过高，而顶盖又比较平缓，势必造成前后窗上下边缘曲线不平行，使其造型不协调，看上去很不舒服。

③20世纪六七十年代，汽车前窗曾流行过曲面玻璃，使得造型显得活泼，并对改善司机视野是稍微有利的。但后来因曲面玻璃向后弯曲过大，带来如下问题：

A. 曲面玻璃制造复杂，成本高；

B. 前窗支柱及前门支柱复杂，受力较弱，如图4-47a；

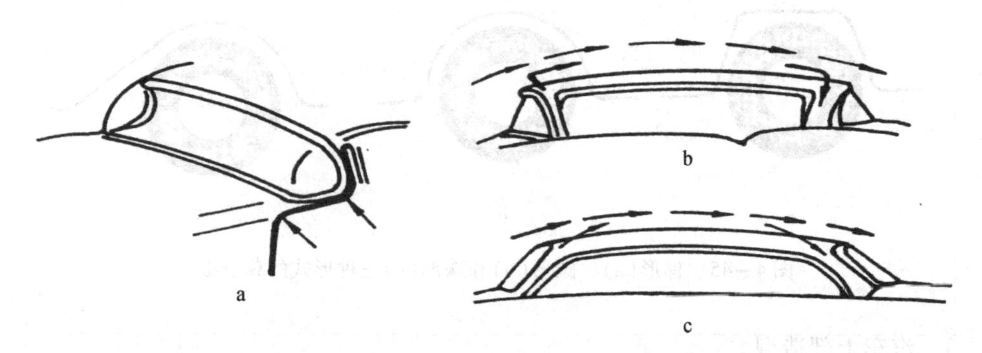

图4-47 前窗造型

C. 出现了刮雨器刮不到的死角；

D. 使车身侧面的线型难以协调，如图4-47b。

随着时间推移及实际验证，这种带有夸张的和唯美倾向的前窗造型逐渐被淘汰，现已极少见了。而图4-47c的前窗造型，易与车身曲线相协调，现代轿车广泛采用。

(3) 后窗造型。

①后窗与侧窗转折连接制造，如图4-48a所示，这种形式会破坏车身曲线的流向。而图4-48b的形式易与车身曲线的流向相协调。

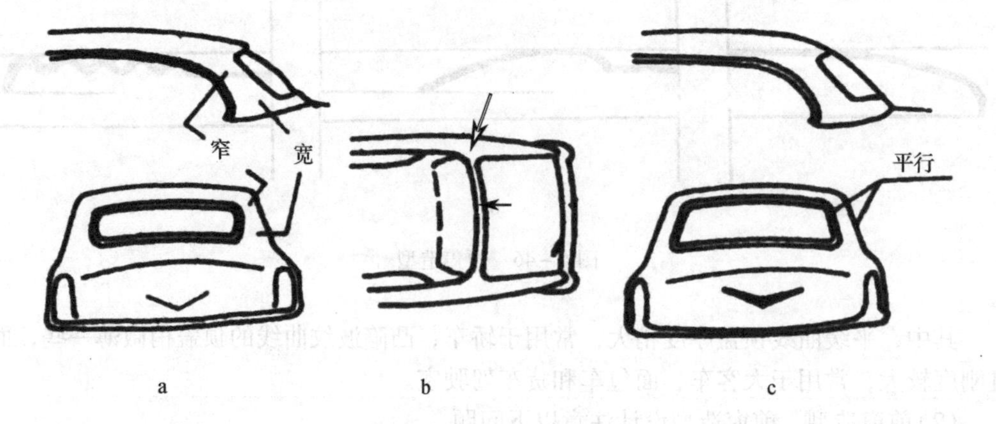

图4-48 后窗造型

②后窗独立造型。此种造型不受侧窗的影响，容易与车身曲线流向相协调。但要注

意后窗边缘轮廓线与车身轮廓线应大致平行，如图 4 -48c 所示。如果二者不平行，则汽车的后视图和侧视图都不能获得轻盈和视野开阔的造型效果，如图 4 -48a 所示。

在俯视图上，后窗的线形都应力求平缓，如图 4 -48b 中黑箭头所示。后窗的两侧边与车身侧面的拐角连接处，应有明显的转折，如图 4 -48b 中白箭头所示，否则汽车使有臃肿感。

不论哪一种形式的后窗，都应保证汽车具有良好的后视野。

(4)侧窗造型。现代轿车侧窗线型主要有以下形式。

①放射性：侧窗左右边缘以 O 点为中心的放射直线或放射曲线的一段，如图 4 -49a 所示。

②平行式：侧窗左右边缘与车身上半部轮廓线平行，如图 4 -49b 所示。

③采用比例曲线，即侧窗边缘曲线与车身轮廓线是曲率不同的比例曲线，如图 4 -49c 所示。

④近年来，有些轿车采用了弧面侧窗玻璃，如图 4 -49d 所示。这种结构不仅造型美观，还有以下特点：

A. 增加了车身内部宽度；

B. 改善了汽车侧向空气动力性能；

C. 增大了汽车侧窗的倾斜度，使乘员上下方便；

D. 减少顶盖宽度和厚度，使汽车显得轻巧。

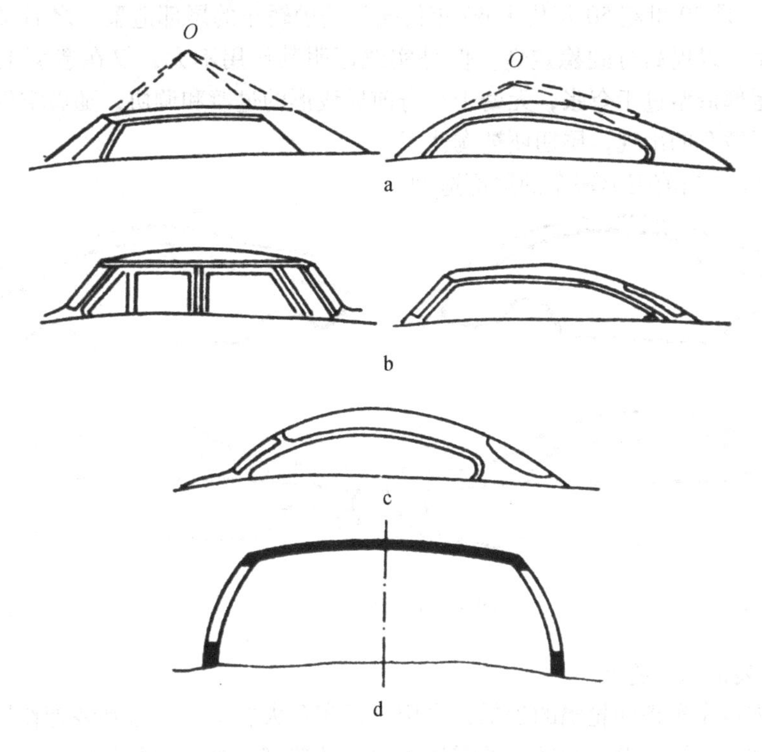

图 4 -49　侧窗造型

圆弧面玻璃侧窗的缺点是结构较复杂，玻璃本身及窗框导轨制造精度较高。

(5)车身下半部(裙部)的造型。汽车侧面裙部的造型最能突出汽车的动感，现代轿车侧面裙部的造型有以下几个特点：

①利用线形流畅线的纵长线条显示车身长度效果；

②利用造型上的分割办法来减小汽车视觉高度，忌用垂直分割；

③将裙部造型与头部、尾部联系起来，注重造型的整体美；

④注重光学艺术效果和色彩设计，以形成水平光带或分割色带，增强汽车行驶的稳定感和运动感。

汽车侧面造型还应对前悬和后悬部分加以认真考虑。前后悬的长度由总体布局的比例所确定，而前后悬的底部以向上略倾斜为宜。这样，既可增强动感，又可产生轻巧感和灵活感。

4．尾部造型

影响汽车尾部造型的因素有汽车空气动力性能、行李箱尺寸与高度、尾灯形式和数量等。

如图4－50列举了几种轿车尾部造型形式。图4－50a和图4－50b的尾部线形较圆滑，是20世纪40～50年代的流线型尾部造型。这种造型的行驶阻力较小，但是高速稳定较差，因为，汽车的纵切面近似飞机机翼断面形状，在高速行驶时会产生升力，使车轮与路面的附着力减小，汽车在横风吹压下易发生偏离危险。

图4－50c是20世纪50年代末60年代初的美国轿车的尾部造型，之后又发展成高翘的尾翅造型，以提高行驶稳定性。但是实践证明其作用不大，仅在造型上增加了动感，再加上尾部造型过于夸张，无助于车身前后线形的过渡和调协，随着空气动力稳定性较好的楔形轿车的出现，尾翅便被淘汰了。

图4－50d是当前楔形轿车的尾部造型。

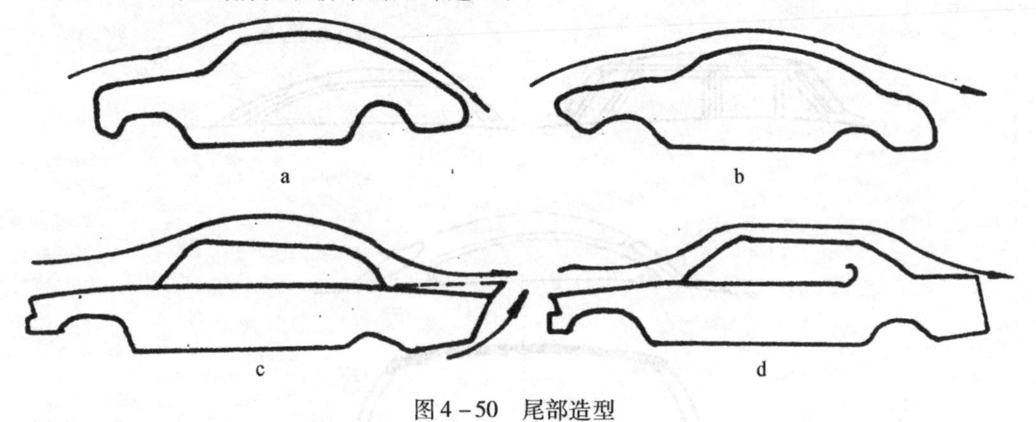

图4－50　尾部造型

5．车轮装饰罩的造型

车轮装饰罩是车毂和轮辐的护罩，常用于轿车和大客车上，起到装饰作用。

车轮装饰罩是同车轮一起转动的零件，因此其造型大多是凹凸状的圆形。因为罩子具有同心圆构成的层次，所以显得丰满、强健和美观。

车轮装饰罩多由钢板冲压成型，然后抛光，或由铝合金冲压表面抛光。近年来，有些轻便轿车的装饰罩由浅色高强度塑料制成，它比金属罩显得柔和、雅致和轻便，但散发制动器热量的性能不如金属罩。

现代新型轿车，把车轮辐毂、轮辋和轮廓设计成一个整体，由轻质合金压铸成型，造型美观、雕塑性强、工艺精美，无须再加装饰，如图4－51所示。图4－51a动感造型极强，并符合空气动力学原理；图4－51b造型强健，动力感强，图4－51c造型精巧，给人以轻盈感。

a
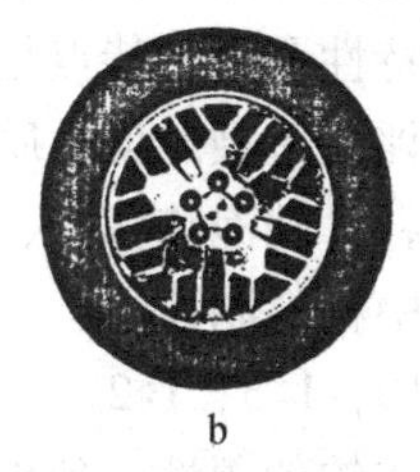
b

c

图4－51　车轮装饰罩的造型

任务二　实践机床造型设计

一、机床造型设计步骤

机床设计包括技术方案的拟定、技术设计和工艺设计，其全过程大致分三个阶段。

第一阶段：要全面地提出一系列的技术、经济和造型方面的指标。这些具体指标是保证机床质量所必需的。

第二阶段：拟定机床工作原理、传动方案及总体设计。

第三阶段：要完成制造机床样机所需要的全部图样和技术资料。

样机制成后，要经过鉴定委员会审查、验收，并对产生图样及资料进行审核，提出修改意见等，这对以后批量生产是十分必要的。

在设计和样机试制的各个阶段，造型设计者都应积极参与。当开始编制机床的技术任务书时，造型设计者就要根据任务书的内容和要求，绘制出第一张机床的外观草图。

机床造型设计内容包括资料收集，同类机床的比较、借鉴，根据人机工程学原理协调人－机－环境的关系，分析机床结构与造型是否一致，考虑机床结构的工艺性机整机安装调试，等等。

经过上述分析，造型设计者便可绘制机床造型草图，包括平面图和立体图。这种造型图，可能有两种或三种方案，经过全体机床设计人员的分析研究、修改、综合，最后确定出最佳的方案。

随后，造型设计者便着手进行具体的造型设计。在设计过程中，要根据方案审查意见，对所选定的方案做最后的修改和完善。然后，设计出整机以及各组部分的立体造型图，最好能按一定比例制作出机床造型的模型。这些造型设计资料，应在机床技术设计图完成之前提交审查，以协调机床的技术设计和造型设计之间的关系，使二者达到统

一、完美、相辅相成。

在技术设计中，造型设计者应直接参加与造型有关的结构设计工作，并审查技术图样是否符合造型设计要求。

在机床样机试制过程中，造型设计者应以机床设计者的身份进行监督，使所制造的样机与造型设计图样相吻合。

在机床造型设计中，应广泛采用立体设计方法，即配置模型。制造模型不仅可以简化造型设计过程，而且无论对整机还是部件，都能进行立体配置方案的比较，更重要的是可以验证机床的使用特性、结构特性及工艺特点是否合理，因此大大缩短了设计和修改周期。同时，立体模型对审查和评价造型的美学质量是最直观和最确切的。

机床模型可用纸板、木板、塑料、硬泡沫塑料、有机玻璃、赛璐珞、多聚苯乙烯等材料制作，也可以同时使用上述集中材料制作。

机床模型比例包括：1∶20，1∶10，1∶5，1∶2。

总之，机床外形的合理性，样式的新颖性、独创性及艺术表现力，与机床的技术经济指标一样重要。外观造型设计在很大程度上促进着文明生产水平的提高，也反映着一个国家精神生活的发展状态，并能使产品在国际贸易中具有坚实的市场竞争能力。

二、ⅡT-1(A)型机床的造型设计

在设计ⅡT-1(A)型新机床时，要以原型机床ⅡT-1为参考，因此首先应对原机床进行分析。

1. ⅡT-1型机床特征

(1)结构分析。如图4-52所示，ⅡT-1型机床的主轴箱、进给箱、挂轮架及操纵系统的结构形状比较陈旧，显得不规整、不协调，给人以杂乱之感。电气柜和冷却液箱位于切屑槽下面，挤满了机床下面的空间，给操作者带来许多不便。此外，机床的整体造型显得笨重、粗俗。

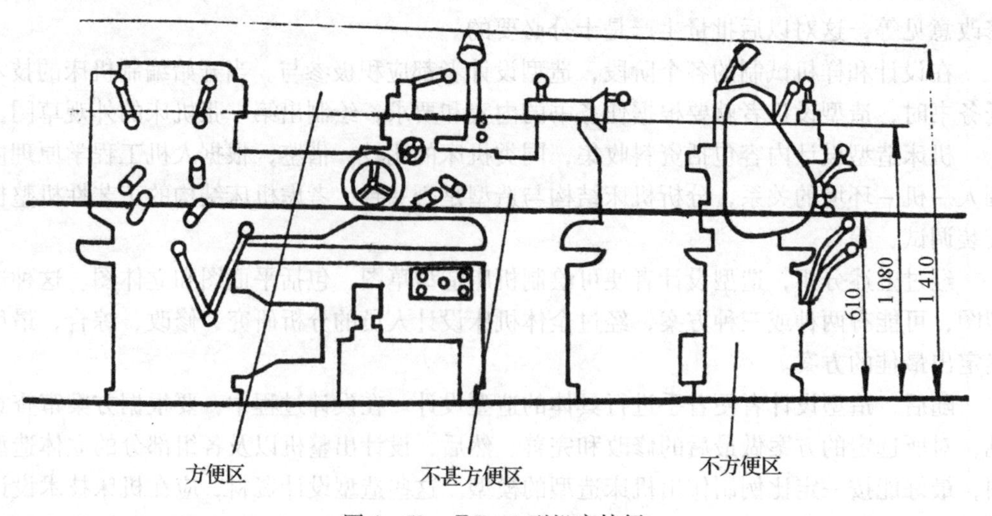

图4-52 ⅡT-1型机床特征

(2)工艺分析。挂轮架的铸铁壳形状不规则，难以进行机械加工。为使挂轮架壳体与主轴箱、进给箱的轮廓吻合，不得不进行手工铧削和修整。另外，几乎所有紧固面的四周均有凸缘，不仅使铸造工艺复杂，而且也增大了机床重量和外形尺寸。

进给箱和尾架的轮廓复杂，铸造和机械加工的工艺性不好，加工工时多。几乎所有带凸缘、凹陷的壳体形状均不规整，使泥平抹光及喷漆工艺变得困难。

(3)使用性能分析。机床上分散较多手柄，而且其中有的位于操作不方便的下半部。使用标牌和操作说明不应混乱，使工人难以准确和迅速操作，从而影响工作效率。另外，机床表面凸凹部位较多，容易积存油污灰尘，而且不易清理。

(4)造型分析。首先，该机床整体结构的配置不当，各个部件与车床外形不协调、不统一。固定在机床外部的零件较多且零乱，破坏了机床外形的整体性。挂轮架外壳、床头箱(主轴箱)、进给箱、刀架、尾架、床身及台座等，造型复杂、陈旧，特别是箱体外的圆角半径较大，更加重了陈旧感和臃肿感。尾架具有复杂的流线型，过于呈现动感，这与机床的加工功能并不相符。

总之，ⅡT－1型机床给人的感觉似乎是由各个不同的、彼此互不相干的零件组成的，这是由于机床的水平划分线和垂直划分线是弯转或折断形的，因此破坏了机床的整体性和统一感。

2. ⅡT－1(A)型机床造型设计

对ⅡT－1机床结构、工艺性、使用性和造型特点的分析，为ⅡT－1(A)型机床的造型设计奠定了基础。造型设计者运用现代艺术造型的构思方法，同机床结构设计者密切配合，即可完成新型机床的形体的创造工作。

(1)合理的尺度及比例。机床主要部件之间，以及它们与整个机床结构之间的尺度和比例，对机床造型设计来说是至关重要的。

如图4－53所示，在确定该机床的基本尺寸时，采用“黄金分割”的原则。如果机床的长度取$M_0=1$，而高度为M_1。其他部件的尺寸分别为M_2，M_3，M_4，M_5，M_6。按

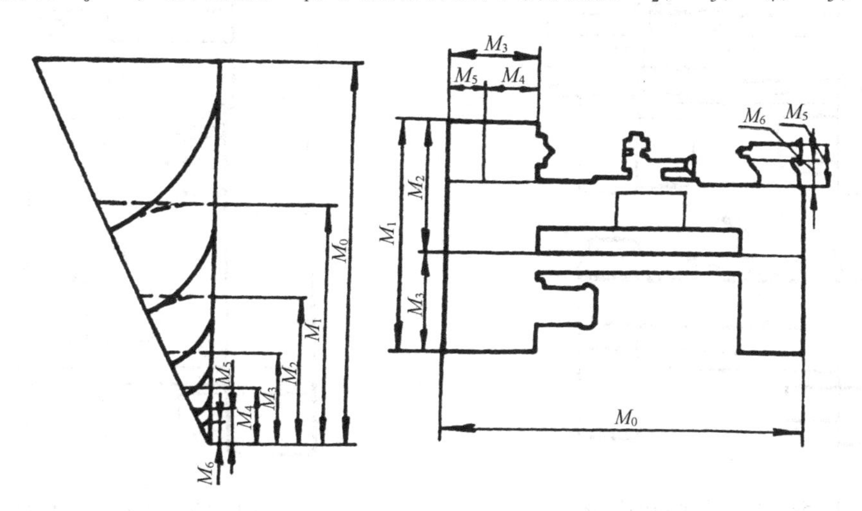

图4－53　机床的基本尺寸

着“黄金分割”的原则，则有 $M_1/M_0 = M_2/M_1 = M_3/M_2 = M_4/Md_3 = M_5/M_4 = M_6/M_5 = 0.618$。

采用“黄金分割”比例关系，可使机床的轮廓更紧凑、机床各部件的尺寸关系更协调、肯定，大大增强了机床造型的美感。

(2)机床水平线的划分。机床以水平线作为整体布局的基准，各个部件之间均以水平线分割，如图4－54所示。其中：图4－54a是ⅡT－1型机床上的不整齐的水平划分线，机床造型无规则、无层次，显得零乱；图4－54b是ⅡT－1(A)型(第一方案)机床上的水平划分线。与ⅡT－1型机床比较，水平划分线虽稍有改进，但仍显得不协调、不统一。图4－54c是ⅡT－1(A)型(第二方案)机床上的水平划分线，它不仅有严格的层次，消除了前面两种水平划分线的混乱现象，而且达到了统一和协调，为机床增添了精密感、规则感和稳定感。

(3)机床的垂直线划分。机床的垂直划分线不多，在其衬托下使机床的水平划分更加突出，如图4－55所示。其中，图4－55a是ⅡT－1(A)型机床上的垂直划分线，图

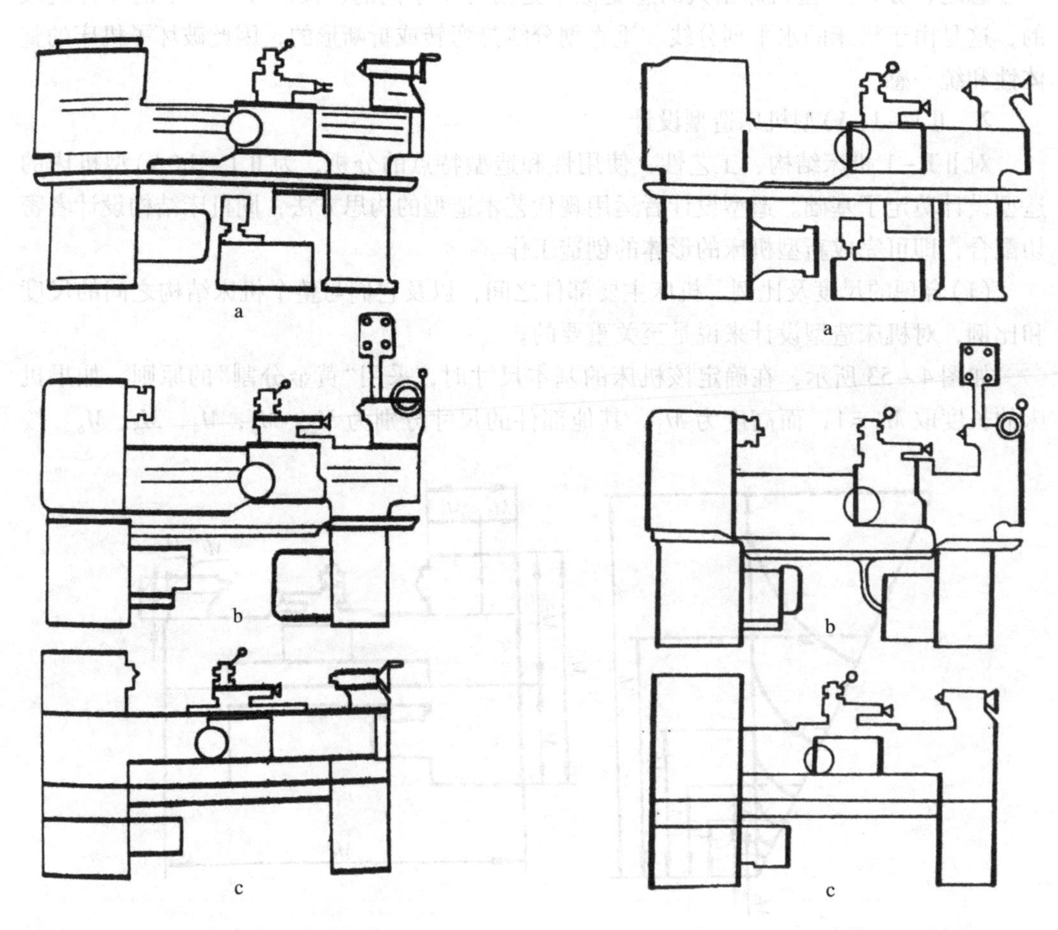

图4－54　机床水平线的划分　　　图4－55　机床的垂直线划分

4－55b是ⅡT－1(A)型(第一方案)机床上的垂直划分线。二者的共同缺点是垂直划分造型呈阶梯或中断状态，破坏了机床整体轮廓的规则性。图4－55c是ⅡT－1(A)型(第二方案)机床上的垂直划分造型，显得简洁、规则、大方。

(4)其他部件的造型设计。ⅡT－1(A)型(第二方案)机床的造型设计，使其结构发生了实质性的变化，具体改进如下：

①取消了液屑槽下面的电器柜，电气设备改装在床头座内部，节省空间，方便了操作；

②冷却润滑液箱装在机床尾座内部；

③床头箱及进给箱的变速手柄安装在适当的位置上，电机开停及正反转采用长把手柄，以便于车工操作；

④整个机床涂以浅灰色，手柄端球采用黑色，增强了操纵手柄的对比度；

⑤液屑槽选用了直角造型，并涂以深色漆，在水平方向上加强了对机床的分割作用。

ⅡT－1(A)型新机床的最后形态如图4－56所示。

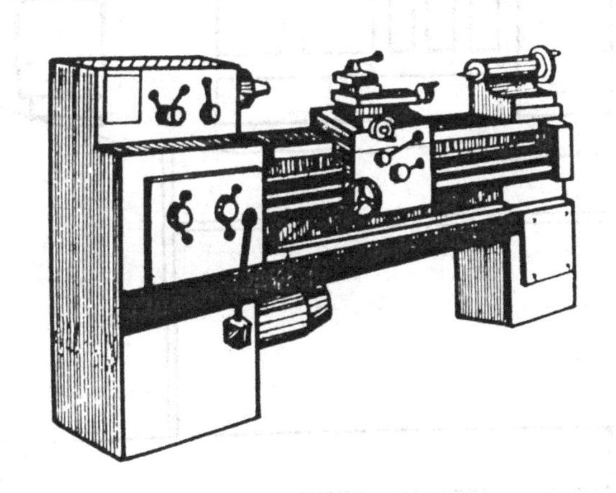

图4－56　ⅡT－1(A)型新机床

三、KII－12型卧式深孔钻床的造型设计

此机床主要用于钻削孔径1～3 mm、孔深100 mm以下的细长孔，如加工深径比大于10的燃油器喷嘴及各种特殊零件。

用加工细长孔的KII－10型半自动机床作为修改设计的原型，如图4－57所示。

1. KII－10型机床特征

(1)结构分析。如图4－57所示，KII－10型机床主要构成部件包括1－工作台座、2－电气设备、3－调速器、4－底座、5－夹具罩、7－钻头、8－钻夹、9－主轴电机、10－主轴油缸换向阀、11－油泵电机等。

①底座4的有效容积不足，使电气传动系统的安装布局困难。

②主轴驱动电机9安装在主轴头架上，电机的震动直接传给主轴(钻头)，影响深

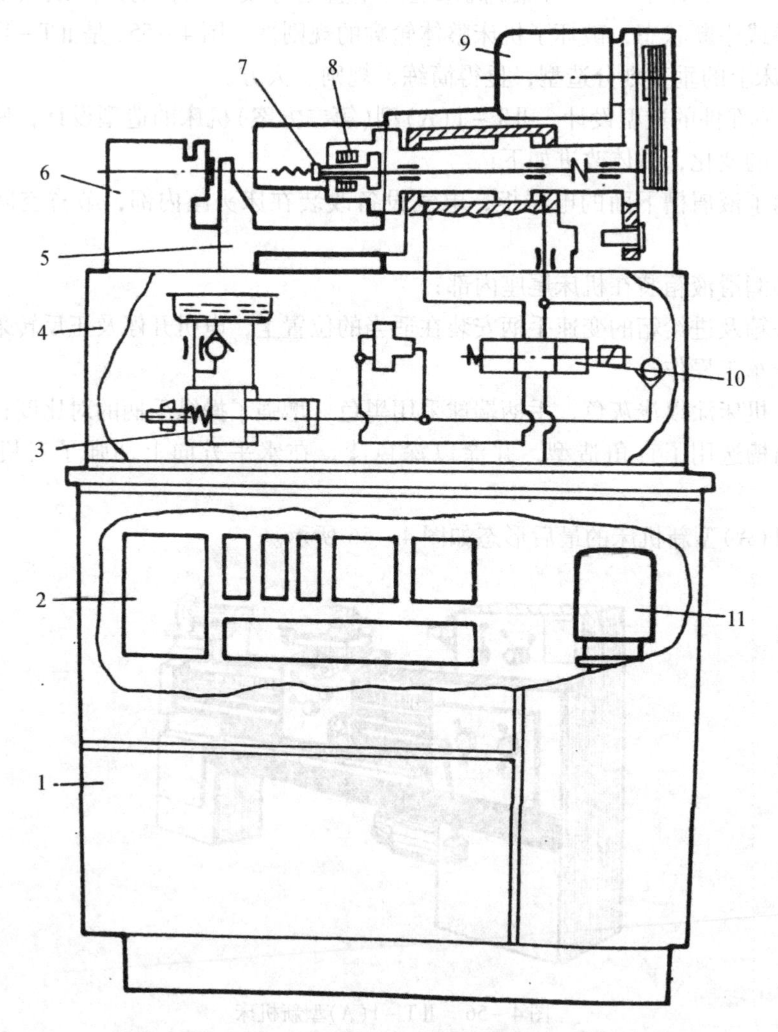

图4－57 KII－10型半自动机床作为修改设计的原型

孔加工。

③主轴与电机轴的中心距较小，带传动的绕转数增加，使传动带工作寿命降低。

④液压传动装置的油缸距离油泵较远，使油管的配置及整个液压系统的安装复杂化。

⑤主轴前没有设置钻削深度调整板或标桩，当改变加工零件时，机床的重新调整工作比较复杂。

(2)工艺分析。该机床上的盖板较多，且形状及尺寸各不相同，为使他们在装配后平整、规矩，导致制造和装配的工艺复杂化。此外，控制台盖板及组合开关盖板的直角凹槽也是难以加工的。特别是由于存在加工误差，许多盖板之间的间隙大小不等，影响了机床的外形美观。

(3)使用性能分析。该机床没有把操纵机构的布局与机床的轮廓尺寸及人体测量数据协调起来。如机床控制面板上的仪表高度 1.5 ~ 1.6 m。再加上控制面板上的按钮布局很满，表盘尺寸又不大，使工人操作很不方便，如图 4 – 58 所示。

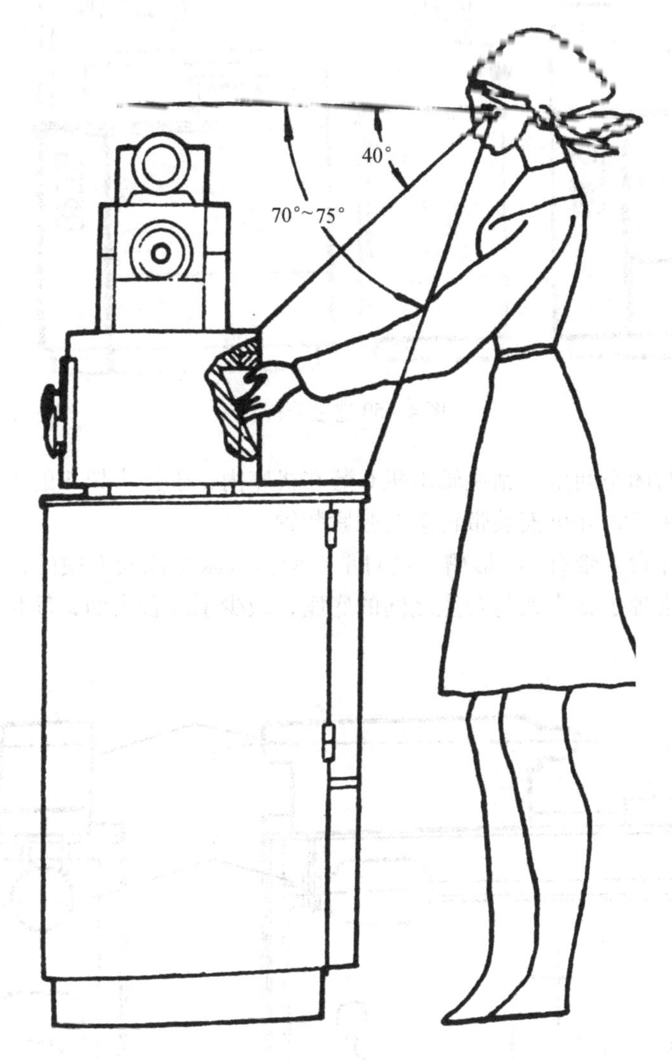

图 4 – 58　使用性能分析

(4)造型分析。如图 4 – 59 所示，该机床各部件之间缺乏配置上的联系，由许多盖板所形成的水平线及垂直线混乱无序，给人一种零乱感，破坏了机床的完整性。此外，机床右侧零部件呈堆积现象，在视觉上造成不平衡感，不符合造型的匀称法则。

2. KII – 12 型机床的造型设计

根据 KII – 10 型机床在结构、工艺、使用的造型上存在的问题，造型设计者同技术者一起设计了 KII – 12 型机床。该机床的结构特点、工艺性、人机工程学的协调关系及美学特性都较原机床先进。

(1)结构分析。如图 4 – 60 所示，机床的台座与底座合拼成一个整体机座 1。在其内部布置液压传动和冷却润滑液设置 2，3 是比较宽裕的。控制台 8 和电气柜 9 单独设

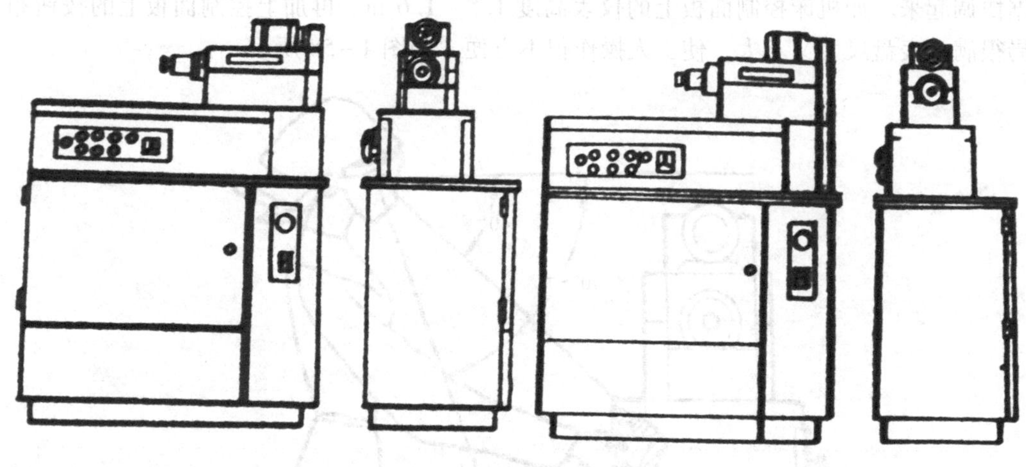

图 4－59 造型分析

置在一个隔开的封闭空间里。钻主轴电机 6 装在机座内，于钻头架 5 的下面，这样可以加大二者之间的距离，并可安装带传动的张紧装置。

夹具安装工作台 4 带有“T”形槽，这对重新调整机床是比较方便的，以适应加工零件的变化。机床去掉了钻头架与台座之间的底座，减少了凑合表面，简化了结构，改善了制造工艺性。

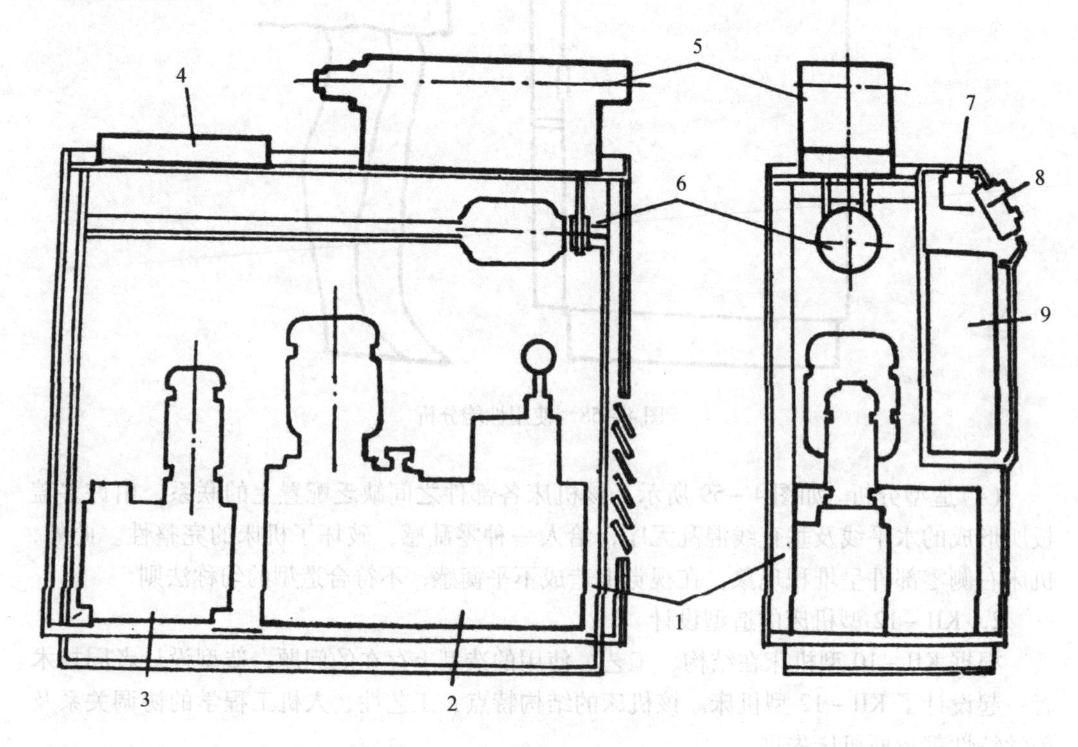

图 4－60　KII－12 型机床的造型设计的结构分析

(2)造型分析。

①合理的尺寸和比例。该机床整体与部件、部件与部件之间均按“黄金分割”原则确定，其造型频率是肯定的，如图4－61所示。

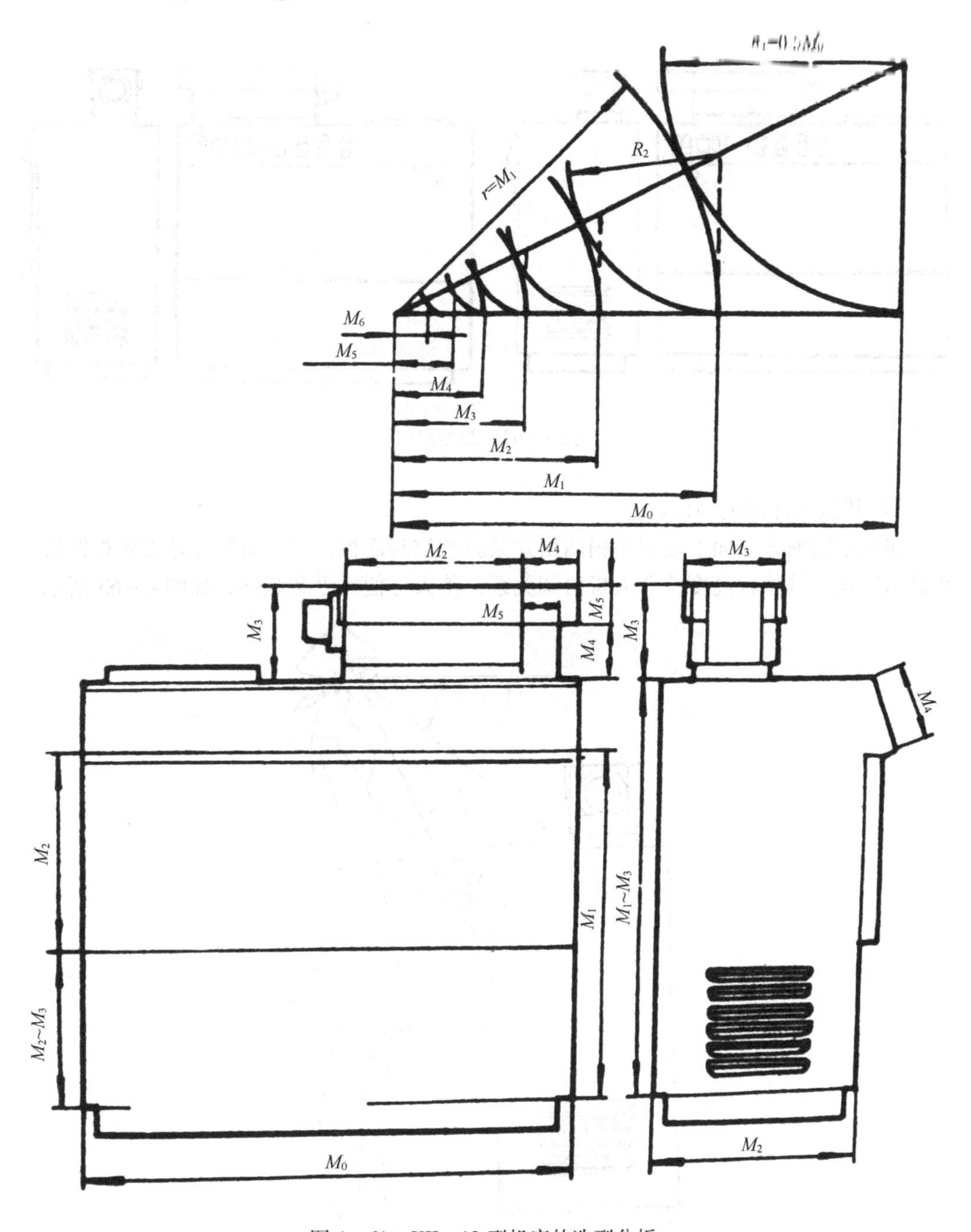

图4－61　KII－12型机床的造型分析

②线型组织。如图4－62所示，该机床是以有规律的重复的水平线划分的，而且这

些水平线主要呈现在机座及钻削头的划分上，因此又显得简洁、大方，结构次序和条理美。

垂直划分线不明显，多为不见的垂直轮廓构成，这样更强化了水平划分线的作用。

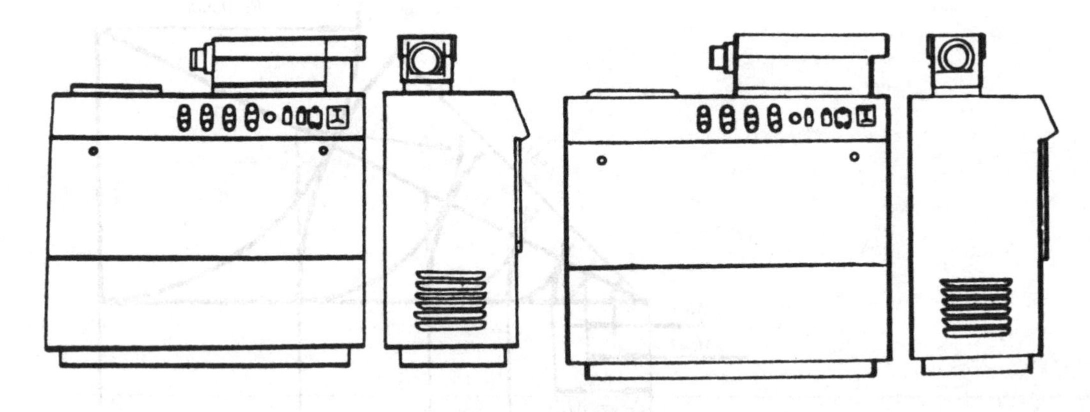

图 4－62　线型组织

(3)其他部件的造型设计。

在机座的前方立面上设置了稍凸出并倾斜的控制面板，其上有规律地安装控制按钮和显示仪表，其位置高度符合人机协调关系，使人方便操纵和观察，如图 4－63 所示。

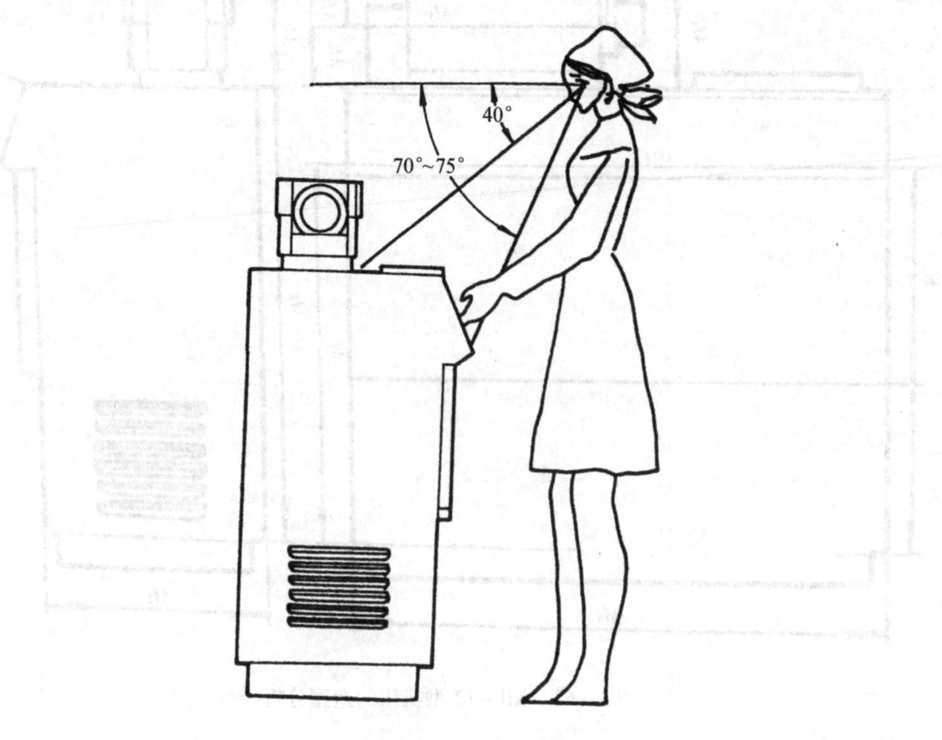

图 4－63　其他部件的造型设计

图 4－64 是该机床的整体透视图。控制面板左侧是制造厂家标志，中间、右侧是控制按钮和显示仪表。

整个机床呈浅灰色，控制面板为金属铝色，机座盖为深色，以强调机床的水平分割。

图 4－64　KII－12 型机床的整体透视图

附　录

附录一　工业设计活动的范围及与企业部门的关系

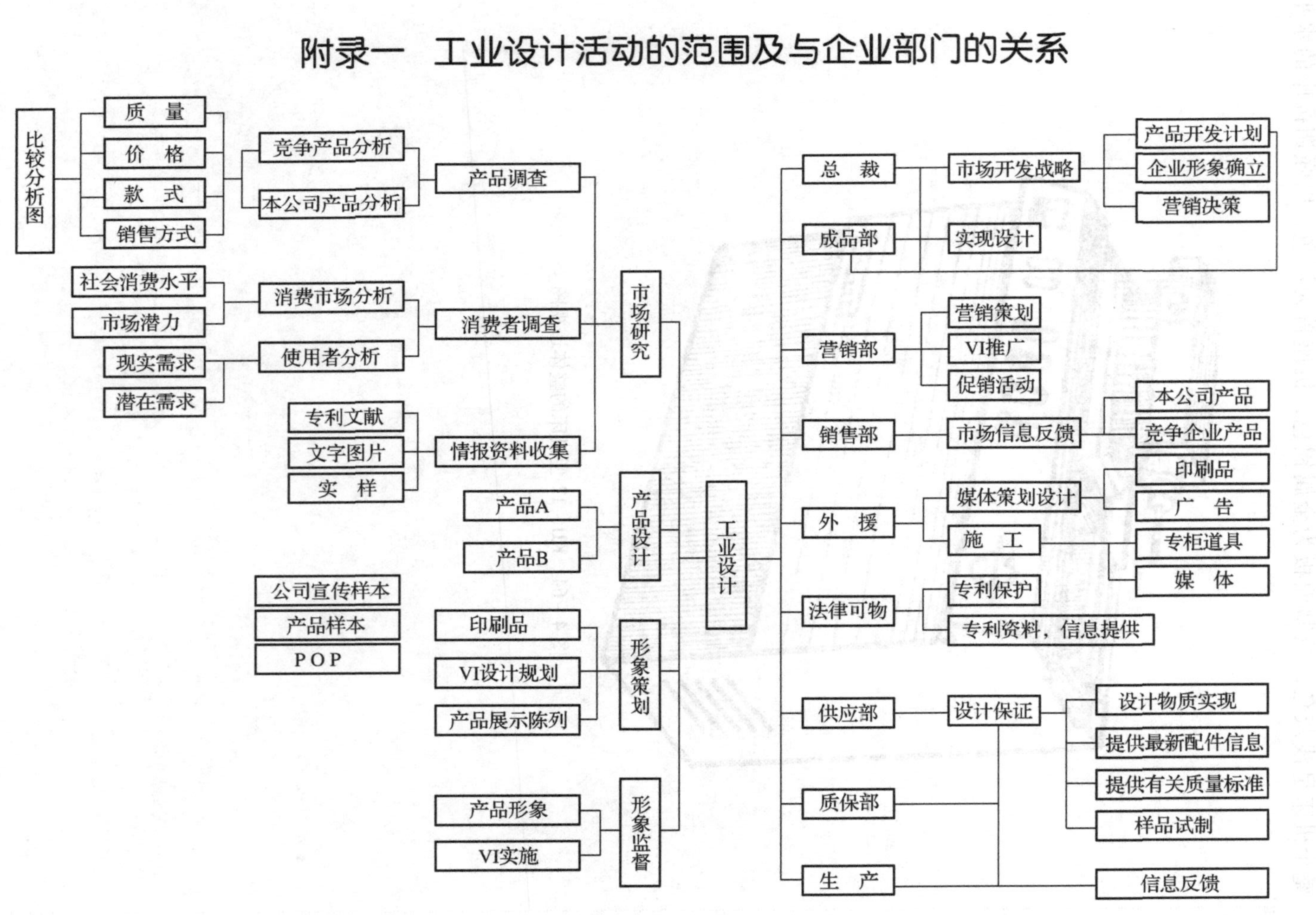

附录二 作业中新产品开发设计的一般流程

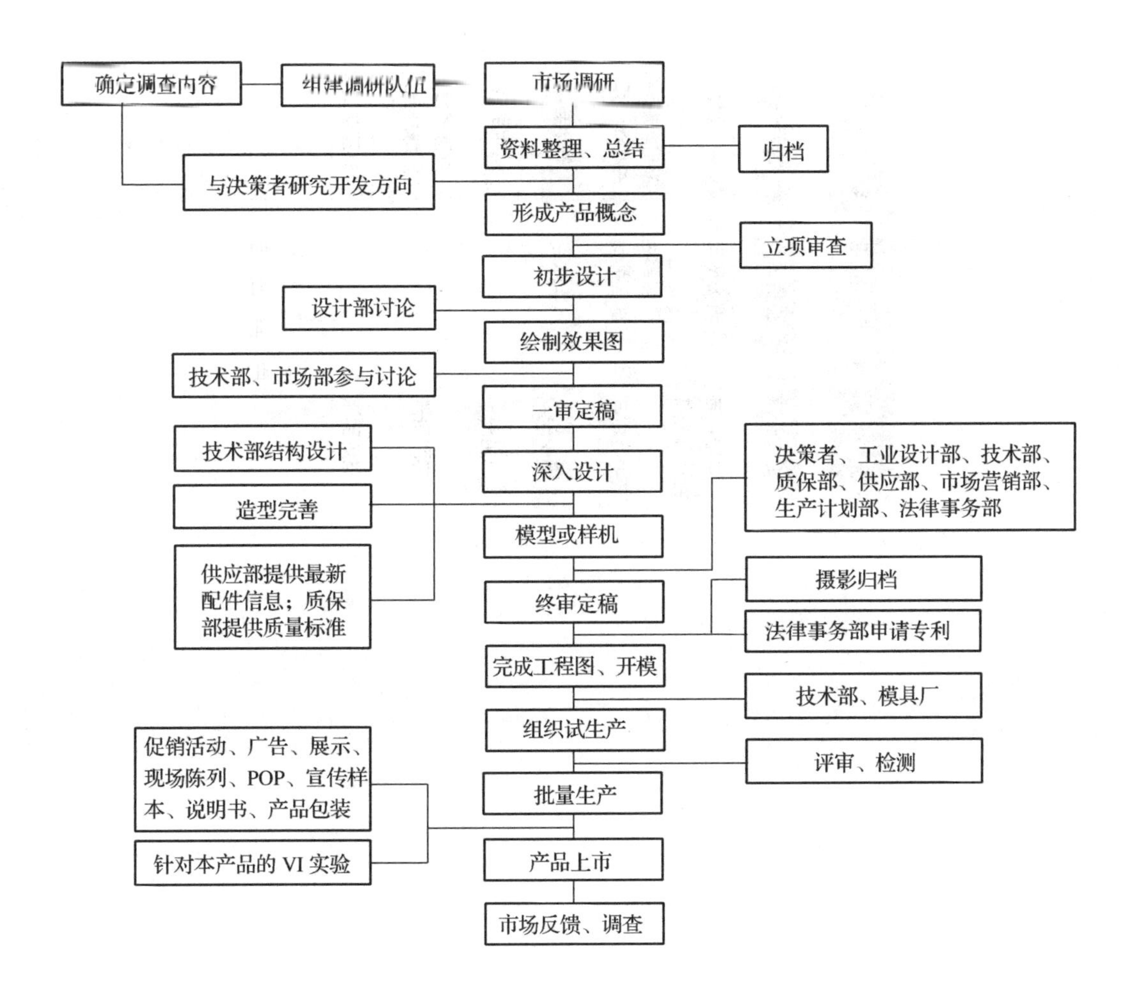

附录三 新产品开发的三种方式

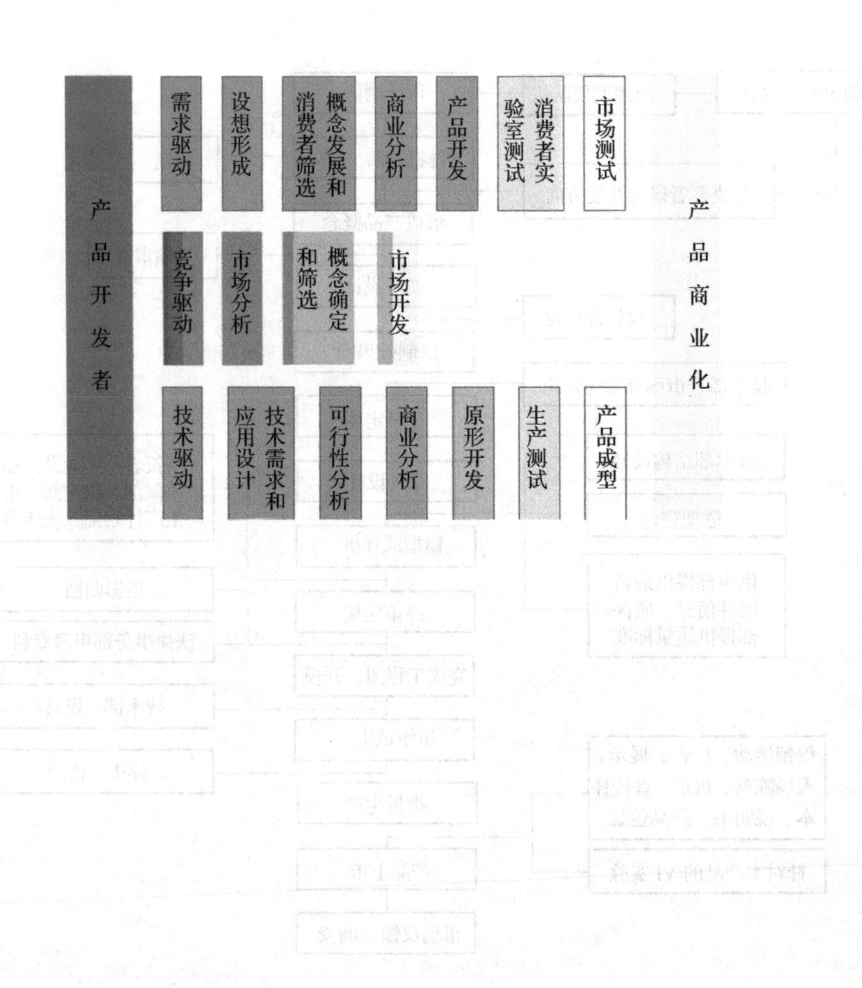

附录四　产品开发设计调查内容范围

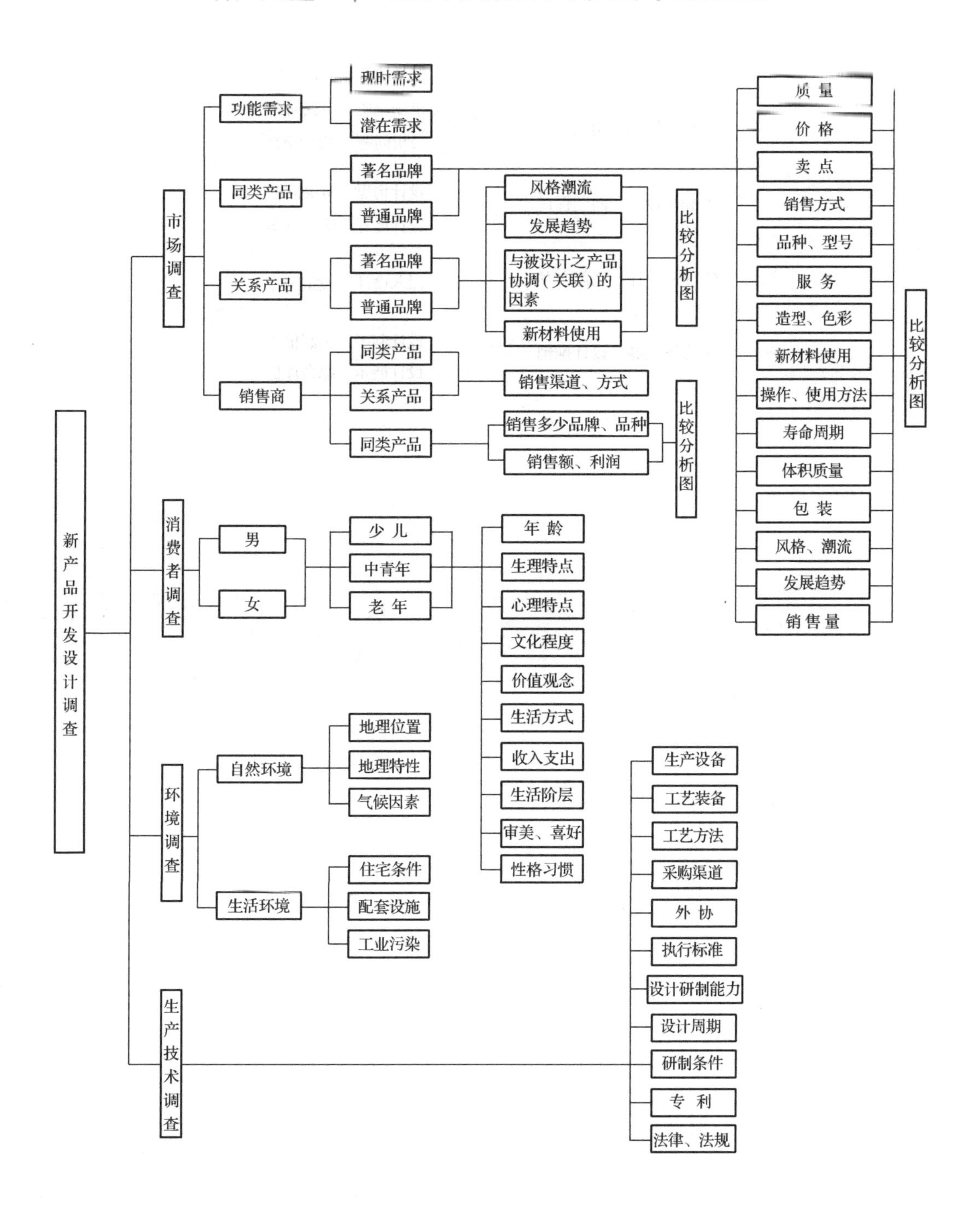

附录五 产品设计的一般流程

A. 提出概念 明确目标	接受项目 制订计划 市场调研 寻找问题 分析问题 提出概念
B. 初步设计 问题探讨	设计构思 解决问题 设计展开 优化方案
C. 深入设计 完善方案	深入设计 模型制作
D. 方案实施 设计推销	设计制图 编制报告 设计展示 综合评价

参考文献

[1] 庞志成. 汽车造型设计[M]. 南京：江苏科学技术出版社，1993.
[2] 杨辛. 青年美育手册[M]. 石家庄：河北人民出版社，1987.
[3] 徐恒醇. 实用技术美学[M]. 天津：天津科学技术出版社，1995.
[4] 程能林. 产品造型设计手册[M]. 北京：机械工业出版社，1994.
[5] 蔡军，梁梅. 工业设计史[M]. 哈尔滨：黑龙江科学技术出版社，1996.
[6] 严扬，王国胜. 产品设计中的人机工程学[M]. 哈尔滨：黑龙江科学技术出版社，1996.
[7] 罗越. 视觉传达[M]. 哈尔滨：黑龙江科学技术出版社，1996.
[8] 蓝先琳. 构成设计[M]. 北京：中国旅游出版社，1995.
[9] 程能林. 工业设计概论[M]. 北京：机械工业出版社，2002.
[10] 黄余平. 百年汽车图集[M]. 北京：人民交通出版社，1987.
[11] 王凤仪. 商标图案[M]. 上海：上海人民美术出版社，1993.
[12] 封根泉. 人体工程学[M]. 兰州：甘肃人民出版社，1980.
[13] 赖维铁. 人体工程学[M]. 武汉：华中科技大学出版社，1983.
[14] 庞志成. 工业造型设计[M]. 哈尔滨：哈尔滨工业大学出版社，1998.
[15] 裴文开. 工业造型设计[M]. 成都：成都科技大学出版社，1987.
[16] 许喜华. 工业造型设计[M]. 杭州：浙江大学出版社，1986.
[17] 乔世民. 机械制造基础[M]. 北京：高等教育出版社，2003.
[18] 邓昭铭，张莹. 机械设计基础[M]. 北京：高等教育出版社，2000.
[19] 夏凤芳. 数控机床[M]. 北京：高等教育出版社，2005.
[20] 伊顿. 色彩艺术：色彩的主观经验与客观原理[M]. 杜定宇，译. 上海：上海人民美术出版社，1985.